Elena Simon

**Der Biber**
**Biologie, Schutz und Management**
**eines Ökosystemingenieurs**

Praxisbibliothek

# NATURSCHUTZ
## und Landschaftsplanung

Herausgegeben von Professor Dr. Eckhard Jedicke

Elena Simon

# Der Biber
## Biologie, Schutz und Management eines Ökosystemingenieurs

Mit Fotos von Wolfram Otto

81 Farbfotos
28 Diagramme und Zeichnungen

# Inhalt

| | | |
|---|---|---|
| **Vorwort des Reihenherausgebers** ... | | 7 |
| **Einleitung** .......................... | | 8 |

## 1 Der Europäische Biber – ein Artportrait .................. 10

| 1.1 | Merkmale ...................... | 10 |
|---|---|---|
| 1.2 | Lebensraumansprüche .......... | 12 |
| 1.3 | Lebenszyklus und Lebensweise .... | 13 |
| 1.4 | Ernährung ..................... | 17 |
| 1.5 | Verbreitung und Bestand ......... | 20 |
| 1.6 | Rechtliche Situation und Schutzstatus ................... | 21 |
| 1.7 | Gefährdung durch den Menschen .. | 22 |
| 1.8 | Besonderheiten ................. | 24 |
| | Fazit für die Praxis ............... | 26 |

## 2 Der Biber als Ökosystemingenieur – seine Rolle im Naturschutz ................. 27

| 2.1 | Der Begriff Ökosystemingenieur ... | 27 |
|---|---|---|
| 2.2 | Einwirkungen auf die Umwelt ..... | 27 |
| 2.2.1 | Schaffung neuer Biotoptypen und Biotopstrukturen ............... | 27 |
| 2.2.2 | Gestaltung von Gewässerlandschaften ...................... | 36 |
| 2.3 | Förderung anderer Tierarten ....... | 38 |
| 2.3.1 | Insekten ...................... | 39 |
| 2.3.2 | Amphibien & Reptilien ........... | 44 |
| 2.3.3 | Vögel ........................ | 47 |
| 2.3.4 | Fische ........................ | 51 |
| 2.3.5 | Säugetiere .................... | 52 |
| 2.3.6 | Weichtiere und Zooplankton ..... | 53 |
| | Fazit für die Praxis ............... | 54 |
| 2.4 | Relevanz des Bibers im Hinblick auf Wasserrahmenrichtlinie und Wasserwirtschaft ............... | 54 |
| 2.4.1 | Zielsetzung der Wasserrahmenrichtlinie ................ | 54 |
| 2.4.2 | Der Biber als Partner bei der Gewässerrenaturierung .......... | 55 |
| 2.4.3 | Weitere „Biberdienste" für das Wasser ....................... | 57 |
| 2.5 | Innerfachliche Konflikte im Naturschutz.................... | 60 |
| 2.5.1 | Verschwinden von Arten auf lokaler Ebene ........................ | 60 |
| 2.5.2 | Biberdämme als Barrieren für die Fischwanderung ................ | 62 |
| | Fazit für die Praxis............... | 63 |

## 3 Ausbreitung und Wiederansiedlung des Bibers in Deutschland ................. 64

| 3.1 | Entwicklungen in Deutschland und in den einzelnen Bundesländern ... | 64 |
|---|---|---|
| 3.2 | Beispiele erfolgreicher Wiederansiedlungsprojekte ....... | 69 |
| 3.2.1 | Wiederansiedlung des Bibers im hessischen Spessart ............. | 69 |
| 3.2.2 | Wiederansiedlung des Bibers im Emsland in Niedersachsen ........ | 72 |
| 3.3 | Voraussetzungen und Methoden... | 75 |
| 3.3.1 | Natürliche Einwanderung/ Zuwanderung .................. | 75 |
| 3.3.2 | Aussetzung durch den Menschen .. | 76 |
| | Fazit für die Praxis............... | 77 |

## 4 Konflikte und Möglichkeiten zu deren Vermeidung ......... 78

- 4.1 Mensch und Biber ................ 78
- 4.1.1 Landwirtschaft .................. 80
- 4.1.2 Wasser- und Teichwirtschaft ....... 81
- 4.1.3 Forstwirtschaft ................. 82
- 4.1.4 Infrastruktur- und Siedlungswesen 82
- 4.1.5 Gewässeranlieger ............... 83
- 4.2 Maßnahmen zur Konfliktvermeidung ..................... 84
- 4.2.1 Uferrandstreifen ................ 84
  - Beispiel aus der Praxis: die Illrenaturierung .............. 86
- 4.2.2 Ufergestaltung und Lebensraumaufwertung .................... 88
- 4.2.3 Baumschutz durch forstliche Maßnahmen ................... 89
- 4.2.4 Aufklärung, Beratung und Öffentlichkeitsarbeit ............ 91
  - Beispiel aus der Praxis: Biber überschwemmt Maisacker .......... 92
- 4.2.5 Lokale Einzelmaßnahmen ......... 97
  - Hinweise für die Praxis: Ufer- und Deichsicherung ................ 98
  - Hinweise für die Praxis: Dammdrainage und -abtragung .......... 103
  - Beispiel aus der Praxis: Biberdämme in einem Mühlengraben .......... 104
  - Hinweise für die Praxis: Schutz von Gehölzen ...................... 110
  - Hinweise für die Praxis: Elektrozaun zum Schutz von Feldfrüchten ...... 111
  - Beispiel aus der Praxis: Biber schränkt Funktion eines Regenüberlaufs ein ................... 112
- 4.2.6 Abfangen von Bibern ............. 115
- 4.2.7 Entschädigungsleistungen ........ 117
  - Fazit für die Praxis ............... 118
- 4.3 Bibermanagement auf der Ebene der Bundesländer ............... 119
- 4.3.1 Beginn und erste Bausteine des Bibermanagements ............. 119
- 4.3.2 Auslöser für vorsorgliches oder „nachträgliches" Bibermanagement ......................... 120
- 4.3.3 Organisation und Akteure des Bibermanagements ............. 121
- 4.3.4 Arbeitsschwerpunkte des Bibermanagements ................... 121
- 4.3.5 Vermeidung (Prävention) und nachträgliche Behebung von biberverursachten Schäden ........... 122
- 4.3.6 Regelungen zu Entschädigungsleistungen ...................... 122
- 4.3.7 Aufgaben und Tätigkeitsfelder in der Öffentlichkeitsarbeit ............ 123
- 4.3.8 Akzeptanz/Toleranz der Öffentlichkeit und verschiedener Akteursgruppen ..................... 123
- 4.3.9 Voraussetzungen für die Tätigkeit als Biberberater und Angaben zur Aus- und Fortbildung ............ 125
- 4.3.10 Aktuelle Verbreitung des Bibers sowie Ziele und limitierende Faktoren in der Ausbreitungsentwicklung ................... 125
  - Fazit für die Praxis ............... 126

## 5 Leitlinien für das Bibermanagement in der Zukunft . 127

- 5.1 Zentrale Problemstellung und eigene Wertung zum Bibermanagement ................... 127
- 5.2 Folgerungen aus der Umfrage zum Bibermanagement ............. 128
- 5.2.1 Zusammenfassende Auswertung der Umfrage ................... 128
- 5.2.2 Definition eines Standards für das Bibermanagement ............. 129
- 5.3 Fördermittel und Finanzierungen für den Biberschutz ................ 131
- 5.3.1 Agrarumweltprogramme der Länder ....................... 131
- 5.3.2 Weitere bundeslandspezifische Förderprogramme ................ 132
- 5.3.3 Kompensationsmaßnahmen, Ökokonto ..................... 133

| | | | |
|---|---|---|---|
| 5.3.4 | Bereitstellung von Materialien | 133 | |
| 5.3.5 | Besonderheiten und Förderbeispiele einzelner Bundesländer | 133 | |
| 5.4 | Weiterführende Überlegungen und Fragestellungen | 134 | |
| | Fazit für die Praxis | 135 | |
| 6 | **Fazit und Ausblick** | **136** | |

**Literatur** ............................... **139**

**Rechtsquellen und Richtlinien** ...... **146**

**Register** ............................... **147**

**Die Autorin** ............................ **153**

**Dank** .................................... **153**

**Bildquellen** ............................ **154**

---

Die Informationen zum Bibermanagement in diesem Buch fußen unter anderem auf intensiven Befragungen der Naturschutzbehörden sowie der für das Bibermanagement zuständigen Einrichtungen in den Bundesländern. Eine Dokumentation dieser Befragungen finden Sie im Online-Anhang zu diesem Buch.
Aufrufen können Sie diesen Online-Anhang, indem Sie auf der Webseite www.nul-online.de oben rechts den Webcode **NuL5390** eingeben und das Lupensymbol anklicken. Sie gelangen so zu der Tabelle mit der jeweiligen Auswertung.

A1 Mit welchen Bausteinen/Aufgaben startete das Bibermanagement?
A2 Was sind/waren entscheidende Auslöser für die Einrichtung eines Bibermanagements? Wurden zuvor bereits massive Schäden oder Konflikte zwischen Mensch und Biber im Bundesland verzeichnet oder handelt es sich um ein vorsorgliches Management?
A3 Wie wird das Bibermanagement organisiert? Aus welchen Teilbereichen/Akteuren/Arbeitsgruppen setzt es sich zusammen? Welche Akteure gibt es auf welchen Ebenen von der Landesebene bis zur lokalen Ebene?
A4 Worin bestehen die Arbeitsschwerpunkte des Bibermanagements heute?
A5 Welche Art von Schäden, die der Biber verursacht, können durch das Management im Vorhinein vermieden oder nachträglich behoben werden? Welche Möglichkeiten bestehen zur Prävention und zum Ausgleich von Schäden?
A6 Unter welchen Voraussetzungen werden Entschädigungsleistungen für die betroffenen Flächennutzer in welcher Höhe geleistet? Wie werden diese finanziert?
A7 Welche Aufgaben und Tätigkeitsfelder bearbeitet Ihr Bundesland zur Öffentlichkeitsarbeit innerhalb des Bibermanagements?
A8 Wie schätzen Sie die Akzeptanz/Toleranz der Öffentlichkeit und der von Biberschäden betroffenen Personen gegenüber dem Biber und seiner Schutzwürdigkeit ein? Wie differenziert sich diese zwischen verschiedenen Akteursgruppen?
A9 Wer kann unter welchen Voraussetzungen als Biberberater/Biberbetreuer/Biberbotschafter etc. tätig werden? Wie erfolgt ggf. die Aus- und Fortbildung?
A 10 Aktuelle Verbreitung des Bibers sowie Ziele und limitierende Faktoren in der Ausbreitungsentwicklung

---

## Abkürzungen
BNatSchG: Bundesnaturschutzgesetz
FFH-RL: Fauna-Flora-Habitat-Richtlinie (Richtlinie 92/43/EWG)
WRRL: Wasserrahmenrichtlinie (Richtlinie 2000/60/EG)

# Vorwort des Reihenherausgebers

Der Biber fasziniert, polarisiert und fokussiert gleichermaßen – für den Artenschutz ist seine Einbürgerung und Wiederbesiedlung weiter Teile Deutschlands eine Erfolgsstory. In der intensiv genutzten Kulturlandschaft verbinden sich damit jedoch zahlreiche Konflikte. Was bedeutet das?

*Faszination:* Bis zu 1,3 m lang und bis über 30 kg schwer, hat das zweitgrößte Nagetier der Welt eine beeindruckende Erscheinung. Wer einmal einen Biber hat schwimmen oder nagen sehen, wird dieses Erlebnis so schnell nicht vergessen. Beeindruckend wirken die vom Biber gebauten Dämme und Burgen und vor allem die ausgelösten Landschaftsveränderungen. Nicht umsonst gilt der Biber als Ökosystemingenieur, der mit seiner spezifischen Lebensweise den Lebensraum für sich und vielfältige Lebensgemeinschaften schafft. Faszinierend ist auch die Geschwindigkeit, in der er nach Ansiedlungsprojekten wie etwa im hessischen Spessart Anfang der 1980er-Jahre umliegende Gewässersysteme neu besiedelt, wenn auch wohl manches Mal durch „Kofferraum-Biber" beschleunigt.

*Polarisierung:* Damit aber macht sich der Naturschutz bei den anderen Akteuren keine Freunde. Gefällte Bäume, Fraßschäden an Gehölzen und Nutzpflanzen, untergrabene Ufer und überschwemmte Nutzflächen bringen Ärger, auch wenn sie häufig eine Folge von Nutzungen im unmittelbaren Gewässer- bzw. Überschwemmungsbereich sind, die aus mangelnder Priorisierung von Umweltaspekten resultieren. Hier bedarf es eines besseren Managements.

*Fokussierung:* In der Planung und Umsetzung des Naturschutzes weist der Biber unmissverständlich auf die große Bedeutung naturnaher Fließgewässer und Auen hin. Er hilft damit, den Blick vom Kleinklein vieler Schutzbemühungen auf größere Zusammenhänge zu lenken: Es genügt nicht, entlang der Gewässer Uferrandstreifen mit nur 5 m Breite zu schaffen und anschließend weiterhin intensive Landnutzung zuzulassen. Die beste Konfliktvermeidung liegt darin, ausreichend große Auenbereiche mit Vorrangfunktion für den Naturschutz zur Verfügung zu stellen. Denn wenn die Auendynamik durch Hochwasser und Biberdämme auf öffentlichem Grundeigentum stattfindet, sind keine negativen Wirkungen auf Privateigentum möglich. Intensiver Ackerbau bis an den Gewässerrand wäre hier kontraproduktiv, extensive Nutzungen hingegen sind problemlos möglich und im Sinne vorbeugender Maßnahmen oftmals auch förderfähig. Die hierfür notwendigen Finanzmittel sind marginal im Vergleich zu den positiven Ökosystemleistungen, die mithilfe des Bibers ermöglicht werden.

Zu all diesen Fragen liefert Elena Simon in diesem Buch fundierte Informationen. Sie fußen auf einer umfassenden Literaturrecherche sowie auf intensiven Befragungen der Naturschutzbehörden. Die Dokumentation im Online-Supplement zu diesem Buch liefert einen prägnanten Vergleich der verschiedenen Managementansätze der Länder. Aufrufen können Sie den Anhang, indem Sie auf der Webseite www.nul-online.de oben rechts den Webcode **NuL5390** eingeben und das Lupensymbol anklicken.

Möge dieser Band helfen, die oft emotionale Diskussion um Biberschäden auf eine sachliche Ebene zu bringen, vor allem aber die einzigartige Bedeutung des Bibers als Ökosystemingenieur weit stärker in Konzepten von Landschaftsentwicklung, Naturschutz und Landnutzung zu verankern. Denn eines zeigt dieses Buch überaus deutlich: Aktive, mit Hilfe des Bibers revitalisierte Auen sind Schlagadern des Biotopverbunds in der Kulturlandschaft, welche nicht allein extrem vielfältige Ziele des Naturschutzes erfüllen, sondern auch die der europäischen Wasserrahmenrichtlinie und des Hochwasserschutzes. Diese Synergien gilt es, weit mehr in das Bewusstsein zu bringen.

Geisenheim, Januar 2021
**Prof. Dr. Eckhard Jedicke,**
Herausgeber der *Praxisbibliothek*
*Naturschutz und Landschaftsplanung*

# Einleitung

Der Biber wurde in Deutschland aufgrund der direkten Verfolgung durch den Menschen im 19. Jahrhundert nahezu vollständig ausgerottet. Nur eine kleine Restpopulation an der Mittelelbe hatte überlebt. Doch heute ist die Art in weiten Teilen des Landes wieder verbreitet. Diese Wiederbesiedlung ist auf Einbürgerungsprojekte und natürliche Zuwanderungen zurückzuführen (Deutsche Vereinigung für Wasserwirtschaft, Abwasser und Abfall e. V. 2017, Zahner et al. 2009).

**Biber und Mensch im Konflikt** Allerdings verläuft die stetige Ausbreitung in Deutschland nicht immer konfliktfrei. So führen insbesondere Biberansiedlungen in stark von menschlicher Nutzung geprägten Landschaften häufig zu Problemen in der Land- und Forstwirtschaft, der Wasser- und Teichwirtschaft oder im Siedlungs- und Infrastrukturwesen (Schwab 2014b). Das ist vor allem dadurch bedingt, dass Mensch und Biber oftmals die gleiche Fläche in Anspruch nehmen. So nutzt der Biber als semiaquatisches Säugetier insbesondere die gewässerbegleitenden Uferstreifen und nimmt dort zur Gestaltung seines Lebensraumes mitunter tiefgreifende Eingriffe oder Veränderungen vor. Zugleich reichen auch die menschlichen Nutzungen meist bis direkt an die Gewässer und somit in den Biberlebensraum.

Die unterschiedlichen Nutzungsabsichten von Mensch und Tier stehen dabei im Widerspruch zueinander. Während der Biber vor allem auf natürliche Uferausprägungen und Auen mit standortgerechter Vegetation angewiesen ist, nimmt der Mensch die gewässernahen Flächen beispielsweise für landwirtschaftliche Zwecke oder Infrastruktureinrichtungen wie Straßen oder Bahnlinien in Anspruch (Bleckmann et al. 2010, Meßlinger 2015, Zahner et al. 2009).

**Biber als Ökosystemingenieur** Die mit der Besiedlung durch den Biber einhergehenden Veränderungen und Gestaltungen des Gewässerraums sind aber nicht nur Auslöser für Konflikte, sondern auch bedeutende Schritte zur ökologischen Aufwertung eines Gewässers. So schafft der Biber durch seine Stau-, Fäll- und Grabaktivitäten zahlreiche neue Biotoptypen und -strukturen, die insgesamt eine vielfältige Gewässerlandschaft und Lebensraum für verschiedenste Tier- und Pflanzenarten bilden (Herr et al. 2018, Meßlinger 2015, Zahner et al. 2009). Der Artenreichtum ist an Gewässern, die vom Biber besiedelt werden, nachweislich höher als an unbesiedelten Gewässern (Harthun 1998, Meßlinger 2014). Da also vom Wirken des Bibers viele – darunter auch seltene – Arten stark profitieren oder sie genau auf die vom Biber geschaffenen Strukturen angewiesen sind, wird der Nager auch als „Ökosystemingenieur" bezeichnet.

Zudem trägt der Biber durch seine gewässergestaltenden Eingriffe zur Renaturierung von Fließgewässern bei. Das spielt insbesondere im Hinblick auf die Umsetzung der Ziele der Wasserrahmenrichtlinie (WRRL) eine bedeutende Rolle (Herr et al. 2018, Meßlinger 2015). Gerade weil der von der WRRL geforderte „gute Zustand" für alle Gewässer der EU (WRRL/Richtlinie 2000/60/EG 2000) trotz ursprünglicher Frist bis zum Jahr 2015 für viele Gewässer noch immer nicht erreicht wurde, ist eine aktive Einbindung des Bibers in Gewässerrevitalisierungs-Konzepte in Betracht zu ziehen (Pönitz et al. 2017).

Da der Biber weiterhin nach Bundesnaturschutzgesetz (BNatSchG) in Verbindung mit seiner Auflistung in Anhang II und IV der Fauna-Flora-Habitat-Richtlinie (FFH-RL) als „streng geschützte" Art gilt (BNatSchG 2009, FFH-RL/Richtlinie 92/43/EWG 1992), wäre auch eine Kombination von Artenschutz- und Gewässerentwicklungsmaßnahmen denkbar (Pönitz et al. 2017).

**Management als Lösungsansatz** Um einerseits vom Biber verursachte Konflikte und Schäden zu vermeiden sowie andererseits die unter stren-

Typischer Anblick eines Bibers beim Benagen eines Zweiges. Das Fällen von Gehölzen, um an Nahrung und Baumaterial zu gelangen, zählt mit zu den Hauptkonflikten, die der Biber in unserer Kulturlandschaft verursacht.

gem Schutz stehende und sich positiv auf Natur und Umwelt auswirkende Art zu fördern, bedarf es eines guten Managements. In den meisten Bundesländern wurde daher bereits ein eigenes „Bibermanagement" eingerichtet oder es befindet sich im Aufbau. Ziel ist, dadurch sowohl die unterschiedlichen Interessen der Menschen, die von der Biberausbreitung betroffen sind, als auch die Belange des Tieres unter einen Hut zu bringen und in Konfliktfällen durch gezielte Maßnahmen eine Lösung herbeizuführen. Ein vorsorgliches (proaktives) Management und die frühzeitige Einbindung der Schutzanforderungen des Bibers in Planungen/Vorhaben, die den Gewässerraum betreffen, stellen häufig eine Herausforderung dar (Zahner et al. 2009, pers. Mitteilungen der Bundesländer bezüglich einer im Rahmen der vorliegenden Arbeit durchgeführten Umfrage).

Entsprechend steht in diesem Buch die Überlegung im Vordergrund, ob und wie sich die Ausbreitung des Tieres und die von ihm erbrachten Leistungen – als Ökosystemingenieur – mit den Zielen des Naturschutzes, der Wasserrahmenrichtlinie und den Interessen der menschlichen Nutzung vereinen lassen. Als Ergebnis resultiert eine Art „Leitfaden" für den Umgang mit dem Biber und seine Einbindung in unsere Kulturlandschaft. Zugleich verbessert sich das aufgrund von Konflikten häufig negativ behaftete Image des Bibers, wenn seine Ökosystemleistungen in den Fokus rücken. Als solche werden „kostenlose" Leistungen/Dienste von Ökosystemen bezeichnet, von denen die menschliche Gesellschaft profitiert (Millennium Ecosystem Assessment 2005).

# 1 Der Europäische Biber – ein Artportrait

## 1.1 Merkmale

Der Biber (Gattung *Castor*) zählt zur Ordnung der Nagetiere (Rodentia). Nach dem südamerikanischen Wasserschwein ist er mit einer Länge von bis zu 1,30 m das zweitgrößte Nagetier der Welt. Circa 30–35 cm der genannten Länge nimmt dabei der Schwanz, die Biberkelle, ein. Das Körpergewicht des Nagetieres kann bis über 30 kg betragen, die meisten Tiere liegen jedoch in einem durchschnittlichen Bereich von etwa 20 kg. Die Lebenserwartung des Bibers beläuft sich auf 12–14, maximal 21 Jahre.

Neben dem bei uns vorkommenden Europäischen Biber (*Castor fiber* L) gibt es noch eine zweite Art, den Kanadischen Biber (*Castor canadensis* Kuhl), der in Nordamerika verbreitet ist. Eine Kreuzung der beiden Arten ist aber nicht möglich (Bayrisches Landesamt für Umwelt 2015, Schwab 2014b, Zahner et al. 2009).

**Für das Wasser gebaut** Der Körperbau des Bibers lässt sich als plump, massig und gedrungen beschreiben. Für das Leben im Wasser ist er allerdings perfekt angepasst. So weist der Biber durch den nach hinten breiter werdenden Rumpf beim Schwimmen eine spindel- oder stromlinienförmige Gestalt auf. Weiterhin gelingt es dem Tier durch seine kompakte Form, die Körpertemperatur leichter aufrechtzuerhalten, denn seine Oberfläche, über die Wärme verloren geht, ist im Verhältnis zum Körpervolumen gering.

Nase, Augen und Ohren liegen auf gleicher Höhe weit oben am Kopf, sodass ein Ausschauhalten auch bei fast vollständigem Abtauchen des restlichen Körpers möglich ist. Außerdem kann der Biber Nase und Ohren zum Tauchen verschließen (Schwab 2014b, Zahner et al. 2009). In der Regel bleibt er beim Tauchen etwa 2–5 min unter Wasser, bei Gefahr kann ein Tauchgang allerdings auch auf bis zu 20 min

Schwimmender Biber: Nur Augen, Ohren und Nase schauen aus dem Wasser, während der restliche Körper nahezu vollständig abtaucht.

Merkmale 11

ausgeweitet werden (Bayerisches Landesamt für Umwelt 2015).

Ein weiteres Anpassungsmerkmal an das Leben im Wasser sind die Schwimmhäute zwischen den Zehen der Hinterpfoten, die eine schnelle Fortbewegung ermöglichen.

Das Fell des Nagetieres weist eine extreme Dichte auf, wobei sich am Bauch noch mehr Haare befinden als am Rücken. Es setzt sich aus dichter, gekräuselter Unterwolle und kräftigen Grannenhaaren zusammen. Winzige Widerhaken an den einzelnen Haaren sorgen für einen festen Zusammenhalt. Somit werden viele kleine Luftkammern im Fell eingeschlossen, die für eine isolierende Wirkung gegenüber Hitze und Kälte sorgen und den Auftrieb beim Schwimmen fördern.

Das Fell zeigt eine graue bis dunkelbraune oder auch schwarze Färbung. Durch das regelmäßige Kämmen und Einfetten mit einem Sekret aus einer ölproduzierenden Drüse am Hinterleib bleibt es wasserabweisend. Zur Fellpflege benutzt der Biber seine Putzkralle, eine Doppelkralle an den Hinterpfoten, die er ähnlich wie einen Kamm verwenden kann.

Mit den deutlich kleiner als die Hinterfüße und als Greifwerkzeuge ausgebildeten Vorderpfoten hält der Biber Bau- und Nahrungsmaterial fest. Damit die Pfoten beim Schwimmen nicht als Widerstand wirken, sind sie unter Wasser eng an den Körper angelegt. Kräftige Krallen an Vorder- und Hinterfüßen werden zum Graben verwendet.

**Die multifunktionale Biberkelle** Der breit abgeflachte und beschuppte Schwanz, die Biberkelle, ist wahrscheinlich das auffälligste Merkmal des Bibers und erfüllt mehrere wichtige Funktionen. Zum einen kommt sie zur Steuerung beim Schwimmen zum Einsatz, zum anderen unterstützt sie den Vortrieb beim Tauchen. Weiterhin dient sie im Winter als Fettdepot und an Land als Stütze beim Sitzen.

Zuletzt wird die Biberkelle auch als Warnsignal eingesetzt. Droht Gefahr, lässt der Biber sie mit lautem Geräusch auf die Wasseroberfläche klatschen und schützt somit seine Familie vor sich annähernden Feinden.

Während Biber sehr gut hören und riechen können, ist das Sehvermögen nur schlecht entwickelt. Um sich im trüben Wasser und im dunklen Bau dennoch zurechtzufinden,

Die Vorderpfoten nutzt der Biber insbesondere bei der Nahrungsaufnahme als Greifwerkzeuge.

Tasthaare an Schnauze und im Gesicht helfen dem Biber bei der Orientierung.

ist das Tier mit Tasthaaren an der Schnauze ausgestattet.

Biber besitzen ein typisches Nagetiergebiss mit 20 Zähnen. Die Schneidezähne – jeweils ein Paar im Ober- und Unterkiefer – sind mit einer orangefarbenen Schmelzschicht überzogen und wachsen durch das Fehlen einer Wurzel lebenslang. Aufgrund der ungleichen Abnutzung der unterschiedlich harten Zahnschmelze an Innen- und Außenseite schärfen sich die Zähne selbst. Der Biber kann seine Schneidezähne sogar unter Wasser zum Holznagen nutzen, da er seinen Mundraum durch die gespaltene Oberlippe (Hasenscharte) trotzdem verschließen kann und somit kein Wasser einläuft.

Die Geschlechtsorgane der Männchen liegen im Körperinnern, was die Unterscheidung von männlichen und weiblichen Tieren aus der Entfernung schwierig macht.

## 1.2 Lebensraumansprüche

Der Biber ist als semiaquatisches Säugetier stark an das Vorhandensein von Gewässern gebunden. Typische Biotope, die der Biber besiedelt, sind mittlere und große Fließgewässer, Altgewässer, Kanäle sowie auch stehende Gewässer, Baggerseen und Kiesgruben. An kleinen Fließgewässern kommt der Biber ebenfalls vor. Hier legt er zur Erreichung und Haltung eines ausreichend tiefen Wasserstandes oft Dämme an. Außerdem können Gräben, beispielsweise verfallene Entwässerungsgräben in Wäldern oder in der Feldflur, sowie abgebaute Torfstiche dem Biber als Lebensraum dienen. Gewässer mit starken Wasserstandsschwankungen werden hingegen ungern besiedelt (Deutsche Vereinigung für Wasserwirtschaft, Abwasser und Abfall e. V. 2017).

**Die idealen Voraussetzungen** Optimale Lebensräume sind langsam fließende Gewässer mit ausgeprägten Auen und Weichholzbeständen, mindestens 50–60 cm Wassertiefe und grabbaren Steilufern oder Böschungen von mindestens 1,50 m Höhe, in denen der Biber seine Baue und Gänge anlegen kann.

Wichtig ist, dass die Gewässer im Sommer nicht vollständig trockenfallen und im Winter nicht bis zum Grund durchfrieren. Bei Stillgewässern sollte zumindest eine kleine Wasserfläche vorhanden sein, die keine schwimmende Vegetation aufweist. Treibholzablagerungen, Unterholz, Gestrüpp und abgebrochene Zweige bieten dem Biber Schutz.

Insbesondere die Verfügbarkeit von Nahrung ist ein weiteres wichtiges Kriterium bei der Wahl des Lebensraumes. So sind ausgeprägte Krautvegetationen im Wasser, am Ufer und in Verlandungszonen sowie ausgedehnte Weichholzwälder mit Weidendickichten optimale Voraussetzungen für die Besiedlung durch den Biber.

An Fließgewässern nehmen Biberreviere etwa 1–2 km der Uferlänge ein, an Gräben auch bis zu 5 km. Da die Biber an das Gewässer gebunden sind, nehmen sie die angrenzenden Flächen in der Regel nur in einem schmalen Bereich, bis in etwa 20 m landeinwärts, in Anspruch (Hessisches Landesamt für Naturschutz, Umwelt und Geologie 2017, Deutsche Vereinigung für Wasserwirtschaft, Abwasser und Abfall e. V. 2017).

An die Wasserqualität stellt der Biber keine hohen Ansprüche, denn das Gewässer dient ihm vorrangig als Transportmedium, weniger als Nahrungsraum. Gegenüber Störungen durch den Menschen ist er ebenfalls als durchaus tolerant einzustufen. So soll er auch vor dicht besiedelten Gegenden nicht zurückschrecken.

## 1.3 Lebenszyklus und Lebensweise

Biber leben in lebenslangen Einehen. In der Regel besetzt das Elternpaar das Revier zusammen mit zwei Jungtiergenerationen. Die Tiere leben somit in kleinen Familienverbänden zusammen und weisen ein ausgeprägtes Sozialverhalten auf. Auch subadulte Geschwistertiere können mitunter im gleichen Revier vorkommen.

Die Paarung findet im Zeitraum von Januar bis März statt. Nach einer Tragzeit von 15 Wochen kommen im April bis Juni durchschnittlich zwei bis drei (max. sechs) Junge zur Welt. Bei den Jungtieren handelt es sich um Nestflüchter, sie können gleich nach der Geburt sehen und schwimmen. Die ersten ein bis zwei Monate verbringen sie dennoch erst einmal im Bau. Geschwister aus dem vorigen Jahr sowie subadulte Tiere helfen bei der Aufzucht.

Gewässer mit ausgeprägter Ufervegetation, steilen, unverbauten Ufern und geringer Strömung bieten dem Biber optimale Lebensräume.

© Elena Simon

**Ein eigenes Revier finden** Mit Erreichen der Geschlechtsreife nach zwei, spätestens drei Jahren verlassen die Jungtiere das elterliche Revier, um in einem neuen Gebiet ein eigenes Revier zu gründen (s. Abb. 1-1). Dabei werden zum Teil weite Strecken am Gewässer oder auch über Land zurückgelegt, was nicht selten mit Gefahren verbunden ist.

Ist im elterlichen Lebensraum genügend Nahrung und Platz vorhanden, kann es auch vorkommen, dass die Jungtiere noch länger bleiben und sich eine Art Großfamilie bildet oder dass sie ihren Bau lediglich in einiger Entfernung zu dem der Eltern anlegen. Somit entstehen ganze Biberkolonien.

Steht allerdings eine Überbevölkerung bevor, müssen die Nachkommen dennoch abwandern. Häufig kommt es hierbei auch zu Revierkämpfen. Um das eigene Revier gegenüber anderen Bibern zu verteidigen, markieren die Tiere es mit einem speziellen Duftstoff aus einer Öldrüse am Hinterleib, dem sogenannten Bibergeil. Das

Biber gehen eine lebenslange Einehe ein und besetzen ein gemeinsames Revier.

Unermüdlich repariert der Biber Dämme und Burgen, hält sie instand und baut weiter aus.

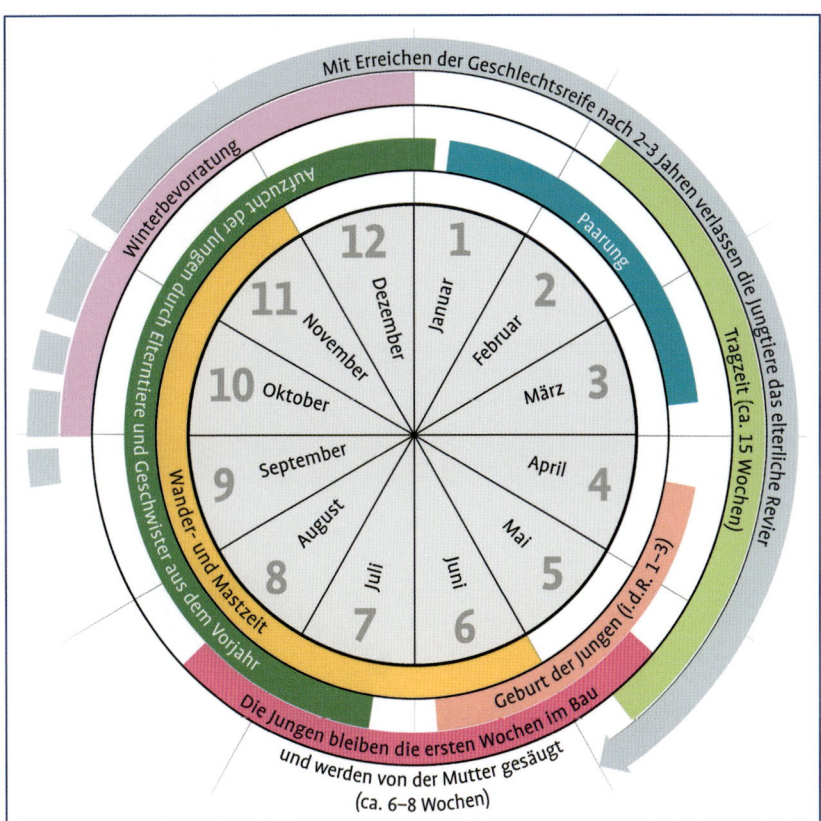

Abb. 1-1 Der Biber im Jahreslauf.

territoriale Reviersystem der Biber ist somit für die Populationsregulation mit verantwortlich.

Grenzen an einem Gewässer bereits viele Reviere aneinander, finden wandernde Tiere irgendwann keinen Platz mehr. Das Erreichen der Kapazitätsgrenze führt infolge der hohen Besiedlungsdichte zu mehr Stress, geringeren Nachwuchsraten und einer höheren Sterblichkeit (innerartliche Selbstregulation).

Biber sind hauptsächlich dämmerungs- und nachtaktiv. So gehen die Tiere in der Nacht auf Nahrungssuche und Revierkontrolle, markieren das eigene Revier und bauen und reparieren ihre Burgen und Dämme. Den Tag verbringen sie mit (gegenseitiger) Körperpflege, Fressen und Schlafen im Bau. Bei kalten Temperaturen im Winter sind die Tiere deutlich weniger agil, sie halten jedoch keinen Winterschlaf.

**Wohnbau bei Bibern** In ihrem Revier legen Biber meist mehrere Wohnbaue an. Dies können einfache Erdbaue, Mittelbaue oder typische Biberburgen sein (s. Abb. 1-2). Prinzipiell weist jeder Bau einen Eingang, der zum Schutz vor Feinden immer unter Wasser liegt, und einen damit verbundenen Wohnkessel auf. Dieser liegt oberhalb des Wassers und hat durchschnittlich ein Ausmaß von 1 m Breite und 30–40 cm Höhe. Er wird mit Holzspänen ausgelegt und regelmäßig repariert und instand gehalten.

Außerdem legt der Biber weitere einfache Erdröhren von unterschiedlicher Länge im gesamten Revier verteilt an. Sie fungieren als Fluchtröhren, Verbindungen zwischen zwei benachbarten Gewässern oder als versteckte Ausgänge zu Nahrungsflächen. Ist der Biber noch auf der Suche nach einem geeigneten Revier, richtet er sich häufig auch nur kleine Erdmulden, sogenannte Sassen, unter freiem Himmel am Ufer ein. Sie liegen über der Wasserlinie und werden häufig mit Holzspänen ausgelegt.

**Abb. 1-2** Unterschiedliche Formen des Biberbaus (verändert nach Herr et al. 2018: 15).

Freistehende Biberburg in einem strömungsarmen Gewässerabschnitt. Häufig werden auch Mittelbaue, die durch Anhäufung von Zweigmaterial nach und nach weit nach oben „aufgetürmt" wurden, als Biberburg bezeichnet. Die Eingänge zu den Bauen liegen stets unter Wasser.

Um den Wasserstand in seinem Lebensraum zu regulieren, kann der Biber Dämme aus Ast- und Zweigmaterial im Gewässer anlegen. Zur Abdichtung des Astgerüstes nimmt er Schlamm und angeschwemmtes Material zur Hilfe. Dämme ermöglichen es dem Biber weiterhin, Nahrungsflächen schwimmend zu erreichen bzw. Nahrungsmaterial im Wasser zu transportieren.

Der Bau des Bibers kann vollständig unterirdisch angelegt sein (Erdbau). Dies ist meist der Fall, wenn die Uferböschung für Grabaktivitäten des Tieres steil genug ist oder gewässernahe Geländeanstiege, Dämme oder Deiche für die Anlegung des Baus genutzt werden.

Sind die Ufer hingegen eher flachgründig, passiert es schnell, dass die unterirdisch angelegten Wohnkessel einbrechen. Sie werden dann vom Biber durch die Anhäufung von Zweigmaterial wieder verschlossen und bilden einen Mittelbau.

Biberburgen werden in stehenden oder sehr langsam fließenden Gewässern vollständig aus Reisig angelegt und mit Schlick oder Schlamm abgedichtet. Sie stehen auf einer natürlichen Erhebung im Gewässergrund oder auf einem ebenfalls vom Biber angelegten Fundament aus Astmaterial und Schlamm.

## 1.4 Ernährung

Biber ernähren sich rein pflanzlich. Sie sind dabei sehr flexibel gegenüber dem Nahrungsangebot des jeweiligen Lebensraumes und nutzen ein breites Spektrum an Pflanzenarten. So belegen mehrere Studien, dass über 300 verschiedene Pflanzenarten zum Nahrungsrepertoire des Bibers zählen (Schwab 2014b).

**Vielfältige pflanzliche Nahrung**  In der Vegetationszeit verspeist der Biber vorrangig krautige

**Tabelle 1-1** Vom Biber je nach Jahreszeit bevorzugte Nahrungspflanzen (Deutscher Verband für Wasserwirtschaft und Kulturbau e. V. 1997).

| Sommer | Winter | Sommer und Winter |
| --- | --- | --- |
| Wasserschwaden | Espe | Weide |
| Igelkolben | Pappel | Pfaffenhütchen |
| Ampfer | Esche | Seggen |
| Mädesüß | Ulme | Teichrose |
| Giersch | Eiche | Seerose |
| Knöterich | Schlehdorn | |
| Gänsefuß | Hartriegel | |
| Zweizahn | Rohrkolben | |
| Traubenkirsche | | |

Pflanzen, Wasserpflanzen und Jungtriebe von Weichhölzern. Insbesondere sind auch die Knollen und Wurzelstöcke von Teichrosen beliebt. Befinden sich in Nähe des Biberlebensraumes landwirtschaftlich genutzte Flächen, ernährt der Biber sich gerne auch von Feldfrüchten wie Zuckerrüben, Mais oder Getreide.

Im Winterhalbjahr weicht er auf die Rinde von Bäumen und Gehölzen aus. Um die Rinde nutzen zu können, fällt er die Bäume zunächst durch Nagen. Präferiert werden Weichhölzer wie Weiden und Pappeln, aber auch Buchen, Eichen und Nadelhölzer werden mitunter gefällt. Des Weiteren verspeist der Biber auch Rhizome, Wurzeln und Knollen, die er durch Wühlen und Graben findet. Tabelle 1-1 gibt einen Überblick darüber, welche Pflanzen der Biber im Sommer- und Winterhalbjahr jeweils bevorzugt bzw. welche Pflanzen er zu beiden Jahreszeiten nutzt.

Mit Holzspänen ausgelegte Bibersasse am Gewässerufer. Sassen dienen als „Übergangslager" sowie als Ruhe- und Fraßplatz. Am leichtesten zu entdecken sind die vom Biber eingerichteten Mulden vom Boot aus, da sie sich meist unter dichten Sträuchern befinden.

Im Sommer ernähren sich Biber bevorzugt von krautigen Pflanzen, hier z. B. von Brennnesseln, die sie im Uferbereich finden.

**Nächtliche Baumfällung** Die Fällarbeiten verrichtet der Biber in der Regel nachts. Bäume unter 10 cm Stammdurchmesser können sogar innerhalb einer Nacht umgelegt werden. Gelegentlich wagen sich die Tiere auch an dickere Bäume sowie an Hart- und Nadelholz, wobei sie dann zur Fällung entsprechend mehrere Nächte benötigen. Außerdem legen sich Biber für den Winter Nahrungsvorräte aus Ast- und Zweigmaterial in Form von Nahrungsflößen vor dem Eingang ihres Hauptbaus an. Einzelne abgenagte Zweige verankern sie dazu am Gewässergrund, sodass das Floß an Ort und Stelle bleibt und die Tiere jederzeit (auch bei zugefrorenem Wasser) auf den „Nahrungsspeicher" zugreifen können.

Während er kleinere Pflanzen im Bereich des Ufers verzehrt, transportiert der Biber größere

Vom Biber gefällte Buche mit vollständig abgenagter Rinde. Typisch ist zudem der sanduhrförmige Schnitt. Durch das Fällen der Bäume gelangen die Tiere an zarte Triebe, Rinde, Knospen und Blätter.

Biber beim Transport von Nahrungsmaterial.

Pflanzen sowie Äste, Zweige und Stämme ins Gewässer, um sie dort an einem geschützten Ort zu verspeisen. Die durchschnittliche Menge an Nahrung pro Tag beträgt bei einem ausgewachsenen Tier etwa 1,5 kg. Spezielle Bakterien im Blinddarm des Bibers besitzen dabei die Fähigkeit, die Zellulose als Hauptbestandteil der pflanzlichen Nahrung aufzuspalten und somit verwertbar zu machen. Die vorverdaute und nährstoffreiche Blinddarmlosung scheiden die Tiere separat über den Darm aus und fressen sie anschließend wieder. Nun kann der Verdauungstrakt dem Nahrungsbrei wertvolle Nährstoffe und Vitamine entziehen (Colditz 1994).

## 1.5 Verbreitung und Bestand

Ursprünglich kam der Europäische Biber auf der nördlichen Hemisphäre über weite Teile Europas und Asiens vor. Die nördliche und südliche Verbreitungsgrenze bestimmte jeweils die Temperatur. So begrenzten im Norden der Permafrostboden und die Waldgrenze die weitere Ausbreitung des Bibers, im Süden das zunehmend subtropische Klima, an das der Biber nicht angepasst ist. In Europa schätzt man den ursprünglichen Bestand auf etwa 100 Mio. Tiere, einzig Irland und Island waren nicht vom Biber besiedelt.

**Von Fast-Ausrottung bis Faunenverfälschung** Bis ins späte 19. Jahrhundert wurde der Biber allerdings zur Gewinnung seines dichten Fells, seines Fleisches und des Bibergeils vom Menschen stark verfolgt, was zu einer fast vollständigen Ausrottung des Tieres führte (Schwab 2014b, Zahner et al. 2009). Nur in wenigen Reliktarealen, etwa „in Deutschland an der mittleren Elbe, in Frankreich an der Rhone und in Teilen Norwegens und Russlands", konnte der Biber in geringer Zahl überleben (Deutsche Vereinigung für Wasserwirtschaft, Abwasser und Abfall e. V. 2017: 14). Circa ab den 1950er-Jahren bis heute haben durch Unterschutzstellung der Art und zahlreiche Wiederansiedlungen der Bestand und die räumliche Ausbreitung des Tieres in Mitteleuropa wieder zugenommen (Bundesamt für Naturschutz 2006).

Weltweit ist der Europäische Biber (*Castor fiber*) heute in Mittel- und Nordeuropa, in Spanien, in Weißrussland, Litauen, Lettland, Estland, in der Ukraine und in Russland verbreitet (Hessisches Landesamt für Naturschutz, Umwelt und Geologie 2017).

In Europa (einschließlich Russland) wird der Bestand auf etwa 1 Mio. Tiere geschätzt (Bayerisches Landesamt für Umwelt 2015). In Finnland hat man durch die Einbürgerung des Nordamerikanischen Bibers (*Castor canadensis*) allerdings eine Faunenverfälschung herbeigeführt. Die nicht heimische Art kommt mittlerweile auch in Nordosteuropa in Gebieten zwischen Finnland und Russland vor und breitet sich im Norden weiter in Richtung Schweden und Norwegen aus. Da der Kanadische Biber Tiere der heimischen Art verdrängt, gilt es, die Einwanderung und weitere Ausbreitung der fremden Art zu stoppen bzw. rückgängig zu machen (Deutsche Vereinigung für Wasserwirtschaft, Abwasser und Abfall e. V. 2017).

**Viele, aber auch isolierte Bestände in Deutschland** In Deutschland ist der Biber mittlerweile wieder im ganzen Land heimisch. Die größten Bestände finden sich dabei in Ostdeutschland und in Bayern. Aber auch in Baden-Württemberg, Hessen, Nordrhein-Westfalen, Niedersachsen und im Saarland können immer mehr besetzte Reviere verzeichnet werden. In Rheinland-Pfalz und Schleswig-Holstein ist ebenfalls eine langsame Ausbreitung der Art festzustellen.

---

**Der Elbebiber**

Der Elbebiber (*Castor fiber albicus*) ist eine Unterart des Europäischen Bibers, die vor allem in Deutschland sowie auch in Dänemark, den Niederlanden und Tschechien vorkommt. Sein Name ist auf das in Deutschland ehemals einzige Überlebensgebiet an der mittleren Elbe während der ansonsten großflächigen Ausrottung des Bibers in Mitteleuropa zurückzuführen (Biosphärenreservatsverwaltung Mittelelbe o. J., 2018, Dolch et al. 2002). Mittlerweile wird der weltweite Bestand der in Deutschland heimischen Unterart auf etwa 6 000 Tiere geschätzt. Dabei tragen Deutschland und insbesondere die Bundesländer Sachsen-Anhalt, Brandenburg, Mecklenburg-Vorpommern und Sachsen, die verhältnismäßig große Bestände des Elbebibers aufweisen, eine hohe Verantwortung für die Erhaltung der autochthonen Unterart (Dolch et al. 2002). Aufgrund seines Schutzstatus (Aufführung in Anhang II und IV der FFH-Richtlinie, s. Kapitel 1.6) ergibt sich außerdem eine europäische Verantwortung für den Elbebiber (Naturpark – Verein Dübener Heide e. V. o. J.).

---

Dennoch gibt es im Land teilweise noch immer große Lücken in der Verbreitung des Bibers und somit viele isolierte Bestände. Man geht von einem Gesamtbestand von etwa 26 000 Tieren aus (Hessisches Landesamt für Naturschutz, Umwelt und Geologie 2017).

Weitere Informationen zur Ausbreitungsentwicklung des Bibers in Deutschland finden sich in Kapitel 3.1.

## 1.6 Rechtliche Situation und Schutzstatus

Der Biber ist in Anhang II und IV der europäischen Fauna-Flora-Habitat-Richtlinie, kurz FFH-RL, aufgeführt (FFH-RL/Richtlinie 92/43/EWG 1992).

**Streng geschützt** Als Anhang-IV-Art wird der Biber demnach in ganz Europa als gefährdet und somit schützenswert eingestuft. In Deutschland wird dieser Schutz entsprechend durch das Bundesnaturschutzgesetz, kurz BNatSchG, übernommen und umgesetzt, demgemäß der Biber als „streng geschützte Art" gilt (BNatSchG 2009). Für streng geschützte Arten bestehen nach § 44 BNatSchG Zugriffs-, Besitz- und Vermarktungsverbote.

Die Zugriffsverbote verbieten u. a. die Tötung, den Fang und das Nachstellen des Bibers, aber auch die Störung des Tieres sowie die Beschädigung von Fortpflanzungs- und Ruhestätten. Das Verbot gilt also nicht nur in Bezug auf den Biber selbst, sondern auch in Bezug auf seine Baue und die diese schützenden Dämme. Die Besitz- und Vermarktungsverbote sind weitgehend selbsterklärend, sie verbieten die Inbesitznahme und den Verkauf von Bibern und ihren Erzeugnissen. Dieser spezielle Artenschutz (gemäß FFH-RL und BNatSchG) gilt dabei nicht nur innerhalb von Flächen, die dem europäischen Schutzgebietsnetz Natura 2000 angehören, sondern auf der gesamten Fläche des Landes (Manderbach 2018, Schwab 2014b).

**Ein Anrecht auf Schutzgebiete** Durch die Aufführung des Bibers im Anhang II der FFH-RL zählt er außerdem zu den „Tier- und Pflanzenarten von gemeinschaftlichem Interesse, für deren Erhaltung besondere Schutzgebiete ausgewiesen werden müssen".

Demnach sollen für den Biber Schutzgebiete im Natura-2000-Netz eingerichtet und so gepflegt werden, dass sie seinen ökologischen Ansprüchen gerecht werden und zum Erhalt seiner Bestände beitragen (FFH-RL/Richtlinie 92/43/EWG 1992, Manderbach 2018).

Folglich sind alle Maßnahmen und Vorhaben, die den Biber in seinem Lebensraum beeinträchtigen, nach BNatSchG genehmigungspflichtig (Deutsche Vereinigung für Wasserwirtschaft, Abwasser und Abfall e.V. 2017).

Seit 1976 unterliegt der Biber nicht mehr dem Bundesjagdgesetz (BJagdG).

In Deutschland wird der Biber auf der Vorwarnliste (Kategorie V) der Roten Liste geführt (Hessisches Landesamt für Naturschutz, Umwelt und Geologie 2017).

Der Rote-Liste-Status des Bibers in den einzelnen Bundesländern ist Tabelle 1-2 zu entnehmen. Im Saarland liegen derzeit keine aktuellen Daten zum Rote-Liste-Status der Säugetiere vor, daher ist dieses Bundesland in der Tabelle nicht aufgeführt.

## 1.7 Gefährdung durch den Menschen

Eine der Hauptgefahren für den Biber stellt der Straßenverkehr dar. Die Kollision von Tieren mit Fahrzeugen zählt als häufigste Todesursache. Als weitere wesentliche Gefährdungsfaktoren gelten der Gewässerausbau, Maßnahmen der Gewässerunterhaltung und die damit einhergehenden Veränderungen des Biberlebensraumes. So werden häufig Ufergehölze, die dem Biber als Nahrung und Baumaterial dienen, entfernt oder ganze Auwälder umgewandelt. Auch die landwirtschaftliche Nutzung reicht oft bis unmittel-

Tabelle 1-2 Rote-Liste-Status des Bibers in den einzelnen Bundesländern.

| Status Rote Liste | Bundesland | Quelle |
| --- | --- | --- |
| Ausgestorben/verschollen (0) | Bremen und Niedersachsen | (Heckenroth 1993) |
| | Rheinland-Pfalz | (Röter-Flechtner & Simon 2015) |
| Vom Aussterben bedroht (1) | Berlin und Brandenburg | (Klawitter et al. 2005) |
| | Schleswig-Holstein | (Borkenhagen & Drews 2014) |
| Stark gefährdet (2) | Baden-Württemberg | (Braun 2003) |
| | Hamburg | (Schäfers et al. 2016) |
| | Sachsen-Anhalt | (Heidecke et al. 2004) |
| | Thüringen | (Knorre & Klaus 2009) |
| Gefährdet (3) | Mecklenburg-Vorpommern | (Labes 1991) |
| | Nordrhein-Westfalen | (Meinig et al. 2010) |
| Vorwarnliste (V) | Hessen | (Hessisches Ministerium des Innern und für Landwirtschaft, Forsten und Naturschutz 1996) |
| | Sachsen | (Zöphel et al. 2015) |
| Ungefährdet (*) | Bayern | (Bayerisches Landesamt für Umwelt 2017) |

bar an den Gewässerrand. Dadurch besteht im Uferbereich die Gefahr, dass landwirtschaftliche Maschinen in die unterirdisch angelegten Wohnbaue der Biber einbrechen.

**Verlorene Lebensräume und Wanderhindernisse** Nach einer Gewässerbegradigung, die mit einem technischen Ausbau und der Befestigung von Uferböschungen einhergeht, sind die Ufer für Grabaktivitäten des Bibers und das Anlegen von Erdbauen nicht mehr geeignet. Weiterhin geht durch die Begradigung Gewässerstrecke verloren und somit auch potenzieller Biberlebensraum.

Auch andere Gewässernutzungen, wie etwa die Elektro- und Reusenfischerei oder die Teichwirtschaft, die mitunter für starke Wasserstandsschwankungen sorgen, können den Biber in seinem Lebensraum gefährden und beeinträchtigen (s. Abb. 1-3). Hohe Wehre und Staustufen oder auch verengte Gewässerabschnitte unter Verkehrswegen stellen Wanderhindernisse für den Biber dar. Häufig muss das Tier deshalb auf Landstrecken ausweichen, die aber meist mit mehr Gefahren wie etwa dem Überqueren von Straßen und anderen Verkehrswegen verbunden sind. Neben Verkehrswegen sorgen außerdem Siedlungen oder Gewerbegebiete für Zerschneidungen der Landschaft und einen verringerten Austausch zwischen benachbarten Populationen.

Auch wenn die Bejagung und Tötung des Bibers in Deutschland verboten ist, kommen Einzelfälle, bei denen konfliktverursachende Tiere durch Menschen getötet werden, noch immer

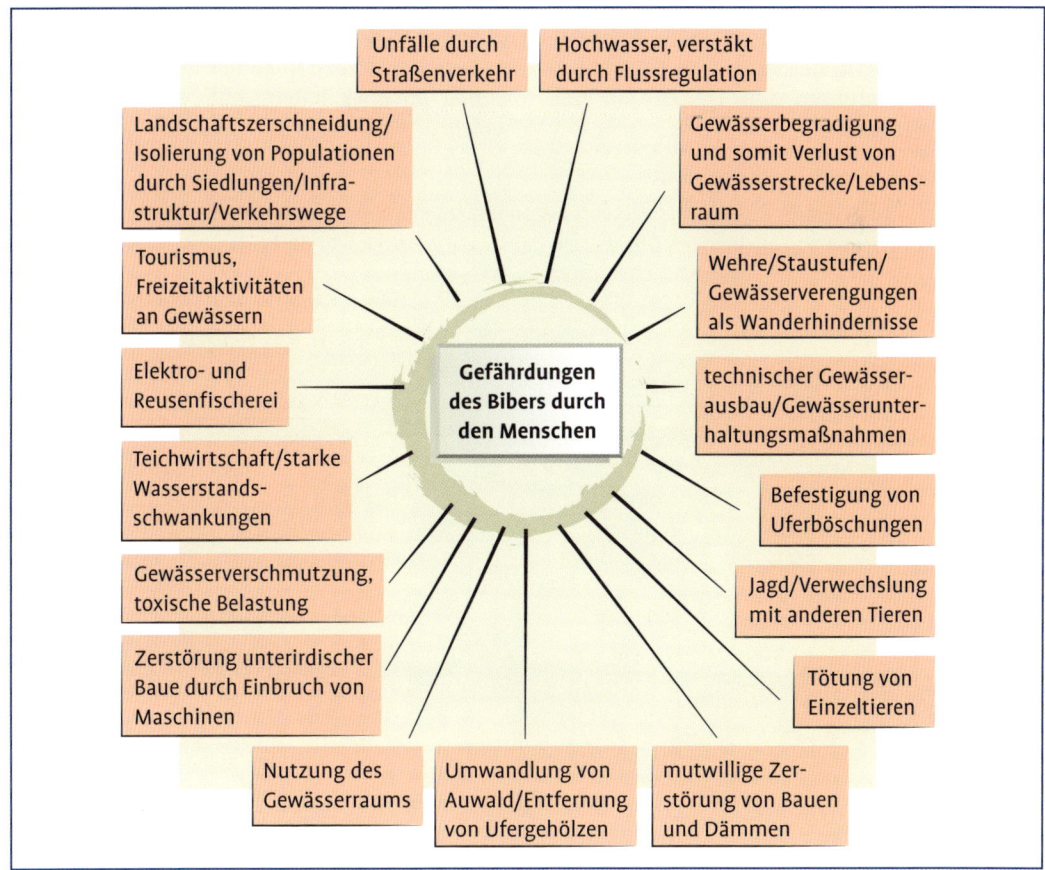

**Abb. 1-3** Vom Menschen ausgehende Gefährdungsursachen für den Biber.

vor. Auch mutwillige Zerstörungen von Bauen und Dämmen des Bibers sind keine Seltenheit.

Immer wieder wird der Biber auch mit dem Bisam verwechselt, welches dem Jagdrecht unterliegt, und generell stört die Jagdausübung die Tiere. Im Gebiet aufgestellte Tötungsfallen für Bisam und Nutria können auch dem Biber zum Verhängnis werden (Bayerisches Landesamt für Umwelt 2018a, Haase et al. 2004, Hessisches Landesamt für Naturschutz, Umwelt und Geologie 2017).

Des Weiteren können plötzliche Hochwasserereignisse eine Gefahr für den Biber darstellen. Jungtiere schaffen es meist nicht, schnell genug zu flüchten, und ertrinken in überschwemmten Bauen oder Fluchtröhren. Auch die Auswirkungen natürlich entstehender Hochwasser werden durch die Flussregulation verstärkt und können somit als anthropogene Gefährdung angesehen werden. Zusätzlich können toxische Belastungen von Gewässern, die auf starke Verschmutzungen zurückzuführen sind, Ursache für eine Bibergefährdung sein.

**Tourismus und seine Folgen** Auch Erholungssuchende wie Badegäste, Camper, Nachtangler, Motorboot- und Kanufahrer, die den Biberlebensraum nutzen, stören die Tiere. Zu ergänzen sind Beunruhigungen durch freilaufende Hunde und ein zunehmender „Biber-Tourismus" (Haase et al. 2004, Hessisches Landesamt für Naturschutz, Umwelt und Geologie 2017).

## 1.8 Besonderheiten

Was den Biber ganz besonders auszeichnet, ist die Fähigkeit, seinen Lebensraum nach den eignen Bedürfnissen aktiv zu gestalten.

**Intelligenter Baumeister ...** So verändert er beispielsweise durch den Bau von Dämmen die Fließgeschwindigkeit und den Wasserstand von Gewässern zu seinem eigenen Vorteil. Somit ist er in der Lage, auch suboptimale Lebensräume zu besiedeln. Dazu muss der Biber das gesamte Gebiet im Blick haben und „vorhersehen", in welcher Weise sich das Gewässer durch seine

Enge verrohrte Gewässerdurchlässe unter Verkehrswegen mit starker Strömung stellen für den Biber häufig unpassierbare Barrieren dar, die ihn zum Überqueren der Straße zwingen.

Bauaktivität verändern wird. Zu einer solchen Leistung ist sonst kein anderes Tier fähig (Colditz 1994).

Der Damm bewirkt, dass der Wasserstand im Staubereich konstant bleibt und die Fließgeschwindigkeit reduziert wird. Somit sorgt der Biber dafür, dass der Eingang seines Erdbaus oder seiner Burg stets unter Wasser liegt und die Wassertiefe den schwimmenden Transport von Gehölzen und ein Abtauchen des Tieres zum Schutz vor Gefahren ermöglicht (Angst 2014).

**… mit hoher Anpassungsfähigkeit** Durch den Bau von Erdbauen oder Burgen, die eine isolierende Wirkung gegenüber Wärme und Kälte aufweisen, ist der Biber außerdem dazu in der Lage, klimatisch extreme Areale zu besiedeln (Zahner 1997a). Die beschriebenen Fähigkeiten machen den Biber in der Wahl seines Lebensraumes insgesamt sehr anpassungsfähig und flexibel (Meßlinger 2015).

Darüber hinaus besitzt der Biber noch weitere landschaftsgestaltende Fähigkeiten. Durch die Nutzung von Bäumen als Nahrung und Baumaterial für Burgen und Dämme lichtet der Biber z. B. große Teile von Auwäldern aus. Holtmeier (2002) beschreibt den Biber als einziges Tier, dem es möglich ist, ganze Baumbestände niederzulegen. Im Bereich angestauter Gewässerabschnitte kommt es dabei zur Ausbildung von Feuchtwiesen oder flachen Teichen (Angst 2014). Auch die Grableistungen der Tiere sind beträchtlich. Unter der Erdoberfläche legen sie ganze Gangsysteme aus Flucht-, Fressröhren und Wohnkesseln an (Schulte 2005).

**Das Bibergeil – geschätzter Duftstoff** Weitere Besonderheit des Bibers ist die Produktion eines speziellen Duftstoffes, dem bereits zuvor erwähnten Bibergeil (Castoreum). Dieser kommt sowohl zur Fellpflege als auch zur Markierung des Revieres und zur Abwehr fremder Artgenossen zum Einsatz. Das Sekret wird aus einer ölproduzierenden Analdrüse am Hinterleib abgesetzt.

Seine Gewinnung war neben der des Fells und des Fleisches mit ein Hauptgrund für die

Mutwillig zerstörter Biberdamm: Obwohl es sich dabei um eine Straftat handelt, sind ungenehmigte menschliche Eingriffe in Biberbauten keine Seltenheit.

frühere Verfolgung des Bibers durch den Menschen, da der Duftstoff in der mittelalterlichen Medizin als begehrtes und teuer gehandeltes „Wundermittel" galt (Teubner & Teubner 2008). Sogar heute noch wird Bibergeil in manchen homöopathischen Rezepten und als Duftträger in der Parfümherstellung verwendet.

Auch die Kloake des Bibers ist ein besonderes körperliches Merkmal. In sie münden die Ausgänge von Darm, Harnblase und Fortpflanzungsorganen. Unter den echten Säugetieren ist der Biber dabei die einzige Art, die eine Kloake besitzt. Typisch ist sie nur für Amphibien, Reptilien, Vögel und Kloakentiere.

### Fazit für die Praxis

- Als semiaquatisches Säugetier ist der Biber an das Vorhandensein von Gewässern gebunden. Optimalen Lebensraum bilden langsam fließende Gewässer mit ausgeprägten Auen, Weichholzbeständen, ausgeprägter Krautvegetation und grabbaren Ufern.
- Biber leben in kleinen Familienverbänden, die in der Regel aus den Elterntieren und zwei Jungtiergenerationen bestehen. Im Alter von meist zwei Jahren begeben sich die Jungtiere auf (z. T. sehr weite) Wanderung, um ein eigenes Revier zu gründen.
- Biber verteidigen ihr Revier gegenüber Artgenossen, mitunter kommt es hierbei auch zu Revierkämpfen (territoriales Reviersystem). Bestände des Bibers regulieren sich also durch artinterne Konkurrenz um Lebensräume und eine „Überbevölkerung" von Gewässerabschnitten ist auszuschließen.
- Durch den Bau von Dämmen können Biber den Wasserstand in ihrem Lebensraum regulieren. Dies ist insbesondere nötig, damit die Eingänge zu den Bauten des Bibers stets unter Wasser liegen.
- Biber ernähren sich rein pflanzlich. Gehölze und größere Bäume werden vorrangig im Winterhalbjahr gefällt. Präferiert werden dabei Weichhölzer wie Weiden und Pappeln.
- Der Biber ist in Anhang II und IV der FFH-Richtlinie aufgeführt und gemäß BNatSchG „streng geschützt". Der Schutz bezieht sich nicht nur auf das Tier selbst, sondern auch auf seine Baue und Dämme.
- Als Besonderheit des Bibers ist seine enorme Gestaltungsfähigkeit hervorzuheben, die es ihm erlaubt, auch suboptimale Lebensräume zu besiedeln. Dennoch ist der Biber in stark anthropogen geprägten Landschaften auch vermehrt Gefahren ausgesetzt.

# 2 Der Biber als Ökosystemingenieur – seine Rolle im Naturschutz

## 2.1 Der Begriff Ökosystemingenieur

Durch seine Stau-, Fäll- und Grabaktivitäten besitzt der Biber eine außergewöhnliche Gestaltungskraft. So ist die Besiedlung eines Gewässers durch den Biber stets mit der Schaffung vielfältiger Strukturen, der Entstehung zahlreicher neuer Biotope mit hohem Tier- und Pflanzenreichtum und einer mehr oder weniger stark ausgeprägten Umgestaltung der Landschaft verbunden (Schwab 2014b). In der Literatur wird der Biber daher häufig als „Landschaftsgestalter" (Harthun 1998), „Biotopmanager" (Meßlinger 2015), „Baumeister" (Bleckmann et al. 2010), „Wasserbauingenieur", „Lebensraumgestalter" (Bayerisches Landesamt für Umwelt 2015) oder eben auch als „Ökosystemingenieur" (BUND Landesverband Nordrhein-Westfalen e. V. 2018) bezeichnet.

**Biber verändern Landschaften ...** Streitberger & Fartmann (2017: 252) definieren Ökosystemingenieure im Allgemeinen als „Organismen, die direkt oder indirekt die Verfügbarkeit von Ressourcen für andere Organismen beeinflussen, indem sie den physischen Zustand von biotischen oder abiotischen Bestandteilen der Umwelt verändern" (nach Jones et al. 1994). Dadurch schaffen oder verändern sie Lebensräume.

Außerdem unterscheiden Jones et al. (1994) zwischen autogenen und allogenen Ökosystemingenieuren. Autogene Ökosystemingenieure sind solche, die die Umwelt allein durch ihre körpereigenen Strukturen beeinflussen. Typische Vertreter sind beispielsweise Pflanzen, die durch ihr Dasein Lichtverhältnisse und Mikroklima verändern.

Der Biber lässt sich hingegen als allogener Ökosystemingenieur bezeichnen. Diese beeinflussen die Ressourcenverfügbarkeit der Umwelt, indem sie Ressourcen aktiv in einen anderen Zustand umwandeln. Der Biber schafft beispielsweise durch seine Stauaktivitäten an Fließgewässern Sonderbiotope wie Biberseen mit lokal veränderter Fließgeschwindigkeit, Sedimentation und Pflanzenzusammensetzung (Jones et al. 1994).

**... und schaffen Raum für andere** Nach Zahner et al. (2009) lässt sich der Biber weiterhin als Ökosystemingenieur bezeichnen, weil er bestimmte Kriterien erfüllt bzw. Leistungen erbringt. Dazu zählt zum einen, dass er für die Schaffung von Mustern oder Strukturen verantwortlich ist, die so in der Landschaft sonst nicht vorkommen. Zum anderen gibt es Tier- und Pflanzenarten, die genau auf diese von ihm geschaffenen Muster angewiesen sind. Zuletzt sorgt der Biber für einen Anstieg der Artenzahl auf Landschaftsebene.

Gerade im Hinblick auf die Förderung anderer Tierarten gilt der Biber daher auch als Schlüsselart. So verändert er Landschaften nicht nur zu seinem eigenen, sondern auch zum Vorteil vieler weiterer Tierarten (s. Kap. 2.3, s. Abb. 2-1). Entsprechend werden durch Schutz und Förderung des Bibers zugleich auch andere Arten begünstigt (Zahner et al. 2009).

## 2.2 Einwirkungen auf die Umwelt

### 2.2.1 Schaffung neuer Biotoptypen und Biotopstrukturen

Der Biber schafft in seinem Lebensraum eine komplexe Auenlandschaft mit Seen, Au- und Bruchwäldern, Feuchtgrünland, Totholzanreicherungen, vegetationsreichen Gewässerzonen sowie verbindenden Bächen und Kanälen und strömungsreicheren Abschnitten. Die hohe Vielfalt an Biotopen – verbunden mit wechselnden Licht- und Wasserverhältnissen auf verhältnismäßig kleinem Raum – ist dabei unvermeidlich an einen großen Reichtum an Pflanzenarten

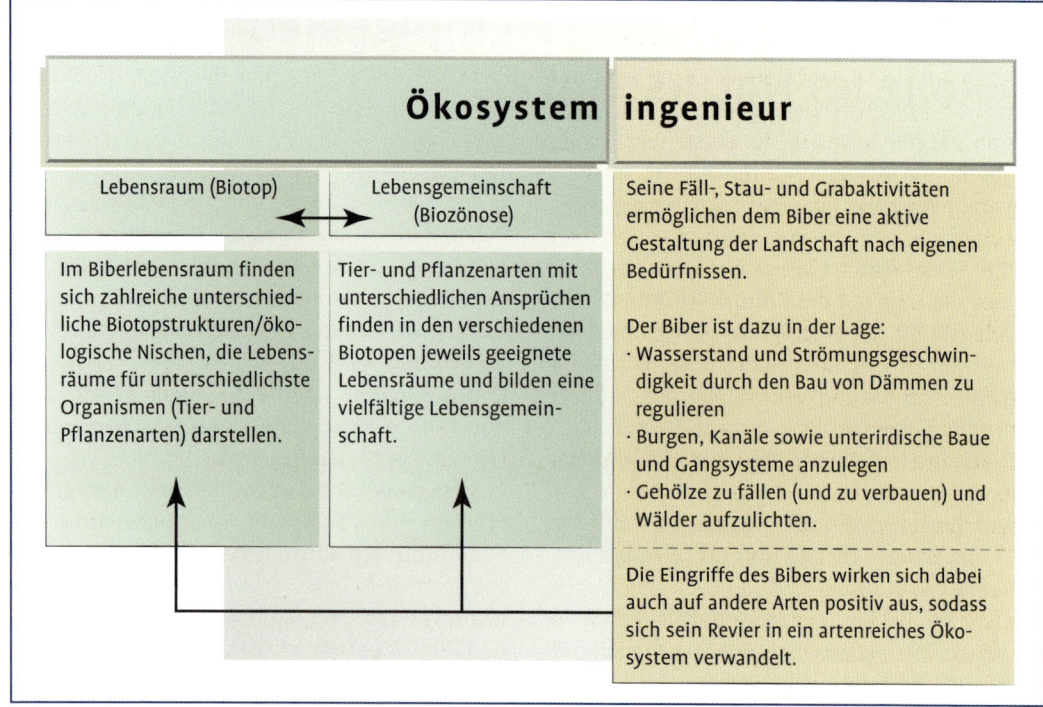

Abb. 2-1 Ökosystemingenieur Biber.

gekoppelt. Somit ermöglicht der Biber die Entwicklung wildnisartiger Strukturen in unserer überwiegend monotonen und von Nutzung geprägten Kulturlandschaft (Hölling 2010, Meßlinger 2015).

**Bewegung in der Landschaft** Biberreviere lassen sich außerdem als außergewöhnlich dynamisch beschreiben, denn durch die unermüdliche Bauaktivität des Tieres unterliegen die geschaffenen Lebensräume einem ständigen Wandel. Hölling (2010) vergleicht die vom Biber verursachte Dynamik in der Landschaft mit der von bedeutenden Naturereignissen wie Hochwasser, Sturm, Feuer oder Schneebruch.

Insgesamt stellen Biberreviere ein Mosaik aus vielen unterschiedlichen Biotopen dar (Herr et al. 2018, Schwab 2014b). Am und im Gewässer entwickeln sich neue Pflanzengesellschaften mit charakteristischen Arten wie Rohrkolben, Igelkolben, Sumpfkresse, Mädesüß, Wasserschwaden, Wasserschierling, Schwanenblume, Pfeilkraut und Teichrosen (Teubner & Teubner 2008). In der angrenzenden Aue wird die Ausbreitung typischer Weichlaubhölzer begünstigt (Zahner et al. 2009).

Sommer et al. (2018) schlussfolgerten aus einer Metaanalyse von 53 Studienergebnissen, die auf vergleichbaren Feldversuchen beruhen, dass sich die Diversität der Pflanzen auf Landschaftsebene im Biberrevier in 76 % der Fälle erhöht hat.

Einige im Biberrevier häufig vertretene Biotoptypen und -strukturen werden nun im Folgenden aufgeführt:

**Bibersee/Biberteich** Durch den Anstau eines Gewässers und die Überflutung der angrenzenden Flächen infolge von Dammbauten entstehen sogenannten Biberseen oder -teiche, die wenige Quadratmeter bis mehrere Hektar groß sein können (Zahner 1997a). Dies sind flache Gewässer mit stark variierender Beschaffenheit des Gewässergrundes, denn überflutet werden

können sowohl sandige als auch steinige Untergründe, Wiesen, Äcker, Wege oder Waldflächen.
**Schilf und Röhricht profitieren**  Somit sind die Biberseen viel abwechslungsreicher als künstlich angelegte Gewässer. Es entstehen Gewässerabschnitte mit deutlich reduzierter Fließgeschwindigkeit bzw. „Stillgewässercharakteristik" innerhalb des Fließgewässers. Insbesondere die flachen Uferbereiche werden von zahlreichen Wasserpflanzen wie der Sumpf-Schwertlilie besiedelt. Infolge der verringerten Fließgeschwindigkeit setzen sich mehr Sedimente ab, was die schnelle Ausbreitung von Schilf und anderen Röhrichtpflanzen fördert. Es entsteht ein Mosaik aus offenen Wasserstellen und Röhrichtbeständen sowie aus mehr oder weniger weit fortgeschrittenen Verlandungszonen (Meßlinger 2015, Bayerisches Landesamt für Umwelt 2015).

Durch die unermüdliche Aktivität des Bibers entstehen dabei immer wieder neue Bereiche, in denen der Baumeister beispielsweise Schlamm als Dichtungsmaterial für Dämme und Wohnbaue entnimmt, Pflanzen zurückbeißt oder durch den Aus- oder Neubau von Dämmen erneut für Überflutungen sorgt (Meßlinger 2015).

Dabei führen unterschiedliche Entwicklungsstadien der Biberteiche in Verbindung mit hydrologischen und sukzessionsbedingten Prozessen der Landschafts- und Gewässerentwicklung zu einer hohen Heterogenität des Lebensraumes (Sommer et al. 2018). Dadurch entsteht wiederum eine große Vielfalt an ökologischen Nischen und Besiedlungsmöglichkeiten. Sommer et al. (2018: 110) beschreiben den Bibersee als „requisitenreich", als „hoch produktiven Lebensraum und Reproduktionsraum" sowie als „Überwinterungsgebiet" und „Refugiallebensraum in Trockenzeiten" für bestimmte Arten.

Weiterhin ist durch biberbedingte Überschwemmungen eine Wiedervernässung von Mooren möglich, sodass mitunter die Ausbreitung von Torfmoosen, Wollgras und Kleinseggen gefördert wird (Meßlinger 2015).

**Ufer- und Auengehölze etablieren sich**  Baumarten wie die Fichte, die eine Überflutung des Standortes nicht vertragen, sterben bei der

Ein etwa ein Jahr alter Biberteich innerhalb eines Waldgebietes.

© Wolfram Otto

Biberseen bieten mit ihren flachen Uferzonen und geringen Strömungsgeschwindigkeiten ideale Lebensräume für verschiedene Wasserpflanzen wie den Froschlöffel (*Alisma plantago-aquatica*) oder die Wasserfeder (*Hottonia palustris*).

Bildung von Biberseen ab. Andere Arten wie beispielsweise Eschen, Weiden und Pappeln, die als typische Ufergehölze an schwankende Wasserverhältnisse angepasst sind, profitieren (Zahner et al. 2009).

Harthun (1997) beschreibt überdies, dass durch die Entwicklung von Biberseen die Uferlinie eines Gewässers wesentlich verlängert wird. Als Übergangszone zwischen Wasser und Land (nass und trocken), in der sich verschiedenste Kleinstlebensräume ausbilden können, spielt diese eine ganz besondere Rolle für Habitat- und Artenvielfalt.

So konnte in einem Biberrevier im hessischen Spessart durch Ausbildung eines Bibersees eine Verlängerung der Uferlinie von ursprünglich 240 m auf 550 m erfasst werden. Zusätzlich erhöhen neu entstehende Sekundärbache und weitere kleine Wasserflächen im Umfeld des Bibersees die Grenzfläche zwischen Wasser und Land.

**Biberwiese** Ein weiteres typisches Biotop im Biberlebensraum ist die sogenannte Biberwiese. Diese entsteht, wenn zunächst überschwemmte Flächen und Biberseen etwa durch die Abwanderung von Tieren (und dem damit verbundenen Zerfall von Dämmen) oder durch hohe Temperaturen im Sommer verlanden bzw. trockenfallen. Aber auch bereits während der Besiedlung durch den Biber können Biberwiesen in Form offener Vegetationszonen, in denen größere Gehölze und Bäume durch Vernässung oder Überflutung absterben, rund um den Bibersee vorhanden sein.

**Vielfältige Ausprägungen** Außerdem entwickeln sich Biberwiesen, wenn gewässernahes Gelände durch z. B. hochwasserbedingte Dammbrüche zeitweilig überflutet wird oder wenn durch das Anstauen des Fließgewässers der Grundwasserspiegel steigt und somit auch in weiter entfernt liegenden Senken im Gelände Grundwasser ansteht. Nach bereits kurzer Zeit werden solche Flächen von verschiedensten Pflanzenarten, darunter meist typische Feuchtwiesenpflanzen wie Sumpfdotterblume, Flatterbinse und Pfeilkraut, besiedelt (Bleckmann et al. 2010, Meßlinger 2015). Harthun (1998a) konnte bei Untersuchungen von Biberlebensräumen an Mittelgebirgsbächen im Spessart weiterhin Sumpf-Weidenröschen, Scharbockskraut, Sumpf-Labkraut, Brennenden Hahnenfuß, mehrere Seggen-Arten und Pfennigkraut auf Biberwiesen sehr feuchter Ausprägung nachweisen.

Auch an Stellen, an denen Biber vor allem im Sommer regelmäßig Gräser und Kräuter oder neu aufkommende Gehölze abweiden und dichte Röhricht-, Großseggen oder Hochstaudenbestände auflockern, entstehen wiesenähnliche Lebensräume. Auf den feuchten Freiflächen im Uferbereich, die nun stärker besonnt werden, können Pflanzensamen sehr gut keimen. Schlammfluren, die durch die Verlandung eines Bibersees oder die plötzliche Überspülung einer Fläche entstehen, werden von seltenen Pflanzen- und Tierarten besiedelt und zählen zu den „am stärksten gefährdeten Gesellschaften überhaupt" (Zahner et al. 2009: 87).

**Mannigfaltige Vegetation** Biberwiesen können bis mehrere Hektar groß sein und, je nach Standort, nasse bis frische, bracheartige sowie auch trockene heidenartige und vegetationsarme oder -freie Flächen umfassen (Dalbeck 2011). Unterschiedliche Verhältnisse bezüglich Mikrorelief, Bodenfeuchte, Sedimentqualität und Nährstoffen erlauben die Ansiedlung verschiedener Pflanzengruppen nebeneinander (Harthun 1997). Im Hinblick auf ihre Vegetationszusammensetzung sind Biberwiesen daher in vielfältiger Ausprägung möglich.

In einem hessischen Biberrevier konnten auf einer Biberwiese 15 Pflanzenarten mehr erfasst werden als auf einer vergleichbaren brachliegenden Fläche im gleichen Tal. Auf Sandablagerungen am Grunde eines ehemaligen Bibersees wurde sogar der trockenheitsliebende Kleine Klappertopf entdeckt (Harthun 1997).

**Strukturreiche Auwälder und Biberlichtungen** Obwohl der Biber weithin als „Holzfäller" bekannt ist, trägt er auch zur Förderung von Ufergehölzen bei. So treiben die vom Biber bevorzugten Gehölze wie Pappeln, die über ein gutes Stockausschlagvermögen verfügen, nach dem Verbiss durch den Biber überwiegend wieder aus – dabei meist dichter als zuvor. Auch gefällte Baumstämme, die der Biber häufig nicht komplett abnagt, können erneut Wurzeln und

Feuchte Ausprägung einer Biberwiese mit teilweise anstehendem Grundwasser und typischen Feuchtwiesenpflanzen.

Biberwiese, die bereits stark von Sukzession geprägt ist. Die abgestorbenen Fichten deuten darauf hin, dass die Fläche ehemals überflutet war.

zahlreiche Triebe ausbilden. Liegen gelassene oder vom Wasser weggespülte Weidenäste führen ebenfalls zum Aufkommen neuer Gebüsche im Biberlebensraum.

Außerdem bilden sich im Gelände an Stellen, an denen der Biber regelmäßig Ast- und Zweigmaterial abtransportiert oder ins Gewässer ein- und aussteigt, vereinzelt offene Boden- und Schlammflächen, die für die Samenkeimung feuchtigkeitsliebender Gehölze besonders geeignet sind. Somit ist in vielen Biberrevieren tatsächlich eine Ausbreitung ufertypischer Gehölze zu verzeichnen (Meßlinger 2015, Zahner et al. 2009).

Des Weiteren führen die Fällarbeiten des Bibers häufig auch zu großflächigen Auflichtungen innerhalb des Auwaldes. Durch den verstärkten Einfall von Sonnenlicht kann sich so eine artenreiche Krautschicht am Waldboden ausbilden, die wiederum das Vorkommen bestimmter Tierarten begünstigt.

**Hohe Heterogenität**  Einige Bäume wie Birke, Weide und Espe können nur bei ausreichender Belichtung, wie in den Biberlichtungen, keimen. Hier wachsen sie besonders schnell auf und schließen somit wieder die entstandenen Lücken. Ohne den Schnitt des Bibers würden die lichtbedürftigen Weiden hingegen mit der Zeit von anderen Baumarten überwachsen und beschattet werden. Der Biber setzt also die im Auwald einsetzende Sukzession immer wieder auf den Beginn zurück. Dabei werden raschwüchsige und stockausschlagfähige Gehölzarten gefördert.

Insgesamt führt die regelmäßige Änderung der Konkurrenzsituation der Pflanzen um Licht und Nährstoffe zu einer hohen Heterogenität innerhalb der Ufervegetation. Auch im Bereich des Wassers sorgen Baumfällungen und Auflichtungen für die Ausbildung verschiedener Teilräume mit unterschiedlichen Licht- und Temperaturverhältnissen.

Vom Biber gefällte Ufergehölze mit hohem Regenerationsvermögen, wie hier eine Weide, treiben nach der Fällung meist wieder neu aus und bilden dann oft dichtere Bestände als zuvor.

**Natürlicher Waldcharakter** Hölling (2010) vergleicht die Holznutzung des Bibers mit dem forstlichen Femelschlag: Kleinräumig werden Flächen im Wald intensiv genutzt und aufgelichtet, im nächsten Winter sucht der Biber sich dann neue Bereiche zur Baumfällung und die Vegetation kann sich zwischenzeitlich regenerieren. Häufig passiert es, dass der Biber nach Jahren dann wieder an einen früheren Fällplatz zurückkommt (Zahner et al. 2009). Die wechselnden Lichtverhältnisse und die regelmäßige stellenweise Verjüngung des Gehölzbestandes sorgen insgesamt für einen natürlichen und vielfältigen Waldcharakter (Meßlinger 2015).

**Totholz** Der Biber sorgt dafür, dass Totholz vorhanden ist und damit ein bedeutendes Biotop für verschiedene Tier- und Pflanzenarten. So verwertet der Biber zumindest größere Bäume meist nicht vollständig und gröberes Holz bleibt liegen. Außerdem sterben immer wieder Gehölze durch dammbedingte Überflutungen, andere infolge von Rindenabschälungen durch den Biber ab. So sammelt sich im Laufe der Zeit stehendes und liegendes Totholz im Uferbereich des Gewässers an. Der Zerfall von dicken Stämmen kann sich dabei über mehrere Jahre hinziehen.

Am Holz gedeihen seltene Pflanzenarten, Baumpilze und Flechten, darunter Moose, Farne, Schwefelporling und Baumschwamm. Sie sind, wie auch einige Tierarten, an das Vorhandensein natürlicher Alters- und Zerfallsphasen von Wäldern gebunden, die im Wirtschaftswald meist kaum vertreten sind (Bleckmann et al. 2010, Meßlinger 2015, Bayerisches Landesamt für Umwelt 2015).

**Weitere kleinräumige Biotope** Auch die Nahrungsflöße, die der Biber als Wintervorrat vor dem Eingang seines Wohnbaus anlegt, sowie seine Dämme und Burgen lassen sich als eigene kleine Biotope bezeichnen. Sie bestehen aus dichtem Ast- und Zweigmaterial und bieten Tieren zahlreiche Versteckmöglichkeiten oder Lebens- und Reproduktionsstätten. Sommer et al. (2018: 110) bezeichnen den Bereich um den Biberdamm als „'Hotspot' der Biodiversität des Zooplanktons".

**Natürliche Mäanderbildung** Infolge der unterschiedlichen Fließgeschwindigkeiten in Seen, Kanälen, Seitenarmen sowie in Gewässerabschnitten vor und hinter Dammbauten können im Biberrevier weiterhin typische Fließgewässerelemente wie Uferabbrüche, Gumpen, Auskolkungen, Kies-, Sand- und Schlammbänke ent-

© Wolfram Otto

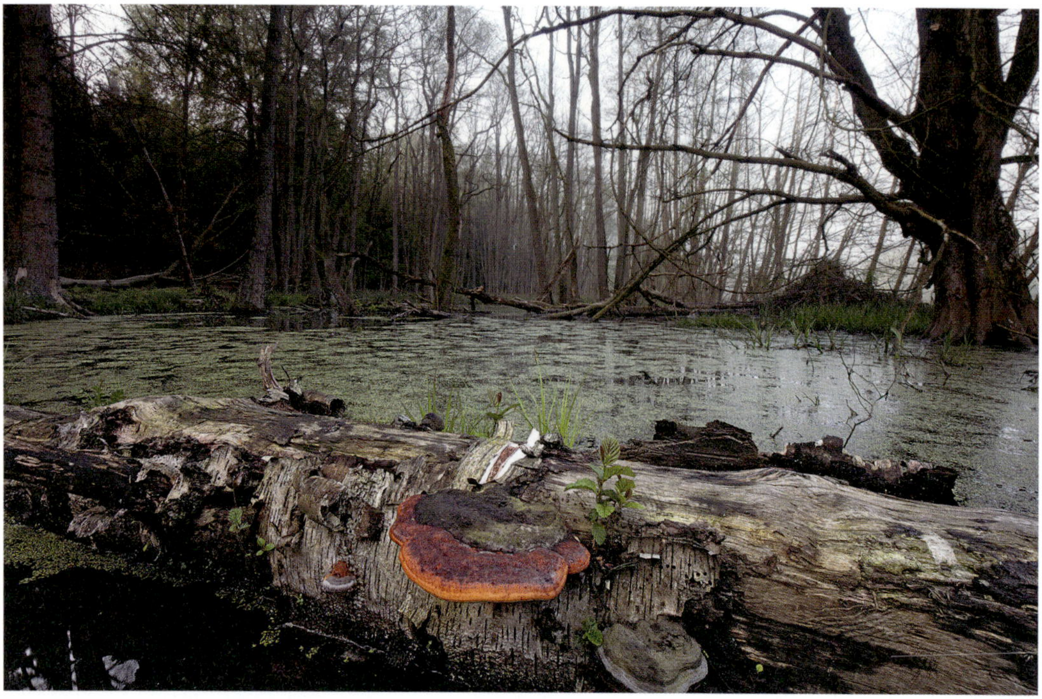

Im Biberrevier fallen große Mengen an Totholz an, an dem sich Baumpilze ansiedeln können. Im Hintergrund des Bildes ist eine Biberburg zu erkennen.

© Elena Simon

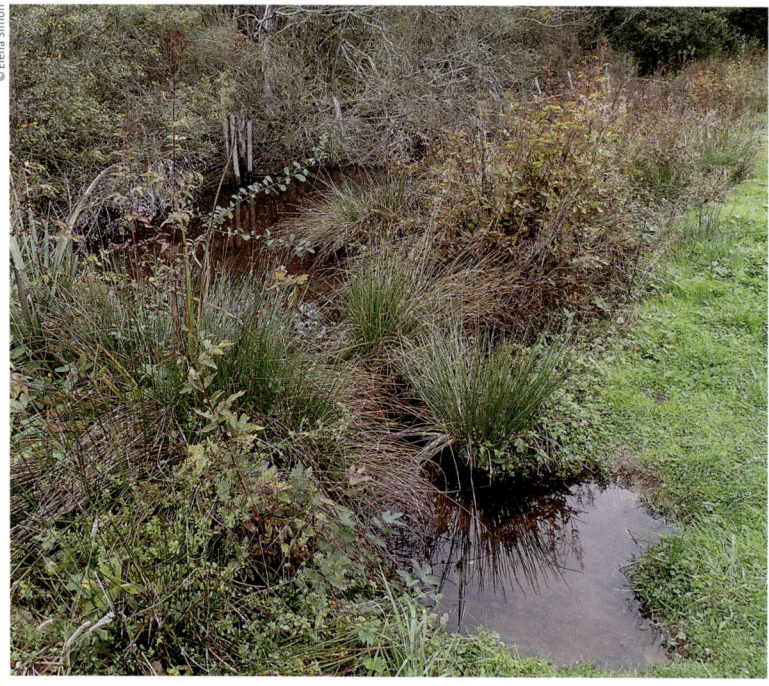

Häufig sind Gewässereinstiege/-ausstiege des Bibers (sog. Biberrutschen) durch regelmäßige Nutzung stark eingetieft und bilden schon kleine Gräben. Sie stellen somit eigene kleinräumige Biotope dar.

stehen. Sie fördern eine natürliche Mäanderbildung mit Ausprägung von Steil- und Flachufern (Meßlinger 2015, Sommer et al. 2018). Auch die aufgestellten Wurzelteller von durch biberbedingte Überschwemmungen/Grundwasseranstiege umgekippten Bäumen stellen eigene Biotope dar.

**Biberrutsche als eigenes Biotop** Ebenso erhöhen regelmäßig vom Biber genutzte Wassereinstiege und -ausstiege (Biberrutschen) sowie ausgetretene Pfade an Land (Biberwechsel) und Kanäle, die aus Biberwechseln entstehen oder aktiv zur Erschließung von Futterflächen angelegt werden, die Strukturvielfalt im Lebensraum des Bibers. An den Wechseln entstehen durch die regelmäßige Nutzung und Abtragung von Boden offene Bereiche und Störstellen wie Rohbodenflächen (Harthun 1998, Schwab 2014b).

**Verbindung von Biotopen** Die typischen Elemente des Biberreviers wie Biberteich, Biberwiese, Biberlichtung, Damm und Totholz sind in regelmäßiger Abfolge entlang des besiedelten Gewässers anzutreffen. Tiere und Pflanzen, die auf entsprechende Strukturen angewiesen sind, finden diese somit in jeweils nur geringer Entfernung zueinander vor und müssen zur Ausbreitung nur kurze Strecken zurücklegen.

Der Biber sorgt also für eine Verbindung oder Aneinanderreihung von Biotopen, die sowohl Tiere zur Wanderung als auch Pflanzen zur Ausbreitung nutzen. Allerdings ist solch eine optimale und dem natürlichen Zustand eines Gewässers ähnelnde Ausprägung nur möglich, wenn Biber und Gewässer genügend Raum zur Verfügung steht.

An Biberdämmen können sich zahlreiche kleinräumige Versteckmöglichkeiten ausbilden, die von verschiedenen Tierarten genutzt werden. Hier zu sehen sind ein Fichtenkreuzschnabel und ein Erlenzeisig, die am Damm eine „Vogeltränke" entdeckt haben.

**Biberkanäle als Wanderwege** Auch die Kanäle, die der Biber als Transportwege für Bau- und Nahrungsmaterial oder als Verbindung von Gewässern anlegt, dienen natürlich auch anderen Wasserbewohnern als Wanderweg (Meßlinger 2015). Colditz (1994) verweist zudem auf einen positiven Randeffekt im Biberlebensraum im Hinblick auf seine Verbindung von dichtem Auwald mit einer vom Biber gelichteten Uferregion. Solche Übergangsbereiche gehen stets mit einem reichhaltigen Artenspektrum einher.

### 2.2.2 Gestaltung von Gewässerlandschaften

Neben kleinräumigen Veränderungen im Biberlebensraum, wie etwa der Schaffung von Kleinstbiotopen, machen sich die Tätigkeiten des Bibers auch in großem Maßstab bemerkbar. So werden ganze Gewässerlandschaften von ihm umgestaltet. Verlauf, Dynamik, Morphologie, Geschiebeführung und Uferausprägung eines Gewässers können sich infolge einer Besiedlung durch den Biber drastisch verändern (Dalbeck 2016, Holtmeier 2002).

**Viele Dämme mit großer Wirkung** Hauptgrund hierfür ist der Bau von Dämmen, wodurch Fließgewässer in „treppenartig hintereinander gestaffelte Teiche" umgewandelt werden (Holtmeier 2002: 202). Je nach Größe der Biberkolonie können diese Teichsysteme mitunter beachtliche Ausmaße annehmen (Holtmeier 2002). Bei entsprechenden Untersuchungen im Hürtgenwald in Nordrhein-Westfalen im Jahr 2013 hat man pro Biberkolonie zwischen 1–23 Biberdämme in Gewässern erfasst.

In Bezug auf alle untersuchten Fließgewässer wurden 3,9 aktiv von Bibern unterhaltene Dämme in 1 km Bachlauf gezählt. Wurden nur die vom Biber bevorzugt besiedelten kleineren

Kanäle, die der Biber zum Transport von Baumaterial oder zur leichteren Erreichung von Nahrungsflächen anlegt, können auch für andere wassergebundene Tierarten Ausbreitungswege darstellen.

Gestaffelte Dämme in einem Biberrevier: Biberdämme und dadurch bedingte aufgeweitete Gewässerabschnitte treten entlang von besiedelten Gewässern meist in mehrmaliger Wiederholung auf, sodass mitunter ganze Gewässerlandschaften vom Biber überformt werden.

Talauenbäche berücksichtigt, so kam man auf zehn Dämme pro Bachkilometer bzw. durchschnittlich einen Damm pro 100 m Bachlauf. Diese Zahlen verdeutlichen die große Schaffenskraft und gestalterische Einwirkung des Bibers auf die Gewässerlandschaft (Dalbeck 2016). Sie kann dazu führen, dass besiedelte Gewässer mit der Zeit wieder eine natürliche und mäandrierende Gestalt annehmen (Meßlinger 2015).

**Biberlandschaften entstehen** Auch aufgrund der Größe eines einzelnen Biberreviers, das sich (abhängig vom Nahrungsangebot) zwischen 1 und 5–7 km am Gewässer entlang erstreckt (Schwab 2014b), lässt sich der Biberlebensraum wohl auch als Biberlandschaft bezeichnen. In ihr ändert sich neben dem Gewässerverlauf selbst ebenso die umgebende Aue. Insbesondere durch die Fällaktivitäten des Bibers können großflächige Auflichtungen und Verjüngungen innerhalb des Auwaldes stattfinden, sodass sich mit der Zeit eine deutlich veränderte Vegetationszusammensetzung entlang der Ufer etabliert (Meßlinger 2015). Biberseen können zudem beachtliche Größen von bis zu mehreren Hektaren annehmen (Zahner et al. 2009).

Je nach Größe und Anzahl von Biberkolonien an einem Gewässer können die vom Biber geschaffenen Strukturen an großen Strecken entlang des Gewässers wiederholt auftreten. So ergibt gerade die Summe der vielen vom Biber geschaffenen lokalen Veränderungen insgesamt die Gestaltung einer ganzen Gewässerlandschaft (Meßlinger 2015). Anders ausgedrückt: Die durch den Biber in den Gewässerraum eingebrachten kleinräumigen Eigenschaften und Strukturen wirken sich auch auf die Habitat-Heterogenität in großräumigerem Maßstab aus (Law et al. 2016).

Kaskadenartig vom Biber aufgestautes Gewässer mit größerem abschließendem Bibersee.

## 2.3 Förderung anderer Tierarten

Mit seiner landschaftsgestalterischen Fähigkeit schafft der Biber neben einer Vielzahl von Biotopen auch die Grundlage für die Ansiedlung verschiedenster Tierarten, die teilweise sogar genau auf die vom Biber geschaffenen Strukturen angewiesen sind (Zahner et al. 2009). Die Unterteilung des Biberlebensraums in viele unterschiedliche Abschnitte/Habitate begünstigt insgesamt die Koexistenz vieler verschiedener Arten (Law et al. 2016). Neben der floristischen Ausstattung profitiert also auch die gewässergebundene Fauna von den Aktivitäten des Nagers (Pönitz et al. 2017).

**Evolutionsfaktor Biber** Einige Arten haben sich möglicherweise sogar erst mit dem Auftreten des Bibers entwickelt, der in dem Fall als wichtiger Evolutionsfaktor bezeichnet werden kann. Mit Blick auf die Vergangenheit, in der Biber über mehrere Millionen Jahre beinahe auf der gesamten Nordhemisphäre vertreten waren, waren einst wahrscheinlich fast alle Binnengewässer und größeren Flüsse von Bibern besiedelt. Folglich ist davon auszugehen, dass biberbedingte Gestaltungen lange Zeit typische Charakteristika von Gewässerökosystemen darstellten und somit Anpassungen oder sogar Bindungen der Fauna an eben genau diese Strukturen wahrscheinlich sind (Angst 2014).

**Förderer der Artenvielfalt** Indem er zahlreiche Habitatelemente schafft und zugleich eine starke Dynamik in den Lebensraum und somit auch in die Lebensgemeinschaft einbringt, nimmt der Biber eine bedeutende Funktion in der Biozönose ein. Er kann, wie bereits zuvor erwähnt, als Schlüsselart oder Wegbereiter für die Besiedlung seines Lebensraumes durch viele weitere, oft seltene und anspruchsvolle Tierarten angesehen werden.

Somit spielt er auch eine wichtige Rolle im Arten- und Biotopschutz (Hessische Gesellschaft für Ornithologie und Naturschutz e. V. 1999). So konnten Sommer et al. (2018) im Rahmen einer Metaanalyse aus 53 Fallstudien zu den Einwirkungen des Bibers auf die Artenvielfalt herausfinden, dass sich die Diversität der untersuchten Tiergruppen auf Landschaftsebene in 83 % der betrachteten Untersuchungen erhöht hat.

Im Folgenden werden einige Tierarten, die von der Besiedlung und Umgestaltung eines Gewässers durch den Biber profitieren, aufgeführt.

Förderung anderer Tierarten 39

Biberseen können sehr große Ausmaße annehmen und somit auch das Landschaftsbild wesentlich beeinflussen.

## 2.3.1 Insekten

**Libellen** Libellen brauchen in ihrem Lebensraum vielseitige Strukturen wie flache und tiefere Gewässerabschnitte, stehendes und fließendes Wasser. Zudem sind sie auf eine abwechslungsreiche Vegetation mit Sträuchern und ein gewisses Totholzangebot angewiesen. Das alles finden sie im Biberrevier in optimaler Ausprägung vor. Die hintereinander angelegten Stauteiche, strömungsreichere Gewässerabschnitte hinter den Biberdämmen sowie kleinere Verbindungskanäle ergeben insgesamt ein vielfältiges Gewässernetz mit unterschiedlichen Gewässer-Entwicklungsstadien.

**Dynamisches Mosaik von Lebensräumen** Außerdem bringt der Biber durch seine Fraß-, Stau- und Grabaktivitäten eine starke Dynamik in seinen Lebensraum. So sind die geschaffenen Strukturen einem stetigen Wandel unterzogen und entstehen regelmäßig neu. Dadurch bietet der Biberlebensraum Libellenarten mit unterschiedlichsten Ansprüchen, darunter auch gefährdeten Arten wie der Grünen Keiljungfer (*Ophiogomphus cecilia*), geeignete Habitatstrukturen auf kleinem Raum. Schwab (2014: 12) spricht von einem „dynamischen Mosaik von Lebensräumen".

Auch Arten wie die Kleine Pechlibelle (*Ischnura pumilio*) und der Südliche Blaupfeil (*Orthetrum brunneum*) kommen im Biberrevier vor. Sie benötigen offene Bodenstellen, die sie im Bereich von Biberwechseln, Biberrutschen oder grabbedingten Uferabbrüchen vorfinden. Senken, in denen durch dammbedingten Gewässeranstau vermehrt Grundwasser ansteht, stellen wertvolle Laichgewässer für Libellen dar. Sedimentablagerungen werden ebenfalls als Eiablage- und Larvalsubstrat genutzt. Im Wasser

Biberreviere bieten zahlreichen Libellenarten geeignete Habitatstrukturen, so auch der Gebänderten Prachtlibelle (*Caloperyx splendens*).

Libellen profitieren im Biberrevier von dem reichen Angebot an Totholz, das ihnen als Eiablagesubstrat oder Sitzwarte dient.

liegendes Totholz, ausgeprägte Röhrichtbestände an den flachen Ufern der Biberseen und Wasserpflanzen bieten zudem ein hohes Angebot an Sitzwarten (Bayerisches Landesamt für Umwelt 2015, Meßlinger 2015).

**Beispiele für erhöhte Artenvielfalt** Harthun (1998) konnte bei Untersuchungen zum Einfluss des Bibers auf die Gewässerfauna an einem Mittelgebirgsbach im hessischen Spessart einen deutlichen Anstieg der Libellenvorkommen von drei auf 17 Arten verzeichnen. Neben den 17 Arten, die als bodenständig nachgewiesen wurden, konnten außerdem vier weitere Arten nur als Imagines erfasst werden. Daher ist eventuell sogar von einem Anstieg auf insgesamt 21 Arten auszugehen.

Schloemer & Dalbeck (2014) führten in den Jahren 2011 und 2012 ebenfalls Untersuchungen an Mittelgebirgsbächen in der Nordeifel (Nordrein-Westfalen) durch, um die Auswirkungen biberbesiedelter Gewässer auf die Libellenfauna zu erforschen. In von Bibern beeinflussten Gewässerabschnitten konnten dabei insgesamt 28 Arten und damit 24 Arten mehr als in den untersuchten Referenz-Gewässerabschnitten (ohne Biberbesiedelung) mit nur vier Arten nachgewiesen werden. Auch in bereits aufgegebenen Biberrevieren war die Artenzahl der Libellen mit 14 Arten gegenüber den unbesiedelten Gewässerabschnitten erhöht.

Insgesamt wurde eine reiche Artenkombination innerhalb der Libellenvorkommen an den vom Biber beeinflussten Gewässerabschnitten festgestellt. So konnten sowohl Arten mit unterschiedlichen Strömungspräferenzen als auch solche mit unterschiedlichen Ansprüchen an das Sukzessionsstadium ihres Fortpflanzungsgewässers nachgewiesen werden.

**Von Pionierarten bis Neuansiedlung**   Neben Pionierarten wie der Großen Pechlibelle (*Ischnura elegans*) waren ebenso Arten wie die Torf-Mosaikjungfer (*Aeshna juncea*), die typisch für Gewässer älterer Entwicklungsstadien sind, im Gebiet anzutreffen. Fließgewässer-Arten, die außerhalb der biberbesiedelten Bereiche ebenfalls vorkamen, zeigten innerhalb dieser höhere Individuenzahlen.

Zudem fanden auch sehr anspruchsvolle Arten wie die Große Moosjungfer (*Leucorrhinia pectoralis*) oder der Kleine Blaupfeil (*Orthetrum coerulescens*) geeignete Lebensraumstrukturen innerhalb der Biberreviere. Weiterhin kam es innerhalb der biberbeeinflussten Bereiche sogar zu einer Neuansiedlung durch die Gebänderte Prachtlibelle (*Calopteryx splendens*). Die vom Biber nicht beeinflussten Bachabschnitte wiesen hingegen ein nur schmales Artenspektrum mit wenigen typischen Arten kleiner Fließgewässer auf (Schloemer & Dalbeck 2014).

Insgesamt spiegeln das hohe Artenreichtum sowie die Artenkombination aus Fließgewässer-Arten und solchen, die auf strömungsberuhigte Abschnitte angewiesen sind, die hohe Vielfalt an Biotopen und das Strukturreichtum im Biberrevier wider. So sind verschiedene wichtige Habitatelemente wie solche für die Eiablage und die larvale Entwicklung bis hin zum Schlupf, vegetationsarme Zonen und Bereiche unterschiedlicher Gewässerentwicklungsstadien im und am Gewässer vorhanden.

**Raum auch für anspruchsvolle Arten**   Rinnsale, Kanäle, Nasswiesen und Torfmoose bilden Lebensräume für besonders anspruchsvolle Libellenarten. Zuletzt zeigen die Untersuchungen auch, dass sich die Aktivitäten des Bibers bereits nach kurzer Zeit positiv auf die Libellenfauna auswirken (Schloemer & Dalbeck 2014).

Bei einem Monitoring von Biberrevieren in Westmittelfranken wurden seit 1999 bis 2014 die vom Biber verursachten Lebensraumveränderungen und seine Effekte auf Flora und Fauna auf insgesamt zehn Probeflächen untersucht. Im Hinblick auf die Libellenfauna wurde dabei bei 27 von insgesamt 41 nachgewiesenen Arten eine positive Reaktion auf die biberbedingten Veränderungen verzeichnet. Dies äußerte sich in Form eines Anstiegs der Individuenzahl und der Artenvielfalt.

**Biberaktivität und Artenzahl**   Außerdem konnte festgestellt werden, dass die Zu- oder Abnahme der Artenzahlen von dem Ausmaß der Biberaktivitäten, insbesondere der Dammbauaktivität, abhängig ist. So erreichten die Probeflächen, auf denen starke Stau-, Grab- und Fraßtätigkeiten des Bibers beobachtet wurden, höhere Libellen-Artenzahlen als solche mit geringerer Biberaktivität (s. Abb. 2-2) (Meßlinger 2014).

Einige im Untersuchungsgebiet erfasste Arten, die von den biberbedingten Veränderungen profitierten, sind dabei Indikatorarten für bestimmte Gewässerstrukturen. Sie repräsentierten ein großes Spektrum an Gewässertypen wie Pionierstandorte, Fließ- und Stillgewässer, instabile, beschattete und besonnte Gewässer sowie Röhrichte und Großseggengesellschaften und zeigten somit die Vielfältigkeit der biberbesiedelten Gebiete auf. Umgekehrt bedeutet dies, dass biberbeeinflusste Gebiete die Ansiedlung vieler verschiedener Libellenarten mit unterschiedlichsten Ansprüchen erlauben.

Insbesondere erst mit der Besiedlung des Bibers entstandene Gewässer wirken sich unmittelbar positiv auf die Libellenfauna aus. Dazu zählen neben den Biberseen auch neue oder verlagerte Bäche/Seitenarme und von Sedimenten freigeräumte Gewässerabschnitte. Auch konnte

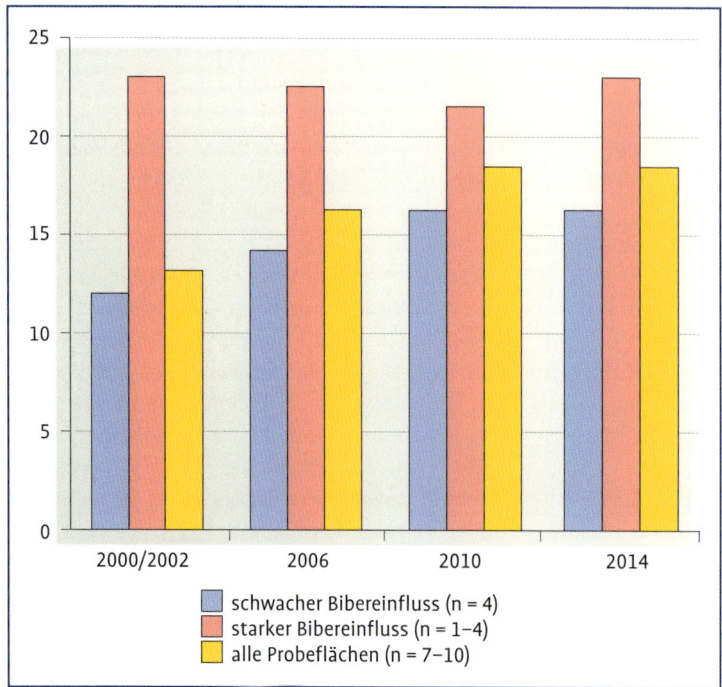

**Abb. 2-2** Anzahl der Libellenarten auf Untersuchungsgebieten mit unterschiedlich starkem Bibereinfluss (verändert nach Meßlinger 2014: 53).

anhand der Untersuchungen wieder die große Bedeutung der vom Biber geschaffenen kleinflächigen, offenen und vegetationsfreien Bereiche für Pionier-Libellenarten festgestellt werden (Meßlinger 2014).

**Biber revitalisiert Lebensräume** Insgesamt zeigen die Untersuchungen von Harthun (1998), Schloemer & Dalbeck (2014) und Meßlinger (2014), dass der Biber dazu befähigt ist, ursprüngliche Libellen-Lebensräume, die insbesondere durch Gewässerverbau, Gewässerbegradigung, die damit einhergehende Verhinderung der Gewässerdynamik und die Umwandlung und Trockenlegung von Auen und Mooren verloren gegangen sind, zu revitalisieren.

**Käfer, Falter und Heuschrecken** Im Biberlebensraum fallen reiche Mengen an Totholz an, die rasch von zahlreichen Lebewesen besiedelt und zersetzt werden (Destruenten). Darunter finden sich einige seltene Feuerkäfer-Arten. Sie können im Biberrevier hohe Dichten erreichen, denn im Gegensatz zum Nutzwald hat der vom Biber besiedelte Auwald deutlich höhere Zerfallsbestände, auf die die Käfer angewiesen sind. Sie leben unter der Rinde von Totholz und hier entwickeln sich auch die Larven.

Zahner et al. (2009) zählen weiterhin den streng geschützten, in Deutschland sehr seltenen und nur lokal verbreiteten Scharlachkäfer (*Cucujus cinnaberinus*) (Bundesamt für Naturschutz 2012) zu vom Totholz stark profitierenden Käferarten. Außerdem bieten vegetationsreiche Bibergewässer Schwimmkäfern einen optimalen Lebensraum. Die hohe Zahl an Käfern und anderen Insekten am Totholz und im Biberrevier gewährleistet wiederum eine reiche Nahrungsgrundlage für andere Tiere, insbesondere Vögel.

**Biberlichtungen als Falter-Lebensraum** Durch seine Fällaktivitäten sorgt der Biber zeitweilig für großflächige Auflichtungen innerhalb dichter Auwälder. Der dadurch bedingte höhere Lichteinfall bis auf den Waldboden führt zur Entwicklung einer artenreichen Krautschicht. Solche Lichtungen stellen natürliche Lebensräume für Falterarten feuchter und lichter Wälder

Förderung anderer Tierarten 43

Taumelkäfer (Gyrinidae) im Staubereich eines Biberdamms.

dar. Dazu zählen beispielsweise Kleiner Schillerfalter (*Apatura ilia*), Großer Schillerfalter (*Apatura iris*), Trauermantel (*Nymphalis antiopa*) und Kleiner Eisvogel (*Limenitis camilla*) (Meßlinger 2015).

Der Kleine Schillerfalter legt seine Eier zum Beispiel in den entstandenen Lichtungen an den oberen Zweigen von Espen ab, wo sie besonders viel Licht und Wärme ausgesetzt sind. Dadurch können die Raupen schneller wachsen. Auch die Futterpflanze der Raupen findet sich ausschließlich an lichtbegünstigten Stellen im Wald.

Eine Langzeitstudie untersuchte die Einflüsse des Bibers auf Flora und Fauna an Biberrevieren in Westmittelfranken und kam u. a. zu diesem Ergebnis: An manchen Standorten profitierten der Mädesüß-Perlmutterfalter (*Brenthis ino*), das Ampfer-Grünwidderchen (*Adscita statices*), das Sumpfhornklee-Widderchen (*Zygaena trifolii*) und der Storchschnabel-Bläuling (*Aricia eumedon*) von der Biberaktivität (Meßlinger 2014).

**Heuschreckenzahl nimmt zu** Ebenso konnte bei dieser Studie ein positiver Effekt der Biberbesiedlung auf Heuschreckenarten des Feuchtgrünlandes nachgewiesen werden. So hat auf mindestens einer der insgesamt zehn Untersuchungsflächen die Sumpfschrecke (*Stethophyma grossum*) von der Biberaktivität im Gebiet profitiert. Neu entstehende Bibergewässer werden von Heuschrecken besiedelt oder die Heuschreckenzahl nimmt infolge verbesserter Habitatstrukturen deutlich zu.

Zusätzliche Beobachtungen in den Untersuchungsgebieten umfassten außerdem die Arten Große Goldschrecke (*Chrysochraon dispar*), Bunter Grashüpfer (*Omocestus viridulus*), Sumpf-Grashüpfer (*Chorthippus montanus*) und Feldgrille (*Gryllus campestris*) (Meßlinger 2014).

**Biberwiesen bieten unterschiedlichste Biotope** Bei der Untersuchung von Biberrevieren (insbesondere von Biberwiesen) in Waldtälern

Der Große Feuerfalter (*Lycaena dispar*) kommt z. B. auf Feuchtwiesen oder in Mooren vor. Dieses Exemplar wurde in Nähe eines biberbesiedelten Gewässers entdeckt.

der Eifel konnten insgesamt 14 Heuschreckenarten auf Biberwiesen nachgewiesen werden. Neben beobachteten Arten, die typisch für offene Flächen innerhalb des Waldes sind, zeigte die Erfassung der Säbel-Dornschrecke (*Tetrix subulata*) und der gefährdeten Arten Sumpfschrecke (*Stethophyma grossum*) und Blauflügelige Ödlandschrecke (*Oedipoda caerulescens*), dass die Biberwiesen durchaus auch die speziellen Ansprüche stenotoper Arten erfüllen konnten.

Außerdem belegten die Vorkommen von sowohl feuchtigkeitsliebenden Arten wie der Sumpfschrecke als auch von Trockenheit und Wärme bevorzugenden Arten wie der Braune Grashüpfer (*Chorthippus brunneus*), dass Biberwiesen eine hohe Vielfalt an sehr unterschiedlichen Biotopstrukturen umfassen können. So finden sich neben feuchten Verlandungszonen auch trockene Böschungsbereiche oder vegetationsarme Waldsäume innerhalb der Biberwiese. Die vom Biber beeinflussten Landschaften, insbesondere Offenflächen im Biberrevier, lassen sich als Primärlebensräume für Heuschrecken der Mittelgebirgswälder Mitteleuropas beschreiben (Dalbeck 2011).

### 2.3.2 Amphibien & Reptilien

Die flachen Biberteiche erfüllen die Ansprüche vieler Amphibienarten. So ist die Entstehung neuer Biberteiche häufig mit einer explosionsartigen Zunahme von Grasfröschen (*Rana temporaria*) verbunden (Meßlinger 2015). Es entwickeln sich in kurzer Zeit große Populationen einzelner Arten, zudem ist eine rasche Zunahme der Artenvielfalt zu verzeichnen (Schwab 2014b).

15 von 19 Amphibienarten, die sich in Deutschland in Stillgewässern fortpflanzen, wurden bisher auch in Biberteichen gefunden. Dazu zählen auch anspruchsvolle oder gefährdete Arten wie Feuersalamander (*Salamandra salamandra*), Kammmolch (*Triturus cristatus*), Gelbbauchunke (*Bombina variegata*), Geburtshelferkröte (*Alytes obstetricans*), Moorfrosch (*Rana arvalis*) und Laubfrosch (*Hyla arborea*).

**Bibergewässerlandschaften als Primärhabitate**
Vom Biber gestaltete Gewässer werden auch als „Primärhabitate" bezeichnet. Sie dienten Amphibien ursprünglich als Lebensraum, bevor mit der weitgehenden Ausrottung des Bibers auch ihr Bestand nahezu verschwand. Vermutlich ist der Biber außerdem für das Ausbreitungsmuster der Amphibienarten in Mitteleuropa mit verant-

Biberteiche bieten ideale Lebensräume und Laichgewässer für den gefährdeten Moorfrosch (*Rana arvalis*), der von stark bewachsenen und besonnten Flachwasserzonen profitiert.

wortlich, indem er mit seiner gewässergestaltenden Tätigkeit nicht nur für die Entstehung geeigneter Biotope, sondern auch für deren Verbindung und somit für Wandermöglichkeiten sorgte (Meßlinger 2015). So könnte das Vorhandensein heute stark isolierter Vorkommen der Geburtshelferkröte in Mittelgebirgen nördlich der Alpen auf die frühere Einwanderung der Art entlang einer Aneinanderreihung von Biberteichen in den Tälern zurückzuführen sein (Meßlinger 2013).

**Der Biber schafft ein Amphibienparadies** Mit dem Anstau von Gewässern durch Biberdämme steigt auch der Grundwasserspiegel, wodurch sich Geländesenken oder -mulden in durchaus weiterer Entfernung zum Gewässer ebenfalls mit Wasser füllen können. Sie stellen dann wertvolle, dauerhafte und fischfreie Laichgewässer für Amphibien dar.

Erst mit der Besiedlung durch den Biber entstehen überhaupt strömungsarme Bereiche und Stillgewässer innerhalb eines Fließgewässers, die insbesondere durch ihre geringen Wassertiefen und die ausgeprägten, flachen Uferzonen ein „Amphibienparadies" darstellen (Schwab 2014b, Bayerisches Landesamt für Umwelt 2015).

Die Flachwasserzonen erwärmen sich schneller und bieten günstige Bedingungen für die Kaulquappenentwicklung. Weiterhin bieten sie den Tieren ein reiches Nahrungsangebot. Neben den bereits erwähnten Arten profitieren außerdem Rotbauchunke (*Bombina bombina*), Erdkröte (*Bufo bufo*), Teichfrosch (*Pelophylax esculentus*), Bergmolch (*Ichthyosaura alpestris*) und Fadenmolch (*Lissotriton helveticus*) von den biberbedingten Veränderungen am Gewässer (BUND Landesverband Nordrhein-Westfalen e. V. 2018, Teubner & Teubner 2008).

Dass Amphibien stark auf die Strukturen im Biberrevier angewiesen sind, belegte auch eine in der Eifel durchgeführte Studie. Hier konnte beobachtet werden, dass sich die Vorkommen der Geburtshelferkröte (*Alytes obstetricans*) einzig auf Biberteiche konzentrierten. Die Art profitierte dabei auch von den Lichtungen in der Aue, die durch Baumfällungen des Bibers entstanden sind (Meßlinger 2013).

**Der Grasfrosch profitiert am stärksten** Bei einem in Westmittelfranken von 1999 bis 2014 durchgeführten Monitoring von Biberrevieren wurden die vom Biber verursachten Lebensraumveränderungen und seine Effekte auf Flora und Fauna, auch auf Amphibien, untersucht. Im

Die Rotbauchunke (*Bombina bombina*) ist eine von vielen Amphibienarten, die sich im Biberrevier wohlfühlt.

Untersuchungsgebiet, das insgesamt zehn Probeflächen umfasste, wurden dabei seit 1999 neun Amphibienarten nachgewiesen, darunter stark gefährdete Arten wie Laubfrosch (*Hyla arborea*) und Knoblauchkröte (*Pelobates fuscus*). Am stärksten von den biberbedingten Veränderungen profitierten Grasfrösche (*Rana temporaria*).

So konnte in einigen Probeflächen, zumindest in mehreren Jahren des Monitorings, eine starke Zunahme an Laichballen und teilweise auch Jungtieren verzeichnet werden. In vom Biber geschaffenen strömungsarmen Bereichen fanden sich teilweise erstmalig Laichballen. In mehreren Gewässerabschnitten verringerte sich mit verminderter Biberaktivität auch der Laicherfolg der Grasfrösche, beispielsweise durch den Trockenfall von Flächen.

**Aber auch die Teichfrösche nehmen zu** Weiterhin konnte eine deutliche Zunahme von Beständen des Teichfrosches (*Pelophylax esculentus*) infolge von Gewässerveränderungen und -gestaltungen durch den Biber erfasst werden. Die Teichfrösche waren vor allem in flachen und besonnten Biberteichen sowie in einem durch Stauaktivitäten des Bibers entstandenen Erlensumpf in großer Zahl anzutreffen. Dabei wirkte sich liegendes Totholz, das die Frösche als Sitzwarte und Deckungsmöglichkeit nutzen, positiv aus. Nach Aufgabe des Biberreviers ist die Anzahl an Teichfröschen wieder deutlich zurückgegangen.

Die Knoblauchkröte besiedelte einen künstlich angelegten Weiher erst, nachdem er durch Stauaktivität des Bibers einen höheren Wasserstand und eine strukturreiche Ufervegetation aufwies (Meßlinger 2014).

**Reptilien finden sonnige Plätze** Reptilien werden bei Anwesenheit des Bibers insbesondere durch die Entstehung von Biberwiesen sowie von Lichtungen und besonnten Bereichen in Uferzone und Auwald gefördert. Sie bieten den Tieren „Sonnplätze" innerhalb der sonst dichten Vegetation, an denen sie sich aufwärmen können. Große Mengen an liegendem Totholz dienen als Versteckmöglichkeiten.

Zu den profitierenden Arten zählen Eidechsen wie die Waldeidechse (*Zootoca vivipara*), Ringelnatter (*Natrix natrix*), Kreuzotter (*Vipera berus*), Würfelnatter (*Natrix tessellata*) und Blindschleiche (*Anguis fragilis*). Ringelnattern gelten dabei auch als „Untermieter" der Biberbaue (Harthun 1998, Zahner et al. 2009).

Weiterhin findet die Sumpfschildkröte (*Emys orbicularis*) im Biberrevier geeignete Habitate vor, was für Schutz und Regenerierung dieser Art von großer Bedeutung ist (Janiszewski et al. 2014). Russell et al. (1999) fanden im Rahmen einer Studie außerdem heraus, dass die

Ringelnattern (*Natrix natrix*) nutzen die Baue des Bibers und profitieren weiterhin von Lichtungen und Totholzstrukturen im Biberrevier.

Diversität und Abundanz der Reptilien an älteren Biberteichen noch höher ist als an jüngeren Bibergewässern.

### 2.3.3 Vögel

Der Strukturreichtum der Biberlandschaft zieht verschiedenste Vogelarten wie Wasser-, Sumpf-, Röhricht- und Waldvögel an. Grau-, Silberreiher (*Ardea cinerea, A. alba*) und Kormoran (*Phalacrocorax carbo*), die sich von Kleinfischen und Amphibien ernähren, profitieren vor allem von dem großen Nahrungsangebot im Biberrevier.

**Was dem Eisvogel gefällt ...** Auch der Eisvogel (*Alcedo atthis*) bedient sich in Bibergewässern an einer Vielzahl von Kaulquappen, Insektenlarven und kleinen Fischen. Gefällte Bäume, Ufergebüsche und Totholz im Wasser dienen ihm bei der Fischjagd als Sitzwarten. Außerdem findet er häufig sogar geeignete Bruthabitate innerhalb des Biberlebensraumes vor. So nutzt er die aufgestellten Wurzelteller von Flachwurzlern wie Fichte und Pappel, die infolge biberbedingter Überspülungen absterben und durch Wind umfallen, sowie Uferabbrüche, die durch Grabaktivitäten des Bibers oder die durch ihn in Gang gesetzte Gewässerdynamik entstehen, zur Anlage von Brutröhren (Meßlinger 2015, Schwab 2014b).

**... und Waldvogelarten im Totholz finden** Totholz, das im Biberrevier in großen Mengen anfällt, begünstigt insbesondere die Lebensraumbedingungen für Spechte. Sie legen im Totholz ihre Bruthöhlen an und profitieren von dem reichen Nahrungsangebot an Käfern und anderen Insektenarten, die im Totholz leben. In Biberlandschaften wurden daher große Zahlen an Spechten beobachtet, darunter Mittel-, Bunt- und Kleinspechte.

Aber auch andere Waldvogelarten, wie die Weidenmeise (*Poecile montanus*) und der Star (*Sturnus vulgaris*), finden an dem zerfallenden Holz das ganze Jahr über reichlich Nahrung und nutzen Baumhöhlen als Brutstätte für ihre Jungen. Verlassene Spechthöhlen werden von anderen Vogelarten wie dem Halsbandschnäpper (*Ficedula albicollis*) erneut besiedelt. Im Luftraum über den Biberteichen geht dieser auf die Jagd nach Fluginsekten, die in den Wasserflächen schlüpfen (Bayerisches Landesamt für Umwelt 2015, Zahner et al. 2009). Harthun (1998a) gelangen bei Untersuchungen von Biberrevieren in Mittelgebirgsbächen im Spessart zusätzlich Brutnachweise für den Grauschnäpper (*Muscicapa striata*), der ebenfalls Höhlen im Totholz besiedelte.

**Was der Biber für den Schwarzstorch tut** Eine weitere Vogelart, die von biberbesiedelten

Der Eisvogel (*Alcedo atthis*) ist ein typischer Vertreter im Biberrevier: Totholzstrukturen, wie hier ein Biberdamm, bieten ihm geeignete Sitzwarten für die Fischjagd.

Gewässern profitiert, ist der Schwarzstorch (*Ciconia nigra*). Die bei uns seltene, heimische Vogelart lebt auch in Auwäldern und ernährt sich von Amphibien, Insektenlarven und Fischen. Die produktiven Biberteiche, in denen sich rasch große Grasfrosch- und Kleinfischpopulationen entwickeln, sowie Biberwiesen sind wertvolle Nahrungsgebiete für den Schwarzstorch.

Der Biber war zudem mit verantwortlich für die Rückkehr des Vogels nach Mitteleuropa, nachdem er im 19. Jahrhundert infolge der Intensivierung von Land- und Forstwirtschaft und der Verfolgung durch den Menschen nahezu vollständig ausgerottet war. Als es um 1970 in den baltischen Ländern zu einer starken Ausbreitung des Bibers kam, der mit der Anlage zahlreicher Biberteiche ideale Nahrungsgewässer für den Schwarzstorch schuf, nahmen die Bestände der Vogelart rasch zu und der Schwarzstorch konnte sich nach Westen ausbreiten (Meßlinger 2013, 2015, Zahner et al. 2009).

**Auch Sumpfvögel fühlen sich wohl**  Zu den typischen Vertretern im Biberlebensraum zählen weiterhin Sumpfvögel wie Wasserralle (*Rallus aquaticus*) und Teichhuhn (*Gallinula chloropus*). Als scheue Vögel bevorzugen sie in der strukturreichen Mosaiklandschaft der biberbesiedelten Gewässer insbesondere die zahlreichen Versteckmöglichkeiten, die sich zwischen Weidengebüschen, gefällten Gehölzen und ausgeprägten Röhrichtbeständen finden. Großflächige Flachwasserzonen und Schlammflächen sorgen für reichlich pflanzliche und tierische Nahrung.

Auch für das Tüpfelsumpfhuhn (*Porzana porzana*) stellen Biberreviere optimale Lebensräume dar, wie sie die Art in unserer vorwiegend strukturarmen Kulturlandschaft sonst nur selten findet. Hier sind die Sumpfvogelarten insgesamt selten geworden, da sie sehr spezielle Ansprüche an ihren Lebensraum stellen. Biberlandschaften können diese durch ihre Fülle an unterschiedlichen Biotopstrukturen hingegen erfüllen (Meßlinger 2015).

Untersuchungen an bayrischen Biberlebensräumen zeigten eine Verdopplung der Bestände von Röhrichtbrütern (Bayerisches Landesamt für Umwelt 2015). Während der Teichrohrsänger (*Acrocephalus scirpaceus*) schmale Riedsäume bewohnt, stellen sich Drosselrohrsänger (*Acrocephalus arundinaceus*) an tieferen Schilfzonen und Rohrammer (*Emberiza schoeniclus*) im Altschilfbereich der Bibergewässer ein (Zahner et al. 2009).

Auch der Baumfalke (*Falco subbuteo*) hat etwas von neu entstehenden produktiven Stillgewässern sowie von Schilfzonen und Seggenrieden, die sich an den Ufern der Bibergewässer entwickeln.

Watvögeln wie Bekassine (*Gallinago gallinago*), Rotschenkel (*Tringa totanus*) und Flussuferläufer (*Actitis hypoleucos*) dienen Verlandungszonen und Biberwiesen während der Brut- und Zugzeit als wertvolles Nahrungs- und Trittstein-

Die scheue Wasserralle (*Rallus aquaticus*) macht sich die zahlreichen Versteckmöglichkeiten im Biberrevier zunutze und geht in den Flachwasserzonen der Biberteiche auf Nahrungssuche.

Für den Waldwasserläufer (*Tringa ochropus*), der in Deutschland eher als Durchzügler und hauptsächlich im Nordosten vorkommt, bieten Biberreviere geeignete Brut- und Rasthabitate während der Zugzeit.

biotop. Zwergtaucher (*Tachybaptus ruficollis*) ernähren sich u. a. von den eiweißreichen Libellenlarven, die sie an Bibergewässern in großer Zahl vorfinden, und nutzen die strukturreiche Verlandungsvegetation der Gewässer als Nistplatz und Rückzugsraum (Meßlinger 2013, Zahner et al. 2009).

Teubner & Teubner (2008) zählen weiterhin Fischadler (*Pandion haliaetus*) und Seeadler (*Haliaeetus albicilla*) als vom Biber profitierende Vogelarten auf. So legen Fischadler beispielsweise auf den absterbenden Bäumen im Bereich der Biberteiche ihre Horste an.

**Wanderwege für Enten** Legt der Biber in seinem Lebensraum ein System aus vielen schmalen Kanälen an, die dem Transport von Baumaterial und der Erschließung von Futterplätzen dienen, können auch Enten und Teichhühner (*Gallinula chloropus*) diese „Wege" zur Wanderung von Gewässer zu Gewässer nutzen.

Außerdem besiedeln Enten gern die aufgestauten und ausgeweiteten Wasserflächen im Biberlebensraum. Bei einer in Finnland durchgeführten Untersuchung konnte durch den Einfluss des Bibers eine signifikante Steigerung des Bruterfolges von Gründelenten und eine Zunahme der Dichte an Krickenten (*Anas crecca*) um das Zehnfache nachgewiesen werden (Nummi & Hahtola 2008).

Insgesamt zeigen sich in Biberlandschaften eine erhöhte Dichte an Vogelarten sowie ein Zusammenhang zwischen dem Ausmaß des Bibereinflusses und der Entwicklung von Artenzahl und Revierdichte von Vögeln. Auch Spechte, Greifvögel und Vogelarten, die sich von Fischen ernähren, nutzen stärker biberbesiedelte Gebiete als vom Biber unbeeinflusste Gewässer (Meßlinger 2013).

**Höhere Siedlungsdichte und Neuansiedlungen ...** Im Rahmen eines Monitorings von Biberrevieren in Westmittelfranken wurden von 1999 bis 2014 die vom Biber verursachten Lebensraumveränderungen und seine Effekte auf Flora und Fauna auf insgesamt zehn Probeflächen untersucht. Mit dem Nachweis von insgesamt 51 Reviervogelarten im Untersuchungsgebiet konnte dabei belegt werden, dass die landschaftsgestaltende Aktivität des Bibers zu einer starken Zunahme der Siedlungsdichte oder sogar zu Neuansiedlungen von Vögeln im Gebiet geführt hat.

Zusätzlich suchten mindestens 11 Gastvogelarten die biberbedingt neu entstandenen oder aufgewerteten Wasser-, Schlamm- und Röhrichtflächen zur Jagd oder als Rasthabitat auf. Dazu zählen Schwarz- und Weißstorch (*Ciconia nigra*, *C. ciconia*), Waldwasserläufer (*Tringa ochropus*) und Große Rohrdommel (*Botaurus stellaris*).

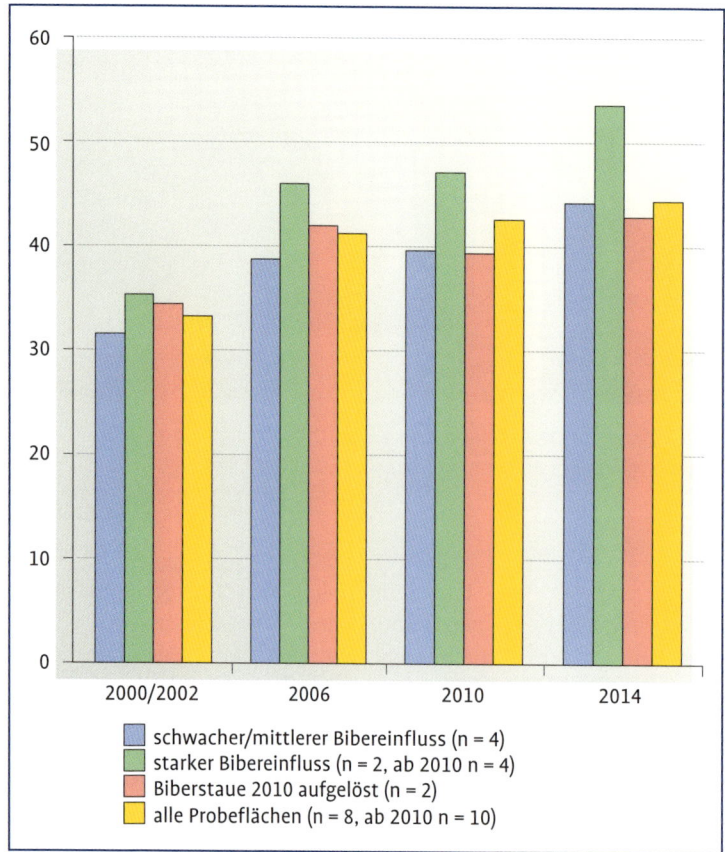

**Abb. 2-3** Durchschnittliche Gesamtartenzahl der Vögel und Entwicklung über mehrere Jahre auf Probeflächen mit unterschiedlich starkem Bibereinfluss (verändert nach Meßlinger 2014: 33).

Gesamtartenzahl, Zahl der Reviervogelarten und Siedlungsdichte haben während des Monitoringzeitraums auf allen untersuchten Einzelflächen tendenziell zugenommen. Dabei wurde außerdem festgestellt, dass eine höhere Intensität des Bibereinflusses auch zu einem stärkeren positiven Effekt auf die Entwicklung der Vogelfauna führt. Dagegen ist etwa die Auflösung eines Biberdamms oder ein nur schwacher Bibereinfluss mit einem langsameren Anstieg von Gesamtartenzahl, Siedlungsdichte und Zahl der Reviervogelarten verbunden (s. Abb. 2-3) (Meßlinger 2014).

**... durch bessere Lebensraumqualität** Insgesamt konnten sowohl bei Vogelarten mit bundesweiter Rückgangstendenz als auch bei Röhricht- und Höhlenbrütern positive Wirkungen durch die biberbedingten Einflüsse auf Gewässer und Landschaft verzeichnet werden. Die verbesserte Lebensraumqualität für Vögel in den Biberrevieren ist dabei auf die vom Biber verursachten Veränderungen, Neuschaffungen oder Ausweitungen wertvoller Strukturen zurückzuführen. Dazu zählen Stillgewässer, Dämme, Schlammflächen, Bibergräben, Ufergebüsche, Totholz, Röhrichte, Biberwiesen, vegetationsfreie Bereiche etc.

Beispiele von Vogelarten, die im Untersuchungsgebiet nachweislich von der Besiedlung durch den Biber profitierten, sind Blaukehlchen (*Luscinia svecica*), Eisvogel (*Alcedo atthis*), Graureiher (*Ardea cinerea*), Zaunkönig (*Troglodytes troglodytes*), Stockente (*Anas platyrhynchos*), Zwergtaucher (*Tachybaptus ruficollis*), Feldschwirl (*Locustella naevia*) und Teichhuhn (*Gallinula chloropus*) (Meßlinger 2014).

Des Weiteren konnten Nummi & Holopainen (2014) bei einer Langzeitstudie zu Auswirkungen des Bibers auf Feuchtgebiete und Wasservogelgemeinschaften in Finnland feststellen, dass an Feuchtgebiete gebundene Vogelarten (u. a. Bekassine, Flussuferläufer, Schnellente) in Biberteichen eine etwa zwei- bis dreifach höhere Anzahl aufwiesen als in vergleichbaren Gewässern ohne Bibereinfluss. Krickenten besiedelten ausschließlich Biberteiche, während sie an den Referenzgewässern nicht vorkamen. Die Autoren der Studie kamen somit zu dem Ergebnis, dass der Biber durch seine Eingriffe in die Gewässerlandschaft einen wesentlichen Beitrag zur Renaturierung von Feuchtgebieten sowie zur Förderung von Wasservogelgemeinschaften leisten kann.

### 2.3.4 Fische

Für viele Fischarten sorgt der Biber durch die Anlage von Biberseen für ein reiches Nahrungsangebot. In diesen Seen lagern sich aufgrund fehlender oder nur geringer Strömungsbewegungen Nährstoffe am Boden ab, die Wachstum und Ausbreitung von Algen, Wasserpflanzen, kleinen Wassertieren und Insektenlarven begünstigen. Diese dienen Fischarten als Nahrung und sorgen somit für zunehmende Individuenzahlen im gesamten Biberrevier (Abundanzzunahme) und ein deutlich stärkeres Wachstum von Einzeltieren speziell in den Biberteichen. Auch die leichte Wassererwärmung im Biberteich spielt hierbei eine Rolle.

**Kieslücken als Laichgrund**  Der Rückhalt von Sedimenten im Biberteich sorgt außerdem auch dafür, dass das Wasser unterhalb des Dammes klarer ist und der Gewässergrund hier von Sedimenten freigespült wird. Somit entstehende Kieslücken im Gewässerbett werden von Fischarten wie Äsche (*Thymallus thymallus*) und Forelle (*Salmo trutta*) als Laichgrund genutzt.

Oberhalb von Dämmen konnten Arten wie Karausche (*Carassius carassius*), Schleie (*Tinca tinca*) und sogar Huchen (*Hucho hucho*) erfasst werden (Schwab 2014b, Zahner et al. 2009).

Produktive Biberteiche bieten vielen Fischarten nahrungsreiche Lebensräume. Dämme, Burgen, Nahrungsflöße und weiteres Totholz, das im Biberrevier in großer Menge anfällt, sorgen außerdem für zahlreiche Versteck- und Laichmöglichkeiten.

Indem der Biber in seinem Lebensraum ein Mosaik unterschiedlichster Strukturen und Kleinstlebensräume aus Röhrichtbeständen, Flachwasserzonen, Biberteichen, Totholzinseln, Kanälen, sandigen bis kiesigen sowie sauerstoff- und strömungsreicheren Gewässerabschnitten unterhalb der Biberdämme schafft, bietet er zahlreichen verschiedenen Fischarten jeweils geeignete Habitate (Steigerung der Heterogenität der Gewässerlandschaft). Davon profitieren insbesondere auch selten gewordene Arten wie die Elritze (*Phoxinus phoxinus*). Die Zahl an Fischarten (Fischdiversität) steigt also ebenfalls an.

**Der Biber sorgt für Verstecke** Weiterhin stellen Dämme, Burgen und Nahrungsflöße des Bibers optimale Verstecke und Laichplätze für Fische dar. So wurden bei Zählungen in Bayern an Biberburgen bis zu 80-mal höhere Fischdichten erfasst als in anderen Gewässerbereichen im Durchschnitt (Bayerisches Landesamt für Umwelt & Landesfischereiverband Bayern e. V. 2009). Schwab (2014) führt die Ergebnisse einer weiteren Untersuchung an, nach der in Gewässerabschnitten ohne Biber 20 Bachforellen pro Kilometer, in solchen mit Biber hingegen 120 Forellen pro Kilometer vorkamen.

Das Geäst von ins Wasser gestürzten Gehölzen, Totholzansammlungen und die Nahrungsflöße bieten den Fischen außerdem Unterstand und Schutz vor Fischfängern wie dem Kormoran. Auch entschärft Totholz im Gewässer die inner- und zwischenartliche Konkurrenz von Fischarten und das Angebot an Winterruheplätzen ist in Biberrevieren gegenüber vom Biber unbeeinflussten Gewässern höher (Bleckmann et al. 2010, Hölling 2010).

Sowohl bei Niedrigwasser im Sommer als auch bei Wassermangel im Winter (durch Speicherung großer Wassermengen in der Schneedecke) sichern tiefe Gumpen vor den Biberdämmen und Biberteiche das Überleben einiger Fischarten. Sie dienen beispielsweise Forellen als verbleibendes Refugium. Insgesamt sorgt der Biber mit seinen Aktivitäten für eine Vergrößerung der Wasserflächen im besiedelten Bereich, wodurch auch das Angebot an unterschiedlichen Fischlebensräumen entsprechend steigt (Zahner et al. 2009).

Der Fischotter (*Lutra lutra*) gilt als typischer Nachfolger des Bibers.

## 2.3.5 Säugetiere

Insbesondere der streng geschützte Fischotter, eine ebenfalls heimische und im Wasser lebende große Säugetierart, wird durch die Anwesenheit des Bibers gefördert. Nachdem er, ähnlich wie der Biber, infolge starker Verfolgung durch den Menschen in Deutschland nahezu ausgestorben war, kann er sich nun auch durch die Wirkungen des Bibers wieder verstärkt ausbreiten. Fischotter bewohnen Burgen und in Uferböschungen angelegte Erdbaue und Fluchtröhren des Bibers, die ihm zur Jungenaufzucht und als Versteckmöglichkeiten dienen. Ihnen kommt das reiche Nahrungsangebot an Fischen in den Bibergewässern in hohem Maße zugute (Teubner & Teubner 2008, Zahner et al. 2009).

Aber auch andere Säugetierarten profitieren von den Aktivitäten des Bibers. So dienen Bibergewässer zum Beispiel Wasserspitzmaus (*Neomys fodiens*) und Rothirsch (*Cervus elaphus*) als Tränke und Badeplatz. Fledermäuse und Bilche nutzen das große Totholzangebot im Biberrevier und finden in Baumspalten, Baumhöhlen oder verlassenen Spechthöhlen Quartiere für ihre Jungen (Meßlinger 2015). Außerdem steigt die Jagdaktivität von Fledermäusen in vom Biber beeinflussten Gebieten an, was insbesondere auf die hohe Insektendichte an Bibergewässern zurückzuführen ist (Ciechanowski et al. 2011).

**Biberwiesen als Äsungsgrund** Weiterhin gehen Säugetierarten in der abwechslungsreichen Biberlandschaft auf Jagd nach Beutetieren und die vielfältige Vegetationsstruktur bietet ihnen große Mengen an Pflanzennahrung. Feuchte Biberwiesen und Verlandungszonen an Biberseen stellen beispielsweise bevorzugte Äsungsflächen für Hirsche und Elche dar. Sie ernähren sich von Wasserpflanzen und Weichlaubhölzern wie Weiden, die sich im Biberrevier durch Fraß und Fällaktivitäten des Bibers sehr zahlreich und regelmäßig verjüngen (Holtmeier 2002). Zusammenhänge zwischen der Entwicklung von Biber- und Elchpopulationen konnten bei Untersuchungen auf der Isle Royale im Lake Superior zwischen Kanada und den USA festgestellt werden (Peterson & Vucetich 2001, Zahner et al. 2009).

Darüber hinaus ernähren sich Schalenwild, Hasen und Mäuseartige von den gefällten Bäumen im Biberrevier. Bei Untersuchungen in Litauen zu Einwirkungen des Bibers auf Habitatstrukturen und andere Säugetierarten konnte Samas (2016) außerdem feststellen, dass Biberburgen einen Lebensraum für verschiedene Kleinsäugetiere darstellen. So wies er mithilfe von Schnappfallen in Biberburgen elf Kleinsäugerarten nach (u. a. Rötelmaus, Waldspitzmaus, Gelbhalsmaus), während in einem benachbarten Waldgebiet nur fünf Arten gefangen wurden. Vor ihrer mittelalterlichen Ausrottung sollen zudem auch Wisente, Ure und Wildpferde die nahrungsreichen Biberwiesen zum Äsen aufgesucht haben (BUND Landesverband Nordrhein-Westfalen e. V. 2018).

### 2.3.6 Weichtiere und Zooplankton

Auch auf (neben Insekten) im Wasser lebende Wirbellose haben die Biberaktivitäten Einfluss. Harthun (1999) konnte beispielsweise an Mittelgebirgsbächen im hessischen Spessart beobachten, dass in Biberteichen und strömungsarmen Gewässerabschnitten von Biberrevieren die Vielfalt an Weichtieren ansteigt. So verzeichnete er in den Biberteichen eine Zunahme der Artenzahl von Schnecken um das Doppelte bis Fünffache.

Auch Kleinsäugerarten wie die Wasserspitzmaus (*Neomys fodiens*) finden in den strukturreichen Biberrevieren geeignete Lebensräume.

Ähnliche Beobachtungen machten Freitag et al. (2001). Auch sie konnten in den Biberteichen im Vergleich zu strömungsreichen Abschnitten des untersuchten Baches eine deutlich höhere Vielfalt an Schneckenarten feststellen.

Weiterhin konnte bei Untersuchungen an Bibergewässern in Polen nachgewiesen werden, dass Artenzahl und Abundanz von Rädertierchen, Wasserflöhen und Ruderfußkrebsen in Biberteichen in direkter Nähe von Dämmen deutlich zunehmen. Dies ist vermutlich auch mit ein Grund für die hohe Produktivität von Biberteichen (Czerniawski et al. 2017). Die Abundanz, Biomasse, Artenzahl sowie Artendiversität der Ruderfußkrebse waren auch nach einer anderen Studie in biberbeeinflussten Flussabschnitten im Vergleich zu unbeeinflussten Bereichen erhöht (Fyodorov & Yakimova 2012).

> **Fazit für die Praxis**
>
> - Da die Besiedlung eines Gewässers durch den Biber mit der Schaffung vielfältiger Strukturen, der Entstehung zahlreicher neuer Biotope mit hohem Tier- und Pflanzenreichtum und einer Umgestaltung der Gewässerlandschaft einhergeht, wird der Nager gerne als Ökosystemingenieur bezeichnet. Seine außergewöhnliche Gestaltungskraft ist dabei vor allem auf seine Stau-, Fäll- und Grabaktivitäten zurückzuführen.
> - Da der Biber die Landschaft nicht nur zu seinem eigenen Vorteil verändert, sondern durch seine Eingriffe auch die Ansiedlung anderer Tier- und Pflanzenarten mit unterschiedlichsten Lebensraumansprüchen begünstigt wird, nimmt er eine wichtige Rolle als Schlüsselart ein. Durch Schutz und Förderung des Bibers können also zugleich zahlreiche andere (auch seltene und anspruchsvolle) Arten gefördert werden.
> - Zu den bedeutendsten Biotoptypen, die der Biber in seinem Lebensraum schafft, zählt wohl der Bibersee/-teich, der durch die Anlage von Dämmen entsteht. Weitere typische Biotope im Biberrevier sind Biberwiesen, Biberlichtungen, strukturreiche Auwälder, Totholzstrukturen und kleinräumige Biotope (Biberburg, Damm, Biberwechsel etc.).
> - Zu den Tierarten, die von den landschaftsgestalterischen Eingriffen des Bibers stark profitieren, zählen verschiedene Insekten (z. B. Libellen, Falter) und andere Wirbellose, Amphibien und Reptilien, Vögel, Fische und Säugetierarten. Sie sind zum Teil genau auf die vom Biber geschaffenen Strukturen angewiesen.

## 2.4 Relevanz des Bibers im Hinblick auf Wasserrahmenrichtlinie und Wasserwirtschaft

### 2.4.1 Zielsetzung der Wasserrahmenrichtlinie

Mit Einführung der Europäischen Wasserrahmenrichtlinie (Richtlinie 2000/60/EG) des Europäischen Parlaments und des Rates vom 23. Oktober 2000 (im Folgenden mit WRRL abgekürzt) wurden für alle Mitgliedsstaaten der Europäischen Union einheitlich geltende Umweltziele für den Schutz des Grundwassers sowie der Oberflächengewässer festgelegt. Somit wurde eine rechtliche Basis für einen umfassenden Gewässerschutz geschaffen.

Hauptziel der WRRL ist die Erreichung eines guten Gewässerzustandes für Flüsse, Seen, Küstengewässer und das Grundwasser bis zum Jahr 2015 bzw. spätestens bis zum Jahr 2027. Für Oberflächengewässer umfasst der gute Zustand dabei sowohl den chemischen als auch den ökologischen Zustand des Gewässers. Für künstliche oder erheblich veränderte Gewässer rückt an die Stelle des guten ökologischen Zustandes das gute ökologische Potenzial. Hinsichtlich des Grundwassers wird ein guter chemischer und mengenmäßiger Zustand angestrebt.

Neben dem grundsätzlichen Verbesserungsgebot bezüglich des Gewässerzustandes gilt außerdem ein Verschlechterungsverbot, das heißt, der chemische und ökologische Zustand eines Gewässers darf sich aufgrund menschlichen Handelns oder neuer Vorhaben nicht weiter verschlechtern.

Auf nationaler Ebene wird die WRRL durch das Wasserhaushaltsgesetz, in den Bundesländern durch die jeweiligen Ländergesetze umgesetzt. Kernelement bilden dabei Bewirtschaftungspläne und Maßnahmenprogramme, die für die einzelnen Flussgebiete erarbeitet werden (Bayerisches Landesamt für Umwelt 2018b, WRRL/Richtlinie 2000/60/EG 2000).

Auf konkreter Ebene werden im Rahmen der WRRL folgende Ziele für Gewässer der EU verfolgt (Bayerisches Landesamt für Umwelt 2012, 2018b):

- Natürliche (gute) Qualität des Wassers durch Einhaltung von Grenzwerten hinsichtlich Schadstoffkonzentrationen
- Vorhandensein einer natürlichen Vielfalt an Pflanzen und Tieren in den Gewässern
- Durchgängigkeit von Fließgewässern für Wasserlebewesen durch Verhinderung/Beseitigung von Wanderhindernissen wie Querbauwerke
- Gewährleistung einer natürlichen/naturnahen Gestalt und Wasserführung durch Sanierung von Uferzonen und Rückbau technischer Ausbaumaßnahmen (Uferbefestigungen, Verrohrungen, Begradigungen, Betongerinne etc.)

## 2.4.2 Der Biber als Partner bei der Gewässerrenaturierung

Die Gewässerrenaturierung, also die Rückführung der Gewässer in einen natürlichen oder zumindest naturnahen Zustand, lässt sich als Kernziel der Wasserrahmenrichtlinie beschreiben. Maßnahmen zur Umsetzung dieses Ziels sind meist mit einem hohen technischen und finanziellen Aufwand verbunden: Landschaftsplaner und Ökologen müssen die neue Gestaltung der Gewässerlandschaft und die ökologischen Aspekte und Ziele in einem Plan darstellen, Maschinen zur technischen Umsetzung sind notwendig.

Doch auch der Biber kann mit seiner landschaftsgestaltenden Tätigkeit einen entscheidenden Beitrag zur Gewässerrenaturierung leisten oder diese sogar vollständig übernehmen. Denn mit der Besiedlung eines Gewässers durch den Biber geht ein umfassender Wandel der Gewässerlandschaft einher und es entstehen Gewässerbiotope mit einem solch großen Arten- und Strukturreichtum, wie er in vom Menschen geschaffenen Biotopgewässern nur schwer erreicht werden kann.

**Effektiver, kostengünstiger und besser** Instinktiv setzt der Biber Maßnahmen zur Gewässerrenaturierung um und das mit deutlich geringerem Aufwand als der Mensch. Meist sind nur initiale bauliche Eingriffe nötig, den Rest der Gewässergestaltung übernimmt der Biber durch „Handarbeit". Er ersetzt Bagger, Schaufel und Nivelliergerät und erspart den öffentlichen Haushalten somit eine Menge Geld. So ist der Biber seit über Millionen von Jahren an das Leben im und am Wasser angepasst und auf die aktive Veränderung der Gewässer zwecks eigener Nutzbarmachung als Lebensraum angewiesen. Er weiß aus Erfahrung, wo und wie seine Dämme maximale Wirkungen erzielen.

Durch die Errichtung von Dämmen führen Biber eine Veränderung des Gewässerverlaufes herbei. Die Stauaktivität sorgt für unterschiedliche Strömungsintensitäten ober- und unterhalb der Dämme, sodass die biberbesiedelten Gewässer sowohl schnell als auch langsamer fließende Abschnitte umfassen. An manchen Stellen finden verstärkt Sedimentationen, an anderen Erosionen statt. Somit entstehen vermehrt typische Fließgewässerelemente wie Uferabbrüche, Steilufer, Gumpen, Kolke, Überhänge, Totholzinseln, Kies-, Sand- und Schlammbänke.

**Neue Gewässerstrukturen entstehen** Das Wasser sucht sich stets neue Wege, es entstehen Seiten- und Altarme und mit der Zeit nimmt das Gewässer eine natürliche mäandrierende Gestalt an. Auch die vom Biber geschaffenen Gräben und Kanäle bringen neue Strukturen in das Gewässernetz ein. Somit gestaltet sich ein unter Bibereinfluss stehender Gewässerverlauf insgesamt um einiges abwechslungsreicher, großräumiger und dynamischer als der unserer begradigten und technisch ausgebauten Fließgewässer (Meßlinger 2015, Zahner et al. 2009).

Zudem stellen Biberdämme im Gegensatz zu vom Menschen geschaffenen Barrieren keine wirklichen Wanderhindernisse für Fische und andere Tierarten dar. Meist können die Fische auf kleinere, den Damm umlaufende Fließgewässerstrecken ausweichen und die Durchgängigkeit der Gewässer (ebenfalls Ziel der WRRL) bleibt erhalten (Schwab 2014b).

Eine Gewässerrenaturierung konzentriert sich aber nicht nur auf das Gewässer selbst, sondern auch auf die umgebende Landschaft und die in ihr beheimatete Tier- und Pflanzenwelt. Auch hier greift der Biber durch seine Stau-, Fäll- und Grabaktivitäten ein. So fördert er die Verjüngung und Ausbreitung von ufertypischen Weichlaubhölzern. Durch den Gewässeranstau sorgt er für einen steigenden Grundwasserspiegel oder zeitweilige Überschwemmungen, was für eine natürliche Aue charakteristisch ist (Bleckmann et al. 2010, Bayerisches Landesamt für Umwelt 2015).

**Neue Biotope bilden sich** Außerdem lässt der Biber im Uferbereich eine Vielzahl weiterer neuer Biotoptypen und Biotopstrukturen wie etwa Feuchtwiesen oder Waldlichtungen entstehen. Die hohe Biotop- und Strukturvielfalt ist wiederum mit einem großen Reichtum an Tierarten im Biberrevier verbunden. Es entsteht eine äußerst vielfältige und einer hohen Dynamik unterliegende Gewässerlandschaft, die sich durch ein Nebeneinander unterschiedlichster Lebensräume und die Besiedlung durch verschiedenste Tier- und Pflanzenarten auszeichnet (Herr et al. 2018, Meßlinger 2015, Schwab 2014b).

Law et al. (2016) betonen, dass der besondere Wert der Gewässergestaltung durch den Biber gerade darin liegt, dass so unterschiedliche aquatische Tier- und Pflanzenarten positiv auf die Veränderungen reagieren. Mit herkömmlichen Methoden zur Habitatgestaltung könnten nur schwer die vom Biber geschaffenen natürlichen Strukturen erreicht werden. Welche

Biberdämme tragen wesentlich zur Erhöhung der Strukturvielfalt eines Gewässers bei: Es entstehen Gewässerabschnitte mit unterschiedlicher Strömungsintensität, unterschiedlichem Sedimentations- und Erosionsverhalten, das Gewässer wird oberhalb des Damms ausgeweitet und sein Verlauf regelmäßig auf neue Wege umgeleitet.

Biotoptypen und -strukturen der Biber im Einzelnen gestaltet und welche Tierarten von seiner Anwesenheit inwiefern profitieren, wird in den Kapiteln 2.2.1 und 2.3 umfassend dargelegt.

**Doch der Biber braucht Raum** Seine Leistungen zur Gewässerrenaturierung kann der Biber allerdings nur erbringen, wenn ihm genügend Raum zur Ausübung seiner Tätigkeiten zur Verfügung steht (Angst 2014). Es gilt, den Artenschutz für den Biber mit der Umsetzung von Zielen der WRRL zu kombinieren. Denn die Flächen, die der Biber als Lebensraum beansprucht, sind gleichermaßen auch für die Entwicklung naturnaher Ufer und Auen notwendig.

Gerade im Hinblick darauf, dass für viele Gewässer der gute ökologische Zustand im Sinne der WRRL bis heute nicht erreicht ist, sollte dieser kombinierte Lösungsansatz gefördert werden (Pönitz et al. 2017, Dalbeck 2012). Auch Törnblom et al. (2011) heben hervor, dass Gewässersysteme, auf die der Biber über längerer Zeit eingewirkt hat, genau solche Eigenschaften aufweisen, wie sie für kleinere Bäche zur Erreichung des guten ökologischen Zustandes oftmals nötig wären. Demnach mache es Sinn, den Biber stärker in das Wassermanagement miteinzubeziehen.

Zusammenfassend ist die Auenrenaturierung durch den Biber dabei um einiges effektiver, kostengünstiger und auch von besserer Qualität als die „natürliche" Gestaltung des Gewässers mittels Bagger (Bleckmann et al. 2010, Dalbeck 2016, Pier et al. 2017).

### 2.4.3 Weitere „Biberdienste" für das Wasser

**Wasserrückhaltung in der Landschaft** Durch ihre Dammbauten sorgen Biber dafür, dass größere Wassermengen in den Oberläufen von Flüssen und Bächen zurückgehalten werden. Das Gewässerbett nimmt insgesamt mehr Raum ein, es entstehen breitere Gewässerläufe sowie größere stehende Wasserflächen (Biberseen). Neben der Verdunstung großer Wassermengen versickert somit ein Großteil des Wassers im Gelände und füllt den Grundwasserspeicher wieder auf.

Statt einer raschen Ableitung des Wassers, wie dies in begradigten und technisch ausgebauten Gewässern der Fall ist, wird also zum einen viel Wasser in der Landschaft gehalten und dem Wasserkreislauf ohne Umweg wieder zugeführt. Zum anderen wird die Geschwindigkeit des abfließenden Wassers stark gedrosselt und eine Tiefenerosion des Gewässerbettes vermieden (Meßlinger 2015, Zahner et al. 2009).

**Biber hebt Grundwasser an ...** Im Rahmen von Untersuchungen zum Einfluss des Bibers auf gewässernahe Wälder bei Freising in Bayern konnte Zahner (1997b) an einem Fließgewässer einen Anstieg des Grundwasserspiegels um 30 bis 50 cm infolge des Baus eines Biberdammes beobachten. Insgesamt kam es auf einer Fläche von etwa 7 ha zu einer Überstauung und bis zu 30 ha Fläche waren vom Grundwasseranstieg betroffen. Somit wurde eine beachtliche Menge Wasser in der Landschaft gespeichert. Der ursprüngliche Grundwasserspiegel stellte sich nach Bruch des Damms erst nach circa einem Jahr wieder ein.

Hood & Bayley (2008) konnten in einer Gewässerlandschaft in Kanada nachweisen, dass in einem trockenen Sommer durch die Dämme und Kanäle des Bibers 60 % mehr Wasser in der Fläche zurückgehalten wurde als in einem vergleichbaren Jahr, in dem das Gewässer noch nicht vom Biber besiedelt war.

**... und schützt bei Hochwasser** Der Einfluss des Bibers auf Wasserretention und Abflussverhalten von Gewässern wirkt sich dabei insbesondere auf Hochwasserereignisse stark positiv aus. Flussabwärts werden Hochwasserspitzen durch den Wasserrückhalt im Gelände gekappt und Unterlieger vor Überschwemmungen geschützt. Überdies kommen das angestaute Wasser und ein hoher Grundwasserspiegel in trockenen Jahren der Land- und Forstwirtschaft als Wasserreserven/Wasserpuffer zugute und ebenso spielt dieser Effekt bei der Renaturierung von Feuchtgebieten eine wichtige Rolle.

Mit Blick auf den Klimawandel, zunehmende Starkregen-, Hochwasserereignisse und Dürreperioden ist der Wasserrückhalt in den Einzugsgebieten von Gewässern ein ganz entscheidendes Ziel der Wasserwirtschaft, zu dessen Umsetzung der Biber mit seiner Stauaktivität wesentlich beitragen kann (Teubner & Teubner 2008, Meßlinger 2015, Bayerisches Landesamt für Umwelt 2015, Sommer et al. 2018).

**Verbesserung der Wasserqualität** Neben einem guten ökologischen Zustand ist auch die Erreichung eines guten chemischen Zustandes für Oberflächengewässer und das Grundwasser Ziel der Wasserwirtschaft und Forderung der Wasserrahmenrichtlinie (WRRL/Richtlinie 200/60/EG 2000).

In biberbeeinflussten Gewässern fließt das Wasser durch die Stauaktivitäten des Bibers deutlich langsamer ab als in begradigten Flussbetten. Dies führt dazu, dass sich in Biberseen Feinsedimente und Nährstoffe, die vor allem aus umliegenden landwirtschaftlich genutzten Flächen ins Gewässer eingespült werden, ablagern.

**Sedimentrückhalt fördert Uferpflanzen** Die nährstoffreichen Schlamm- und Sandgründe werden rasch von Wasser- und Uferpflanzen wie Schilf besiedelt. Sie nehmen die Nährstoffe wie Nitrate und Phosphate auf und entziehen sie somit dem Wasserkreislauf. Auch nach der Aufgabe eines Biberreviers und dem Zerfall von Biberdämmen bleiben die Sedimente meist neben dem sich neu bildenden schmaleren Gewässerlauf zurück. Zahlreiche Pflanzen wie die Sumpfdotterblume breiten sich an solchen Stellen bevorzugt aus und bauen die Nährstoffe ab.

Weiterhin wirken die Dämme des Bibers wie ein Filter, denn sie halten mit dem Wasser transportiertes Material wie Laub, Geäst und andere Feinmaterialien und Schwebstoffe zurück. Dadurch wird das Wasser gereinigt und fließt unterhalb des Damms deutlich klarer (Meßlinger 2015, Bayerisches Landesamt für Umwelt 2015).

Umfassende Untersuchungen zum Einfluss biberbedingter Gewässerstrukturen auf den Nährstoffgehalt (Nitrat-Stickstoff, Nitrit-Stickstoff, Ammonium-Stickstoff und Orthophosphat-Phosphor) von Gewässern erfolgten an Mittelgebirgsbächen im Spessart. Stoffliche Veränderungen waren hier bei beiden Untersuchungsgewässern insbesondere im Bereich der Biberseen zu verzeichnen. Der Vergleich von Reviereinlauf zu Revierablauf zeigte eine leichte Zunahme der Nitrit-Konzentration, während bei den Konzentrationen von Nitrat, Ammonium und Orthophosphat eine Abnahme festgestellt wurde (Harthun 2000).

**Kostenloser Nährstofffilter** Weiterhin konnte in einer ebenfalls im Spessart durchgeführten Studie zum wirtschaftlichen Nutzen des Bibers bzw. seiner Dämme nachgewiesen werden, dass dem hierbei betrachteten Untersuchungsgewässer allein in einem Jahr etwa 4 700 kg Stickstoff durch den biberbedingen Einfluss entzogen wurden. Ohne den Biber würde dieser durch aufwendige chemische Aufbereitungsverfahren in Kläranlagen abgebaut werden müssen, denn gesundheitsgefährdende Nitratwerte dürfen bestimmte Grenzwerte nicht überschreiten. Der Biber macht dies hingegen kostenlos (Bräuer 2002).

Law et al. (2016) konnten im Rahmen von Untersuchungen in Ost-Schottland zu Einflüssen des Bibers auf den Nährstoffhaushalt von Gewässern ebenfalls feststellen, dass (in der Vegetationszeit) die Konzentrationen von Phosphor (P) und Nitrat ($NO_3$) im Gewässerabschnitt unterhalb einer Reihe von Biberdämmen um 49 % bzw. 43 % geringer waren als im Gewässerabschnitt oberhalb der Dämme. Im Vergleich zu vom Biber nicht beeinflussten Abschnitten wurde in Biberteichen die siebenfache Menge an organischem Material zurückgehalten und die Wasserpflanzen-Biomasse stieg um das Zwanzigfache.

Niebler & Vaas (2019) setzten sich ebenfalls mit der Filterwirkung von Biberdämmen auseinander und untersuchten dazu insgesamt zehn Biberreviere in Mittelfranken (Bayern). Besonders eindeutig waren die Ergebnisse zum Sedimentrückhalt durch Biberdämme. So konnte diese Wirkung bei 88 % der untersuchten Dämme festgestellt werden. Interessant ist zudem die Beobachtung, dass die gewässerverbessernden Leistungen von Biberrevieren mit Alter, Länge und Dammanzahl zunehmen.

**Uferrandstreifen reduzieren Schadstoffeintrag** Im Zusammenhang mit der Schaffung von ungenutzten Uferrandstreifen, die der Biber als Lebensraum beansprucht und für deren natürliche

Gestaltung er eingesetzt werden kann, können Schadstoffeinträge ins Gewässer außerdem von vornherein vermieden oder zumindest reduziert werden, denn die Streifen dienen als Pufferung zu den angrenzenden intensiv genutzten Flächen (Zahner et al. 2009).

**Totholz zur Gewässerrevitalisierung** Des Weiteren fällt im Biberrevier durch die Fäll- und Bauaktivitäten des Bibers eine große Menge an Totholz an. Im Wasser sorgt dieses für mehr Eigendynamik des Gewässers, es kommt zu Verwirbelungen an Ästen, Zweigen und Baum-

Die Dämme des Bibers wirken wie ein Filter und halten mit dem Wasser transportiertes grobes und feines Material in den Staubereichen zurück. Somit haben sie auch eine reinigende Wirkung auf das Gewässer.

Totholz bringt Dynamik in Gewässer und sorgt somit für die Anreicherung des Wassers mit Sauerstoff.

stämmen. Dadurch wird das Wasser mit Sauerstoff angereichert (Bayerisches Landesamt für Umwelt & Landesfischereiverband Bayern e. V. 2009, Meßlinger 2015).

Bei Gewässerrevitalisierungen wird daher häufig mit Absicht Totholz in Gewässer eingebracht. Der Biber erhöht den Totholzanteil erheblich und ohne Kosten (Hölling 2010). Zudem speisen zahlreiche Sekundärbäche, die sich durch die biberbedingte Wasseranstauung neu bilden und sich durch flächenhafte Verrieselung und eine verhältnismäßig große Wasseroberfläche auszeichnen, das Gewässer mit Sauerstoff (Harthun 1998).

## 2.5 Innerfachliche Konflikte im Naturschutz

Die landschaftsverändernden Eingriffe des Bibers wirken sich natürlich nicht in jeder Hinsicht rein positiv auf die Biotopstruktur und die Tier- und Pflanzenwelt im Biberlebensraum aus. So ist es möglich, dass biberverursachte Effekte anderen Naturschutzzielen, die für den entsprechenden Gewässerraum und seine Umgebung angestrebt werden, entgegenstehen (Albrecht 2016).

Ebenso kann es passieren, dass einzelne Arten die vom Biber herbeigeführten Änderungen nicht vertragen und somit lokal „vertrieben" oder in ihrer Ausbreitung eingeschränkt werden (Sommer et al. 2018). Zwei Beispiele solcher Konfliktfälle sollen in den folgenden Kapiteln angeführt und diskutiert werden.

### 2.5.1 Verschwinden von Arten auf lokaler Ebene

Mit der Frage, inwieweit die Einflüsse des Bibers das Vorkommen einzelner Arten sowie die Artenvielfalt in semiaquatischen Lebensräumen fördern oder auch einschränken können, beschäftigen sich Sommer et al. (2018) in einer umfassenden Studie. Danach kann die Ansiedlung des Bibers neben der Einwanderung von neuen Arten auch zu einem lokalen Verschwinden von Arten aus direkt vom Biber veränderten Bereichen führen.

**Kleinräumige Betrachtungen** Aufgrund biberbedingter Auflichtungen am Ufer und einer längeren Verweildauer des Wassers steigt etwa die Wassertemperatur im Biberteich an und der Sauerstoffgehalt sinkt, wodurch Steinfliegen oder bestimmte Köcherfliegenarten hier keine passenden Lebensraumbedingungen mehr vorfinden. Die Arten werden in diesem Bereich durch andere Arten, die an langsamer fließendes und wärmeres Wasser angepasst sind, ersetzt (z. B. Zuckmücken, Amphipoden oder andere Köcherfliegenarten).

Bei einigen Untersuchungen konnte sogar festgestellt werden, dass in direkt von Bibern umgestalteten Bereichen mehr Arten bzw. Taxa verschwanden als neue einwanderten, sodass sich die Artenvielfalt der untersuchten Organismengruppe in diesen Bereichen tatsächlich verringerte (Arndt & Domdei 2011, Pliūraitė & Kesminas 2012).

Harthun (1999) konnte bei Untersuchungen im Spessart ebenfalls beobachten, dass die Alpenschlammschnecke (*Radix labiata*) aus Biberteichen verschwand und einige Köcherfliegenarten in bestimmten biberbeeinflussten Teilgebieten durch andere Arten ersetzt wurden.

Auch für manche Fischarten, etwa für das Bachneunauge (*Lampetra planeri*), stellt der Biberteich aufgrund der verstärkten Verschlammung keinen optimalen Lebensraum dar (Naturpark – Verein Dübener Heide e. V. o. J.).

Die hier angeführten Beobachtungen und Erkenntnisse beziehen sich allerdings auf eine sehr kleinräumige (lokale) Ebene, das heißt ausschließlich auf vom Biber direkt beeinflusste und umgestaltete Untersuchungsflächen. Um die Einwirkungen des Bibers auf die Artenvielfalt semiaquatischer Lebensräume umfassend bewerten zu können, ist jedoch die Betrachtung eines größeren Untersuchungsraums, der auch Bereiche (Referenzgebiete) in unmittelbarer Umgebung der direkt beeinflussten Gebiete umfasst, entscheidend. Werden alle Entwicklungen bezüglich der Artenvielfalt in diesem gesamten Raum betrachtet, so ergibt sich hieraus ein Maß für die sogenannte „Diversität auf Landschaftsebene" (Gamma-Diversität).

## Innerfachliche Konflikte im Naturschutz

**Koexistenz vieler Arten in der Landschaft** So können einzelne Arten lokal aus einem Biberteich verschwinden, sich dafür aber etwa unterhalb des Damms neu ansiedeln und zusammen mit wiederum neu in den Biberteich einwandernden Arten insgesamt zu einer Erhöhung der Artenzahl in der Landschaft führen (s. auch Abb. 2-4). Gerade der große Reichtum an unterschiedlichen Biotopstrukturen, die der Biber in seinem Lebensraum schafft, und somit die hohe Heterogenität der Gewässerlandschaft erlaubt die Ansiedlung vieler verschiedener Arten in jeweils für sie geeigneten Teilräumen (Koexistenz vieler Arten).

Wenn also lokal Arten verschwinden, bedeutet das nicht, dass diese nicht woanders im Biberrevier einen neuen Lebensraum finden und ebenso kann die Diversität auf Landschaftsebene trotzdem zunehmen (Sommer et al. 2018). Eine Studie in Ost-Schottland zu den Einflüssen des Bibers auf Abundanz und Artenvielfalt von Makroinvertebraten ergab: Probenahmen aus biberbeeinflussten Habitaten waren weniger reich an Taxa als solche aus unveränderten Gewässerabschnitten; nahm man jedoch die Proben aller untersuchten Abschnitte (auch aus nicht vom Biber beeinflussten, benachbarten

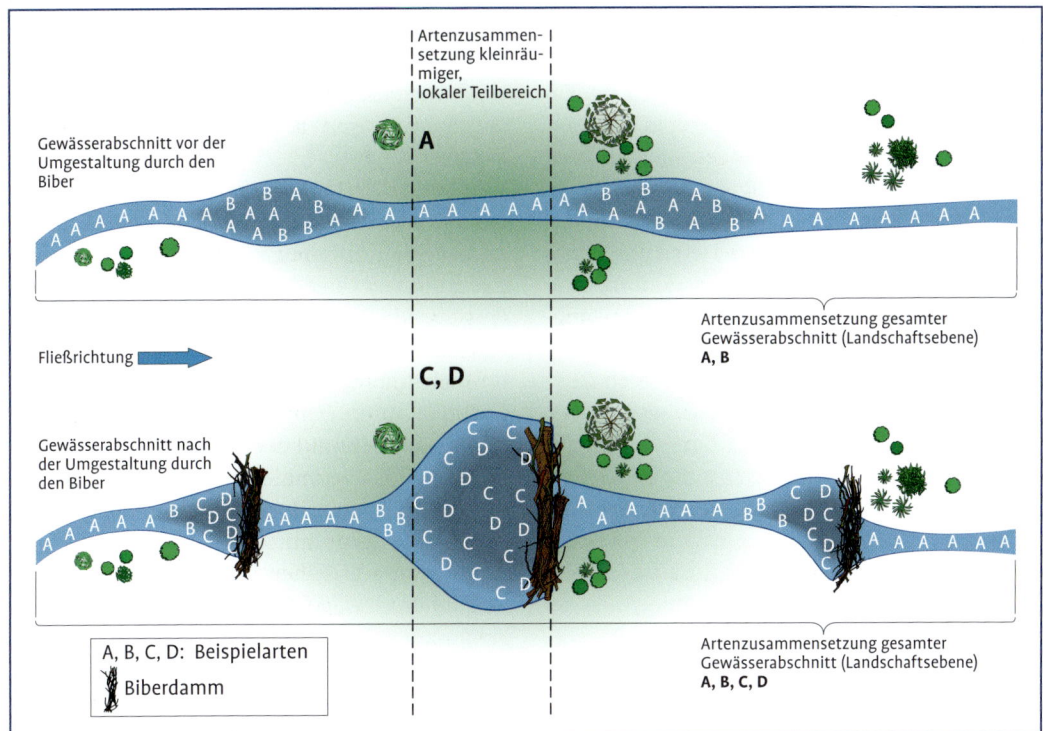

**Abb. 2-4** Schematische Darstellung eines Fließgewässerabschnitts samt Artenzusammensetzung vor und nach der Umgestaltung durch den Biber:
Obwohl Art A nach der Gewässerumgestaltung durch den Biber in kleinräumigen Teilbereichen des untersuchten Gewässerabschnitts zwar lokal verschwindet und durch andere neue Arten ersetzt wird, kommt die Art in den strömungsreicheren Abschnitten unterhalb der Biberdämme weiterhin vor.
Zusätzlich haben sich in den strömungsarmen Staubereichen vor den Dämmen zwei neue Arten (C, D) angesiedelt.
Betrachtet man den gesamten untersuchten Gewässerabschnitt, so hat sich die Artenzahl auf Landschaftsebene durch den Einfluss des Bibers von ehemals zwei Arten (A, B) auf vier Arten (A, B, C, D) erhöht.

Referenzgebieten) zusammen, so ließ sich eine Erhöhung des Artenreichtums auf Landschaftsebene (Gamma-Diversität) um durchschnittlich 28 % gegenüber Gebieten ohne Bibereinfluss nachweisen. In vielen vom Biber beeinflussten Bereichen kam es zu Änderungen in der Artenzusammensetzung, bestimmte Arten wurden durch andere ersetzt und die verschiedenen Habitate wiesen neben zum Teil überschneidenden Arten jeweils einmalige Taxa auf (Law et al. 2016).

**Höhere Diversität auf Landschaftsebene** Auch Sommer et al. (2018) kommen in ihrer Studie letztlich zu dem Ergebnis, dass der Einfluss des Bibers in 80 % der betrachteten (insgesamt 53) Untersuchungen zu einer Steigerung der Artenvielfalt auf Landschaftsebene geführt hat. Bei den untersuchten Tiergruppen hat sich die Diversität auf Landschaftsebene dabei in 83 % der Fälle (30 von 36) erhöht, bei den untersuchten Pflanzen in 76 % der Fälle (13 von 17). Aber auch bei der Analyse von 33 Studien, die sich mit der Entwicklung der Artenzahl von Tieren und Pflanzen ausschließlich in vom Biber direkt umgestalteten Gebieten befassen (≠ Diversität auf Landschaftsebene), konnte in 76 % (25 Studien) eine Erhöhung der Artenzahl und in lediglich 21 % (7 Studien) eine Abnahme verzeichnet werden.

Daraus lässt sich schließen, dass die Ansiedlung des Bibers zwar durchaus zum Verschwinden von Arten auf kleinräumiger, lokaler Ebene führen kann, von deutlich größerer Relevanz ist allerdings der positive Einfluss des Bibers auf die Artenvielfalt auf großräumiger Ebene (Landschaftsebene) (Sommer et al. 2018).

## 2.5.2 Biberdämme als Barrieren für die Fischwanderung

Da die ökologische Durchgängigkeit von Fließgewässern ebenfalls zu den Zielsetzungen der WRRL zählt (WRRL/Richtlinie 2000/60/EG 2000), stellt sich die Frage, ob auch Biberdämme als Barrieren für aquatische Organismen wie Wanderfische einzustufen sind.

Mehrere Studien/Publikationen, die sich mit dieser Thematik beschäftigen, kommen zu dem Ergebnis, dass die Dämme des Bibers zumindest keine totalen Barrieren für wandernde Fischarten darstellen. Vielmehr handelt es sich um semipermeable Barrieren, die höchstens zeitweise bei geringer Wasserführung die Wanderung von Fischen (in erster Linie von Salmoniden) behindern können. Aale und Neunaugen werden hingegen durch Biberdämme grundsätzlich nicht bei der Wanderung gestört (Kemp et al. 2012).

Hägglund & Sjöberg (1999) folgern weiterhin aus einer Studie, dass die Barrierewirkung der Dämme für Forellen (*Salmo trutta*) und Elritzen (*Phoxinus phoxinus*) wahrscheinlich weniger ausgeprägt ist als für sich langsam ausbreitende Arten wie die Groppe (*Cottus gobio*).

**Nicht für immer gebaut** Im Gegensatz zu festen Stauwehren handelt es sich bei Biberdämmen jedoch um nicht dauerhafte Bauwerke, die bei Hochwasser regelmäßig überspült oder teilweise zerstört werden, sodass sie von Fischen grundsätzlich weiterhin überwunden werden können (Meßlinger 2015). Im Spessart wurden überdies viele Dämme mit Höhen von nur 30–40 cm erfasst, die von Forellen sogar übersprungen werden können. Über Biberkanäle und zeitweise entstehende Rinnsale oder Nebenarme ist es den Fischen zudem häufig möglich, die Dämme zu umschwimmen.

Selbst wenn dennoch stellenweise unüberwindbare Dämme im Gewässer bestehen, gehen von diesen durch ihre verhältnismäßige Kurzlebigkeit keine isolierenden oder sonstigen negativen Wirkungen auf den Bestand der Fischpopulationen aus (Harthun 1999).

Zahner et al. (2009) weisen in diesem Zusammenhang auch auf den ehemaligen Lachsreichtum in Alaska und Yukon (Kanada) hin. Hier befanden sich im Bereich der Laichgewässer der Lachse mit die meisten Biberdämme, ohne dass dadurch Wanderung und Fortpflanzung der Fische beeinträchtigt wurden.

Die Dämme des Bibers können also temporär und für bestimmte Fischarten eventuell tatsächlich ein Wanderhindernis darstellen, insgesamt lässt sich die Barrierewirkung aber als unwesentlich und vernachlässigbar beschreiben.

Biberdämme sind meist nicht dauerhaft und werden bei Hochwasser regelmäßig überspült oder zerstört, weshalb von ihnen keine totale Barrierewirkung für Fische und andere aquatische Lebewesen ausgeht.

### Fazit für die Praxis

- Der Biber kann mit seinen landschaftsgestalterischen Eingriffen in den Gewässerraum einen entscheidenden Beitrag zur Renaturierung von Gewässern leisten. Dies spielt eine bedeutende Rolle im Hinblick darauf, dass der gute ökologische Zustand, wie er im Rahmen der WRRL für Oberflächengewässer der EU gefordert wird, für viele Gewässer bisher noch immer nicht erreicht ist.
- Da die „Renaturierungsleistungen" des Bibers praktisch kostenlos und von hoher Effizienz und Qualität sind, sollte die aktive Einbindung des Bibers in Renaturierungsprojekte verstärkt in Betracht gezogen werden.
- Die Dämme des Bibers sorgen für eine verstärkte Wasserrückhaltung in der Landschaft, was insbesondere für den Hochwasserschutz und im Hinblick auf den Klimawandel mit zunehmenden Starkregenereignissen und Dürreperioden von großer Bedeutung ist.
- Durch den Rückhalt und Abbau von Sedimenten in Biberteichen und die Filterwirkung der Biberdämme kann der Biber darüber hinaus zur Verbesserung der Wasserqualität beitragen.
- Negative Auswirkungen des Bibers auf Natur und Umwelt bzw. Konflikte hinsichtlich anderer Naturschutzziele sind nur wenige bekannt. Hier gilt es Prioritäten zu setzen bzw. Kompromisse zu finden.

# 3 Ausbreitung und Wiederansiedlung des Bibers in Deutschland

## 3.1 Entwicklungen in Deutschland und in den einzelnen Bundesländern

Infolge direkter Verfolgung des Bibers durch den Menschen bis ins späte 19. Jahrhundert wurde die Art in ganz Europa und auch in Deutschland so gut wie ausgerottet. Bereits im 17. Jahrhundert war der Biber in einigen Teilen Deutschlands, zum Beispiel in Schleswig-Holstein, vollständig verschwunden. In anderen Gebieten waren stetig abnehmende Bestände des Tieres noch bis Mitte des 19. Jahrhunderts vorhanden. Überlebt hatte in Deutschland letztlich nur eine kleine Restpopulation an der Mittelelbe (Dudek 2009, Schwab 2014a).

**Erste Umsiedlungen von der Mittelelbe** Die Unterschutzstellung der Art und Wiedereinbürgerungen sorgten im 20. Jahrhundert schließlich für die Rückkehr des Tieres nach Deutschland und eine zunehmende Ausbreitung im gesamten Land. So begannen erste Umsiedlungen von Bibern aus dem Mittelelbevorkommen in ostdeutsche Gebiete in den 1930er-Jahren, weitere Umsiedlungen fanden in den 1970er- und 1980er-Jahren statt.

In West- und Süddeutschland wurden erstmals 1966 Biber aus Russland, Polen, Frankreich und Skandinavien in Bayern eingebürgert. Andere Bundesländer folgten und die meisten Wiederansiedlungsprojekte zeigten Erfolg. So konnten sich die Tiere in vielen Gebieten deutlich vermehren und wanderten eigenständig auch in neue Regionen ein (Schwab 2014a, Zahner et al. 2009).

Heute geht man von einem Gesamtbestand von etwa 25 000 bis 30 000 Tieren in Deutschland aus. Die größten Bestände finden sich dabei in Bayern und den östlichen Bundesländern (Hessisches Landesamt für Naturschutz, Umwelt und Geologie 2017, Schwab 2014b, Bayerisches Landesamt für Umwelt 2015).

Abbildung 3-1 zeigt die aktuelle Verbreitung des Bibers in Deutschland im Jahr 2013. Gut zu erkennen sind die flächendeckenden Verbreitungsgebiete in Ostdeutschland (nur die Küstengebiete Mecklenburg-Vorpommerns und der Südosten Sachsens weisen keine Vorkommen auf) sowie in Bayern. Auch das Saarland weist mittlerweile eine flächendeckende Verbreitung des Bibers auf. Bibervorkommen in Bayern, am Oberrhein (Baden-Württemberg) und im südwestlichen Nordrhein-Westfalen sind auf Wiederansiedlungsprojekte mit Tieren aus Osteuropa und Skandinavien zurückzuführen. Im Saarland, im Südosten Hessens, im Westen Nordrhein-Westfalens und in Niedersachsen wurden ausschließlich Elbebiber eingebürgert (Bundesamt für Naturschutz 2006, 2013).

Ein Vergleich zu der Ausbreitung des Bibers in Deutschland im Jahr 2006 (s. Abb. 3-2) zeigt, dass sich der Biber innerhalb der sieben Jahre vor allem in Hessen, Hamburg, Thüringen, im Norden Bayerns und Baden-Württembergs sowie in Niedersachsen weiter ausgebreitet hat.

Wiederansiedlungsprojekte, natürliche Zuwanderungsentwicklungen und aktuelle Bestandszahlen in den einzelnen Bundesländern werden im Folgenden kurz aufgeführt:

**Hessen** In Hessen wurden Ende der 1980er-Jahre erfolgreich insgesamt 18 Biber im Sinntal im Spessart angesiedelt (s. Kapitel 3.2.1). Der Bestand liegt dort mittlerweile bei mehreren Hundert Tieren. Ein Teil davon ist in das angrenzende Unterfranken (Bayern) abgewandert. Im Jahr 2015 konnten in Hessen 148 Bibereviere mit insgesamt etwa 488 Tieren nachgewiesen werden. Die größten Zahlen an besetzten Bibereviere weisen dabei die Naturraumeinheiten „Hessisch Fränkisches Bergland", „Rhein-Main-Tiefland" und „Osthessisches Bergland" auf (Hessisches Landesamt für Naturschutz, Umwelt und Geologie 2017). Im

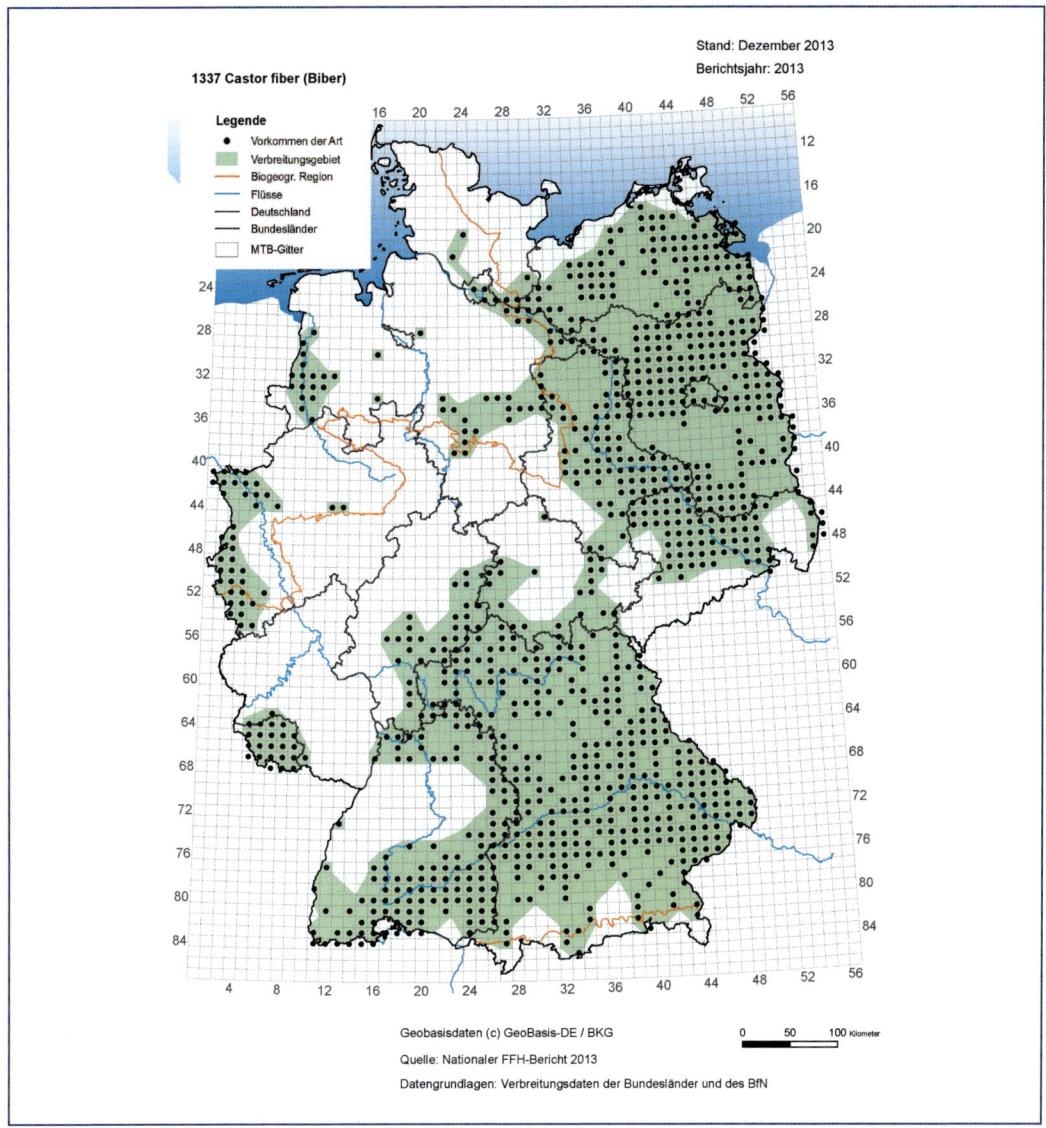

Abb. 3-1 Aktuelle Verbreitung des Bibers in Deutschland (Stand 2013) (Bundesamt für Naturschutz 2013: 4).

Jahr 2016 wurde der Bestand bereits auf etwa 500 bis 600 Tiere geschätzt.

**Bayern** In Bayern wurden im Jahr 1966 auf Initiative des Bundes Naturschutz in Bayern e. V. und mit Genehmigung des damals zuständigen Landwirtschaftsministeriums erstmals Biber angesiedelt. Es folgten weitere Wiedereinbürgerungen und bis 1982 hatten etwa 120 Biber neue Reviere an Donau, Isar und Inn, am Ammersee und im Nürnberger Reichswald gegründet. Die Tiere stammten dabei aus Russland, Polen, Frankreich und Skandinavien. Insgesamt zeigten die Wiederansiedlungsprojekte großen Erfolg.

Insbesondere die Aussetzung an der Donau bei Neustadt wird als Hauptausbreitungsquelle

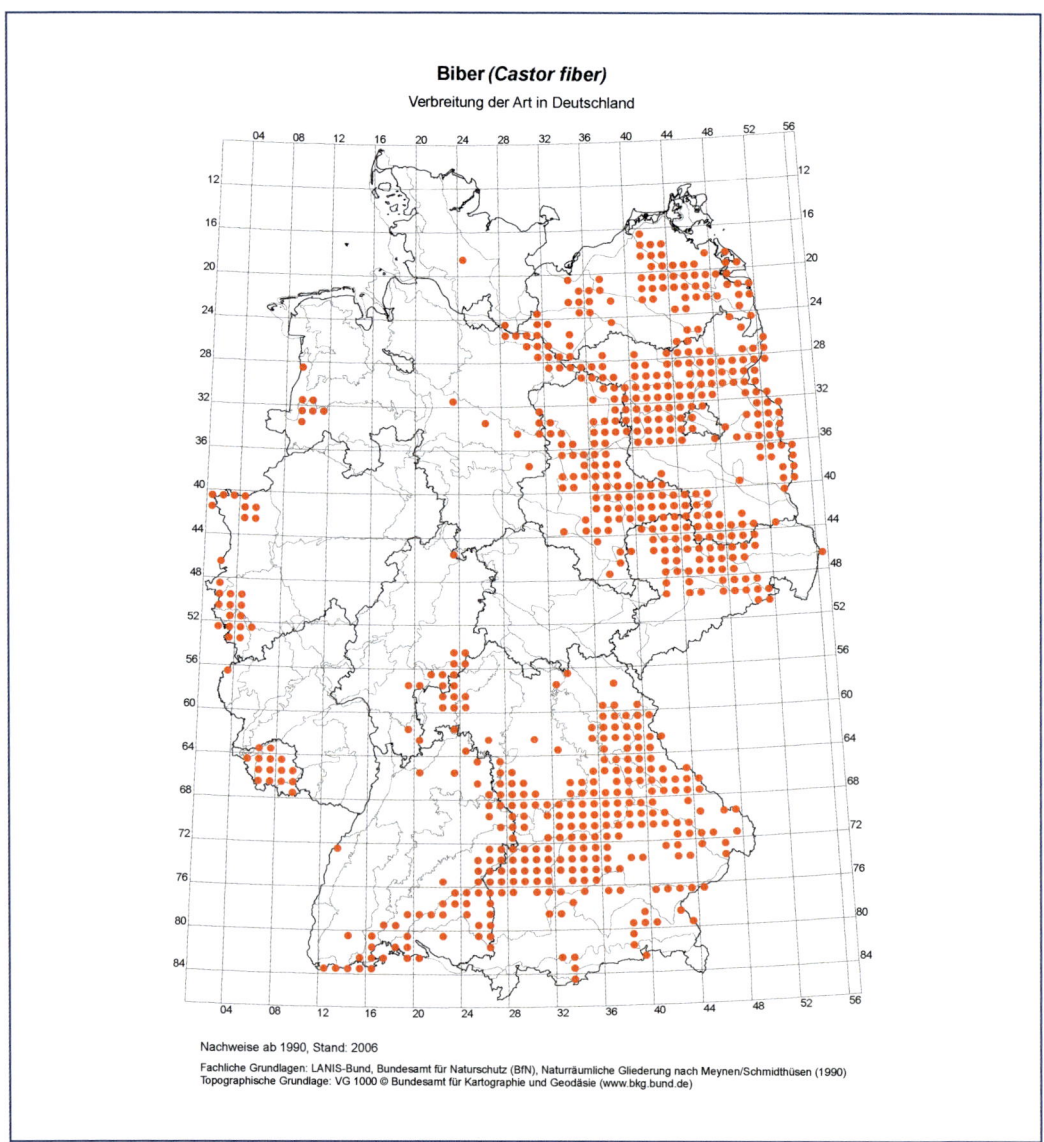

**Abb. 3-2** Deutschlandweite Verbreitung des Bibers im Jahr 2006 (Bundesamt für Naturschutz 2006).

des Bibers in weite Teile Bayerns angesehen. Elbebiber, die im hessischen Sinntal wiedereingebürgert wurden, haben sich ebenfalls nach Bayern ausgebreitet und bilden seit Anfang der 1990er-Jahre eine weitere Population in Unterfranken. Einige der heute in Bayern lebenden Tiere sind mittlerweile auch nach Baden-Württemberg, Thüringen, Österreich und in die Tschechische Republik abgewandert (Schwab 2014b, Bayerisches Landesamt für Umwelt 2015, Weinzierl 2003, Zahner et al. 2009). Der aktuelle Bestand in Bayern liegt bei rund 22 000 Tieren in etwa 6 500 Revieren.

**Rheinland-Pfalz** In Rheinland-Pfalz galt der Biber seit circa 1840 als ausgerottet. Aktive Wiederansiedlungsprojekte des Europäischen Bibers haben bisher nicht stattgefunden, da man auf Zuwanderungen aus benachbarten Gebieten vertraut. Allerdings hatten sich einige nichtheimische Kanadische Biber (*Castor canadensis*), die aus einem Zoo in Prüm in der Eifel ausgebrochen waren, in Rheinland-Pfalz angesiedelt und bis auf circa 100 Tiere vermehrt. Diese wurden inzwischen gefangen und sterilisiert, sodass eine weitere Ausbreitung der Art und eine Faunenverfälschung verhindert werden.

Einwandernde Europäische Biber aus verschiedenen Teilen Deutschlands, zum Beispiel aus dem Saarland, oder auch aus Frankreich (Elsass) übernehmen nun nach und nach die Reviere der kanadischen Art (Venske 2003). Mittlerweile wird der Bestand an Bibern in Rheinland-Pfalz auf etwa 180 bis 240 Tiere geschätzt, die an mehreren verschiedenen Stellen siedeln.

**Saarland**   Im Saarland fand nach intensiver Vorbereitung und im Rahmen eines Renaturierungsprojektes erstmals 1994 eine Wiederansiedlung von fünf Elbebibern im Illtal statt. Es folgten weitere Einbürgerungen im gleichen Gebiet sowie im Jahr 1996 an der Bist. 1998 wurden Biber im Hochwald an der Prims und am Wahnbach angesiedelt, 1999 und 2000 an der Blies. Weiterhin gab es Auswilderungen am Fischbach und an den Saaraltarmen bei Beckingen. Insgesamt wurden an den verschiedenen Gewässern im Saarland rund 70 Elbebiber aus Niedersachsen ausgesetzt, die sich letztlich auch an der Saar etabliert haben. Inzwischen leben schätzungsweise mehr als 500 Biber in den Gewässern von Ill, Blies, Saar und Prims samt Nebengewässern (Hartusch et al. 2014). Laut dem Ministerium für Umwelt und Verbraucherschutz Saarland sind es aktuell etwa 650 Tiere.

**Nordrhein-Westfalen**   In Nordrhein-Westfalen wurde vor der landesweiten Ausrottung der letzte Biber im Jahr 1877 im Rheingebiet gesichtet. Im Rahmen eines Wiederansiedlungsprojektes eines Försters in den 1980er-Jahren wurden erstmals wieder Biber in die Nordeifel zurückgeholt. Die Tiere sind inzwischen auch in das Vorland abgewandert. Ab 2002 folgten weitere Wiedereinbürgerungen am Niederrhein an der Grenze zu den Niederlanden. Nach erfolgreicher Etablierung breitet sich der Biber mittlerweile selbstständig entlang der Flüsse weiter aus. Die Tiere kommen vor allem westlich des Rheins vor, doch auch auf östlicher Seite wurden Vorkommen des Bibers beispielsweise an der Lippe nachgewiesen. Die Gesamtzahl der Biberreviere in Nordrhein-Westfalen wird auf 240 Stück mit etwa 750 besiedelnden Tieren geschätzt. Die meisten, etwa 160 Reviere mit 530 Tieren (Stand 2015), finden sich an der Eifel-Rur (BUND Landesverband Nordrhein-Westfalen e. V. 2018, Pier et al. 2017).

**Baden-Württemberg**   In Baden-Württemberg blieben Wiederansiedlungsversuche des Bibers im Gegensatz zu Nachbarregionen ohne Erfolg. Ein Projekt im Jahr 1979 zur Auswilderung von vier Tieren am Rhein im Raum Karlsruhe scheiterte. Mitte der 1970er-Jahre wanderten erste Biber aus der Schweiz und dem Elsass entlang des Hoch- und Oberrheins nach Baden-Württemberg ein. Auch an der Grenze zu Bayern im Einzugsbereich der Donau etablierten sich ab 1990 erste Biber, die aus Ansiedlungsprojekten in Bayern stammten. Der Biber kehrt somit auf natürlichem Wege nach Baden-Württemberg zurück. Die Schwerpunkte der Bibervorkommen liegen heute im Bereich des Hochrheins, im südlichen Schwarzwald, im westlichen Bodenseegebiet und im gesamten Einzugsgebiet der Donau. Im Jahr 2005 wurde der Bestand auf rund 650 Biber geschätzt (Schulte 2005, Schwab 2014a).

**Sachsen**   In Sachsen wurden keine Wiederansiedlungsprojekte durchgeführt, Biber aus Sachsen-Anhalt sind aber auf natürlichem Wege über die Elbe ins Land eingewandert. Einige der Tiere haben sogar die Grenze zu Tschechien überschritten. In ganz Sachsen wird der Bestand auf 1 000 bis 1 200 Elbebiber geschätzt (Stand 2013). Nordsachsen mit Kerngebieten an Elbe und Mulde ist dabei das Hauptverbreitungsgebiet. Hier wurden insgesamt 155 Biberreviere nachgewiesen und es sind etwa 103 bewohnte Reviere mit rund 350 Tieren bekannt (Stand 2013). Ostsachsen ist derzeit noch überwiegend biberfrei, jedoch wurden auch hier erste isolierte Vorkommen an der Neiße und drei Biberansiedlungen an der Spree verzeichnet. Weitere Ausbreitungen sind zu erwarten (Mitzka et al. 2013, Sächsisches Staatsministerium für Umwelt und Landwirtschaft 2017).

**Thüringen** In Thüringen gab es keine Wiederansiedlungen von Bibern durch den Menschen. Im Norden wandern derzeit Elbebiber, im Süden Biber aus Bayern auf natürlichem Wege zu. Hauptsächlich sind bisher die Gewässersysteme von Saale und Werra besiedelt. Insgesamt ist von etwa 47 bis 50 Biberrevieren in Thüringen auszugehen (Klaus & Orlamünder 2015).

**Brandenburg und Berlin** In Brandenburg fanden bereits in den 1930er- und 1940er-Jahren Einbürgerungen des Bibers in der Schorfheide statt. In den 1970er- und 1980er-Jahren wurden außerdem Tiere an den Templiner Gewässern und zwischen Uckermark und Oder angesiedelt. Alle Wiederansiedlungsprojekte zeigten großen Erfolg. Außerdem wanderten viele Biber auf natürlichem Wege in Brandenburg ein. So ist der heutige Bestand größtenteils auf die Ausbreitung von Bibern aus dem Mittelelbevorkommen und die Einwanderung von Tieren über die Havel und aus Polen zurückzuführen. Der Gesamtbestand wurde im Jahr 2014 auf etwa 2500 bis 2700 Biber geschätzt, davon liegen einige Vorkommen inzwischen auch im Gebiet der Landeshauptstadt (Dolch et al. 2002, Schwab 2014a). Aktuell geht man von etwa 3500 in Brandenburg lebenden Tieren aus.

In Berlin wurden erstmals 1994 wieder Biber gesichtet. Hier fanden keine Wiedereinbürgerungen statt, aber es kam zu Einwanderungen von Bibern aus dem Umland (Schwab 2014a).

**Sachsen-Anhalt** In Sachsen-Anhalt befindet sich im Bereich des Biosphärenreservates „Mittlere Elbe" das ehemals einzige Überlebensgebiet des heimischen deutschen Bibers (Elbebiber, *Castor fiber albicus*). Hier hatte eine kleine Population von etwa 200 Tieren die ansonsten in Deutschland flächendeckende Ausrottung infolge starker Bejagung überlebt. Durch Schutzmaßnahmen konnte sich der „Restbestand" an der Elbe inzwischen wieder über weite Teile des Landes ausbreiten. Biber aus Sachsen-Anhalt wurden im Rahmen zahlreicher Wiederansiedlungsprojekte auch in andere Regionen umgesiedelt, etwa in die Niederlande, nach Dänemark und Belgien, in die Eifel, ins Saarland sowie nach Hessen und Nordrhein-Westfalen (Biosphärenreservatsverwaltung Mittelelbe o. J., Schwab 2014a). Heute liegt der Bestand schätzungsweise bei etwa 3400 Tieren (Stand 2014) (Ministerium für Umwelt, Landwirtschaft und Energie Sachsen-Anhalt 2018).

**Niedersachsen und Bremen** In Niedersachsen erfolgte im Jahr 1985 an der Thülsfelder Talsperre ein Wiederansiedlungsversuch, der jedoch keinen dauerhaften Erfolg zeigte. Eine Einbürgerung im Emsland, die ebenfalls in den 1980er-Jahren im Rahmen eines Forschungsprojektes stattfand, war erfolgreicher (s. Kap. 3.2.2). Die Biber konnten sich gut etablieren und ausbreiten. Weiterhin kam es zu Einwanderungen von Bibern über die Elbe und ihre Zuflüsse in den Nord- und Südosten Niedersachsens, wo sich zum Beispiel Tiere an der Leine angesiedelt haben. Im Jahr 2011 wurde der Bestand auf über 500 Individuen geschätzt, wovon sich mindestens 400 im Hauptverbreitungsgebiet der Mittleren Elbaue befinden dürften (Niedersächsischer Landesbetrieb für Wasserwirtschaft, Küsten- und Naturschutz 2011, Schwab 2014a). Aktuell geht man (geschätzt!) von etwa 680 Bibern in rund 150 Revieren aus.

In Bremen sind derzeit noch keine Vorkommen von Bibern bekannt. Die Tiere sind bisher nur bis kurz vor das Bundesland gelangt.

**Schleswig-Holstein und Hamburg** In Schleswig-Holstein wurde zuletzt im Jahr 1840 ein Biber gesichtet. Es gab keine Wiederansiedlungsprojekte, Biber wandern aber zunehmend entlang der Elbe in den Süden des Landes ein und breiten sich auch in nördliche Richtung weiter aus. Ähnlich sieht es in Hamburg aus, wo die Tiere inzwischen den Hamburger Hafen erreicht haben und von dort auch in westliche Richtung abwandern. Der Bestand wird bisher in beiden Ländern noch auf nur wenige Tiere geschätzt (Stand 2009), mit einer stetigen Zunahme ist aber zu rechnen (Dudek 2009, Zahner et al. 2009).

**Mecklenburg-Vorpommern** In Mecklenburg-Vorpommern wurden in den 1970er-Jahren an der Peene sowie in den 1990er-Jahren an der Warnow Biber ausgewildert, die sich erfolgreich ausgebreitet haben. Weiterhin erfolgten natürliche Zuwanderungen von Tieren aus Brandenburg (Süden), aus dem Elbegebiet (Westen) und aus Polen (Osten). Der Bestand wurde im Jahr 2009 auf circa 1 000 Tiere geschätzt (Zahner et al. 2009). Mittlerweile geht man von etwa 2 300 Bibern aus.

## 3.2 Beispiele erfolgreicher Wiederansiedlungsprojekte

### 3.2.1 Wiederansiedlung des Bibers im hessischen Spessart

Die Idee zur Wiederansiedlung des Bibers in Hessen kam zunächst von einem damaligen Leiter des Forstamtes Sinntal. In weitere Diskussionen und Überlegungen, die seit 1975 stattfanden, waren außerdem Vertreter der hessischen Ministerabteilung für Forsten und Naturschutz und der Hessischen Gesellschaft für Ornithologie und Naturschutz sowie weitere Wissenschaftler und Mitarbeiter des Forstamtes Sinntal involviert.

**Wahl des Wiederansiedlungsgebietes** Die erste Begehung des für die Wiedereinbürgerung in Frage kommenden Gebietes „Westerngrund" im hessischen Spessart erfolgte im Jahr 1976. Dabei wurden unter anderem für die Wiederansiedlung bedeutende Kriterien wie das Flächenareal, Biotopstrukturen und Abwanderungsmöglichkeiten erfasst. Auch mögliche Gebiete in den Altrhein-Schutzgebieten und übrige Feuchtlandbiotope in den hessischen Niederungen wurden für die Wiederansiedlung in Betracht gezogen, jedoch aufgrund verschiedener Kriterien abgelehnt.

So wiesen die Schutzgebiete des Altrheins nur geringe Bestände an Ufergehölzen, hohe hochwasserbedingte Wasserstandsschwankungen oder stärkere anthropogene Störungen auf. Das Gebiet im Westerngrund schien hingegen gut geeignet. Es wurde im Jahr 1980 als Naturschutzgebiet ausgewiesen. Neben ökologischen Gesichtspunkten und einer gut entwickelten Auenvegetation war dafür auch die Rolle des Gebietes als „Trittsteinbiotop" in Verbindung mit anderen in der Nähe befindlichen Schutzgebieten ausschlaggebend. Als alternatives Wiedereinbürgerungsareal im hessischen Spessart wurden zudem die Gewässersysteme von Sinn und Jossa eingestuft.

In beiden möglichen Ansiedlungsgebieten wurden dabei zusätzliche Anpflanzungen von Weichlaubhölzern zur Sicherung ausreichender Nahrungsressourcen für den Biber als notwendig angesehen. Die mit der Wiederansiedlung verbundenen Maßnahmen passten zu den Zielen eines zeitgleich stattfindenden Flurbereinigungsverfahrens im hessischen Spessart. Dieses sah den Grundstückserwerb in Bach- und Flusstälern für den Naturschutz, die Erhaltung einer naturnahen Ufervegetation in Gewässerrandstreifen und die Förderung einer extensiven Grünlandnutzung vor (Bauer et al. 1998).

**Umfangreiche Vorbereitungen** Die Bachparzellen im für die Wiederansiedlung vorgesehenen Westerngrund wurden umgemeindet. Zudem wurde eine im Gebiet vorhandene Teichanlage 1984 vom Land Hessen erworben, sodass das zugehörige Betriebsgelände zurückgebaut und die gesamte Anlage in einen naturnahen Zustand überführt und in das Naturschutzgebiet integriert werden konnte.

Im Zeitraum von 1976 bis 1984 wurden außerdem umfassende Weichholzpflanzungen im Uferbereich des Westernbaches auf einer Fläche von insgesamt circa 4 ha durchgeführt. Gepflanzt wurden Purpur-, Grau-, Sal-, und Korbweiden sowie Espen und Balsampappeln. Auch 1989 wurden noch einmal biotopverbessernde Maßnahmen vorgenommen.

Nachdem man sich auf den hessischen Teil des Spessarts als Wiederansiedlungsareal geeinigt hatte und sowohl die biotopverbessernden Maßnahmen als auch die Flurbereinigungsmaßnahmen abgeschlossen waren, veranlasste die Bezirksdirektion für Forsten und Naturschutz in Darmstadt schließlich die Erstellung eines Gutachtens, welches die Möglichkeiten und Perspektiven der Wiedereinbürgerung des Bibers prüfen und darlegen sollte. Das Gutachten legte somit den Projektrahmen fest und enthielt auch Vorschläge für weitere Biotopaufwertungsmaßnahmen, ein Uferstreifenprogramm, die Vorbereitung der Aussetzung und ein künftiges Bibermanagement. Dabei wurden insbesondere die Gewässer Sinn, Schmale Sinn, Jossa und Westernbach genauer betrachtet (Bauer et al. 1998).

**Kunstburgen zur Eingewöhnung** Für die Aussetzung der ersten Biber wurden drei Stellen im Naturschutzgebiet „Westerngrund von Neuengronau und Breunings" ausgewählt. Es wurden Kunstburgen mit einem Grundriss von etwa 1 × 1 × 1 m aus Holzpfählen und Brettern in der Uferböschung errichtet und über einen gegrabenen und ebenfalls mit Brettern ausgekleideten Gang mit dem Fließgewässer verbunden. Beide Bauten wurden anschießend mit Erde und Reisig überdeckt. Der Durchgangsbereich zwischen Burg und Ein-/Ausstiegsröhre wurde außerdem zunächst durch Espenrundhölzer verschlossen.

Dadurch konnten die Tiere nicht sofort aus der Burg flüchten, sondern sie bekamen die Möglichkeit, die Espenhölzer selbstständig zu durchnagen und die Kunstburg somit in Ruhe zu verlassen. Dies sollte die Eingewöhnung der Tiere in den neuen Lebensraum insgesamt erleichtern. Um sicherzustellen, dass der Eingang der Röhren unter Wasser liegt, wurde weiterhin ein kleiner Damm aus Geschiebe und Zweigmaterial im Gewässer errichtet.

Am 13. Oktober des Jahres 1987 wurden dann erstmals drei Biberpaare im Gebiet ausgesetzt. Bei den Tieren handelte es sich um Elbebiber aus der DDR. Zur Kennzeichnung bekamen sie vorab eine Ohrmarke und eine Tätowierung am Hinterfuß.

Im Oktober 1988 folgte eine zweite Aussetzungsaktion mit erneut drei Biberpaaren und dieses Mal auch Jungtieren. Insgesamt wurden somit weitere zwölf Tiere im Gebiet ausgewildert (Bauer et al. 1998).

**Zurückhaltende Öffentlichkeitsarbeit** Da eine Wiedereinbürgerung vor allem in der Anfangsphase oft als kritisch erachtet wird und es sich bei der Wiederansiedlung des Bibers im hessischen Spessart um einen ersten Versuch handelte, wurden Maßnahmen und Tätigkeiten im Rahmen der Öffentlichkeitsarbeit zunächst etwas zurückhaltend und nur regional beschränkt durchgeführt. Sowohl Landratsämter (Untere Naturschutz- und Jagdbehörden), staatliche Forstämter und private Forstverwaltungen, Jagd- und Fischereipächter, Polizei, Straßenbauämter und Straßenmeistereien, der Kreisbauernverband, anerkannte Naturschutzverbände auf Kreisebene als auch die regionale Bevölkerung auf hessischer und angrenzender bayrischer Seite wurden über das Projekt informiert.

Zum einen informierten Merkblätter über Ziele des Wiedereinbürgerungsprojektes, Merkmale und Lebensweise des Bibers und möglicherweise erforderliche Schutzmaßnahmen. Zum anderen leisteten Biberbetreuer, die Spaziergänger und Interessierte im Gelände über die Tierart und das Wiederansiedlungsprojekt informierten, einen entscheidenden Beitrag zur Öffentlichkeitsarbeit und Akzeptanzförderung (Bauer et al. 1998).

**Aufbau eines Biberbetreuernetzes** Seit 1992 hatte ein Wissenschaftler der Martin-Luther-Universität Halle-Wittenberg die Projektbetreuung für die Biberwiedereinbürgerung in Hessen übernommen. Neben der regelmäßigen Besichtigung des Projektgebietes, der Nachkartierung von Bibervorkommen und der Unterstützung des örtlichen Managements zählte auch das Beisein bei Behördenterminen oder Informationsveranstaltungen mit zu seinen Aufgaben.

Bereits wenige Jahre nach der Aussetzung der Gründertiere war dabei ein positiver Entwicklungstrend des Wiederansiedlungsversuches abzuschätzen. Aufgrund der weiteren stetigen Vermehrung und Ausbreitung der Biberpopulation im Gebiet wurde im Jahr 1993 schließlich ein zusätzliches Biberbetreuernetz aus haupt- und ehrenamtlichen Helfern aufgebaut (Bauer et al. 1998).

Durch Fachgespräche, Vorträge und jährliche Schulungen wurden die Mitglieder des Betreuernetzes, darunter Jäger, Förster, Angler, Mitglieder von Naturschutzverbänden und interessierte Bürger, auf ihre Aufgaben vorbereitet. Dazu gehörten die Beobachtung des Biberbestandes im Jahresverlauf, die Erfassung von Dämmen, Burgen, Röhren und neuen Revieren, die Bergung von Bibertotfunden, Gespräche mit Landwirten und der Bevölkerung und die Mitgestaltung von Exkursionen. Das Biberbetreuernetz ermöglichte insgesamt eine systematische Überwachung der Entwicklung und räumlichen Ausbreitung der Population sowie eine umfassende Sammlung und Auswertung der entsprechenden Daten (Loos 1998).

**So entwickelte sich die Population**  Zehn Jahre nach Aussetzung der Gründertiere waren bereits die Landkreise Main-Kinzig (Hessen), Main-Spessart (Bayern) und Bad Kissingen (Bayern) von der Wiederbesiedlung durch den Biber betroffen. So konnten bis 1996 Bibervorkommen an den Gewässern Sinn, Schmale Sinn, Jossa, Western-/Gronaubach, Aura und Fränkische Saale sowie erste Jungtiere an der Kinzig erfasst werden. Die Bestandsentwicklung des Bibers, gemessen sowohl an der Anzahl der Tiere als auch an der Anzahl der besetzten Reviere, zeigte im Zeitraum der Aussetzung bis zum Jahr 1996 einen kontinuierlichen Anstieg.

Ausbreitungsdynamik und Reproduktionsrate ließen sich weiterhin als hoch beschreiben. So konnten jedes Jahr neue vom Biber besiedelte Gewässer und neue Reviere verzeichnet werden (Loos 1998).

Eine Hochrechnung ergab für das Jahr 1996 ein Biberbestand von etwa 118 Tieren. Die Biber hatten sich dabei ausgehend vom Aussetzungsgebiet am Westernbach weiter über die Sinn bis nach Bad Brückenau sowie in südliche Richtung bis zur Mündung bei Gemünden und von dort in die Fränkische Saale ausgebreitet. Von der Sinn aus waren anschließend Tiere in die Vorflutsysteme von Schmaler Sinn, Jossa und Aura eingewandert.

Zudem gelang es einzelnen Tieren, nach und nach die Wasserscheide zwischen Mottgers und Sterbfritz zu überqueren und somit eine erste Population an der Kinzig zu gründen. Im Verlauf der ersten zehn Jahre nach der Wiederansiedlung hat sich der Verbreitungsschwerpunkt von den kleinen Fließgewässern in die weiträumigeren Gewässersysteme von Jossa und Sinn verschoben.

**Kontinuierliche Zunahme des Bestands**  Während die Gründerpopulation am Westernbach aufgrund der weitgehenden Erschöpfung von Nahrungsressourcen nach etwa zehn Jahren bereits das Maximum ihrer Ausbreitung erreicht hatte und Reproduktionsrate und Bestandszahlen dort anschließend wieder sanken, konnte für das gesamte Besiedlungsgebiet von Beginn an und weiterhin eine kontinuierliche Zunahme des Bestandes verzeichnet werden. Die breite Talaue der Sinn, die sich durch eine gute Habitatausstattung und einen großen Weichholzanteil auszeichnete, hatte sich dabei zum „Zentrum" der Biberausbreitung herausgebildet.

So wurden zehn Jahre nach der Biberaussetzung 60 % der Gesamtpopulation an der Sinn nachgewiesen. Des Weiteren war zu diesem Zeitpunkt bereits abzusehen, dass der Biber sich mit großer Wahrscheinlichkeit an der Kinzig noch stärker ausbreiten und auch in das Gewässersystem der Fulda übersiedeln wird, weshalb man hier bewusst auf Aussetzungen von Tieren verzichtete (Heidecke & Langer 1998).

**Gute Habitatqualitäten im Spessart**  Über die Auswertung der zehnjährigen Untersuchungsergebnisse ließ sich für die Spessartpopulation ein hohes jährliches Bestandswachstum von 25 % ermitteln. Auch die Zuwachsrate konnte als sehr gut bewertet werden. So unterschied sie sich nur um 9 % von der Zuwachsrate der Biberpopulation an der Peene in Mecklenburg-Vorpommern, die eine für den Biber ideale Biotopausstattung aufwies. Die Population im Spessart galt daher bereits nach zehn Jahren seit der Aussetzung als längerfristig überlebensfähig, auf weitere Aussetzungen wurde verzichtet. Ein weiterer Hinweis darauf, dass die Gewässer im Spessart gute Habitatqualitäten und nur geringe anthropogene Störungen aufwiesen, war die geringe für das Gebiet festgestellte Mortalitätsrate.

**Insgesamt ein großer Erfolg**  Das Wiederansiedlungsprojekt im hessischen Spessart wurde aber nicht nur im Hinblick auf die gelungene Ansiedlung und Ausbreitung der Tiere, sondern auch in Bezug auf andere Aspekte als sehr erfolgreich eingestuft. So wurden das eingerichtete Betreuernetz, das eine durchgehende und länderübergreifende Bestandsüberwachung ermöglichte, die wissenschaftliche Begleitung und das Aufgreifen des Projektes als Startpunkt für ein später ansetzendes ganzheitliches Auenrenaturierungsprogramm ebenfalls als vorbildlich beurteilt (Heidecke & Langer 1998).

### 3.2.2 Wiederansiedlung des Bibers im Emsland in Niedersachsen

Im Emsland in Niedersachsen wurde im Herbst 1990 im Rahmen eines Forschungsprojektes der Universität Osnabrück zur Ressourcennutzung eines semiaquatischen Säugetieres und in Abstimmung mit den für Gewässerunterhaltung und Naturschutz zuständigen Stellen des Niedersächsischen Landesbetriebs für Wasserwirtschaft, Küsten- und Naturschutz (NLWKN) eine Wiederansiedlung von acht Elbebibern (*Castor fiber albicus* MATSCHIE 1907) an der Hase zwischen den Städten Meppen und Haselünne vorgenommen. Die Tiere stammten aus dem Raum Lutherstadt Wittenberg an der Elbe sowie von der Schwarzen Elster im Raum Herzberg (Elster).

**Auswilderung zusammengehöriger Gruppen** Um zu verhindern, dass Einzeltiere flüchten und sich die ausgesetzten Biber dadurch trennen, wurden bereits zusammengehörige kleine Gruppen für die Auswilderung gewählt. So wurde zum einen eine Familie, bestehend aus den Elterntieren und vier Jungtieren im Alter von etwa einem halben Jahr, und zum anderen ein Paar zweier subadulter Tiere umgesiedelt. Sie wurden am Ort der Aussetzung in zwei Kunstbaue gesetzt, die die Mitarbeiter des NLWKN zur Verfügung stellten.

Zur Kennzeichnung und Wiedererkennung der Tiere wurden sie zuvor am Fuß tätowiert und mit einem unter die Haut injizierten Transponder ausgestattet. Die beiden adulten und subadulten Biber wurden zusätzlich besendert. Für Anwohner, Landwirte und Jäger hatte man im Vorhinein eine Informationsveranstaltung eingerichtet, um sie frühzeitig über das Wiederansiedlungsprojekt und mögliche Konflikte in Kenntnis zu setzen. Die wissenschaftliche Betreuung der Umsiedlungsaktion wurde im Rahmen des Forschungsprojektes bis 2004 von einer Arbeitsgruppe der Universität Osnabrück übernommen (Klenner-Fringes & Ramme 2014).

**Unterschiedliche Kriterien für das Aussetzungsgebiet** Das Gebiet der Aussetzung sollte sowohl für die ökologischen Ansprüche des Bibers als auch für eine gute Durchführbarkeit der Untersuchungen im Rahmen des Forschungsprojektes geeignet sein. So sollte das Gewässer eine gewisse Größe und Wassertiefe aufweisen, sodass zunächst keine Dämme vom Biber angelegt werden müssen und Konflikte mit Landwirten durch Überschwemmungen/Vernässungen vorerst vermieden werden konnten. Aus selbigem Grund sollten sich im Umfeld des Gebietes generell möglichst wenige landwirtschaftlich genutzte Flächen befinden.

Weiterhin wurde auf ein ausreichendes Nahrungsangebot für den Biber im Uferbereich geachtet, um ein sofortiges Abwandern der Tiere aus Gründen des Nahrungsmangels zu verhindern. Gleichzeitig sollte im Falle einer erfolgreichen Etablierung und Zunahme der Individuenzahl aber auch ein Abwandern der subadulten Tiere in angrenzende, ebenfalls geeignete und konfliktarme Gewässerabschnitte möglich sein.

Unter Beachtung dieser und einiger weiterer Kriterien hatte man sich schließlich für das Gebiet an der Hase zwischen Haselünnen und Meppen entschieden (Klenner-Fringes & Ramme 2014).

**Biofakte kennzeichnen die Reviere** Im Anschluss an die Aussetzung wurden im Rahmen eines Monitorings regelmäßig Kontrollgänge zur Erfassung der Ausbreitungsentwicklung der Biber im nun besiedelten Gebiet durchgeführt. Entsprechend der zunehmenden Populationsgröße und räumlichen Ausbreitung der Tiere wurde das Gebiet dabei stetig ausgeweitet und umfasste mit der Zeit neben der Hase auch Abschnitte der Ems sowie zahlreiche Zu-, Nebenflüsse und Altarme der beiden Fließgewässer.

Der Nachweis und die Abgrenzung einzelner Biberreviere erfolgten durch die Erfassung von Biofakten. So lassen insbesondere Markierungshügel, Fällplätze und Baue der Biber auf einen längeren Aufenthalt der Tiere im jeweiligen Gebiet schließen (Klenner-Fringes & Ramme 2014).

**So entwickelte sich die Population** Nach Aussetzung der acht Elbebiber in zwei im Gebiet aufgestellte Kunstbaue am 12. Oktober 1990 konnten sich die Tiere im neuen Lebensraum rasch etablieren. Sowohl das adulte Paar mit den vier Jungen als auch das subadulte Paar gründete jeweils ein Revier entlang des Gewässers und bereits im nächsten Jahr gab es in beiden Revieren den ersten Nachwuchs. Zwei Jahre nach der Auswilderung konnten zudem neue Reviere der vier mittlerweile subadulten Biber, die 1990 zusammen mit den Eltern ausgesetzt worden waren, entdeckt werden.

Die Reviere der beiden ehemaligen Elternpaare zeigten jeweils eine weitere Ausdehnung in entgegengesetzte Richtung, also flussabwärts und flussaufwärts der Hase. In den folgenden Jahren konnten Spuren des Bibers an einer stetig zunehmenden Gewässerstrecke erfasst werden. Bereits vier Jahre nach der Aussetzung entdeckte man Biofakte von Bibern entlang des gesamten Abschnitts der Hase von Flusskilometer 27 bis kurz vor die Mündung in die Ems. Im Jahr 1995 gründeten Biber das erste Revier an einem Zufluss der Hase.

Etwa zehn Jahre nach der Wiederansiedlung konnten im Untersuchungsbereich zwischen Haselünne und Meppen insgesamt 15 Biberreviere an der Hase gezählt werden (s. Abb. 3-3). Außerdem gab es vermehrt Hinweise auf die Anwesenheit von Bibern an Nebengewässern des Flusses sowie an Hauptstrom und Altarmen der Ems. Drei erste feste Ansiedlungen von Bibern am Hauptstrom der Ems wurden 2002 nachgewiesen.

Im folgenden Jahr besiedelten außerdem erste Biber das Speicherbecken Geeste innerhalb eines Naturschutzgebietes und ein Ausgleichsbecken im Stadtbereich Haselünnes. Nach weiterer Zunahme der Revierzahlen an Hase und Ems in

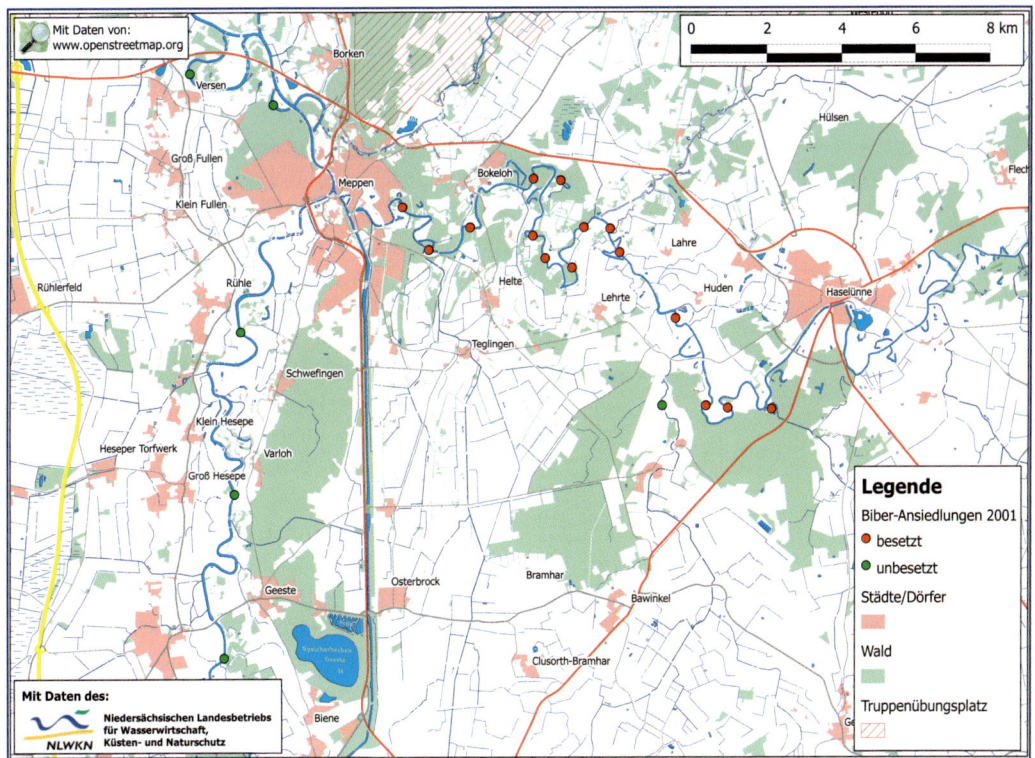

Abb. 3-3 Lage der 15 besetzten Biberreviere an der Hase zwischen Meppen und Haselünne und weiterer unbesetzter Reviere an Nebengewässern und Ems im Jahr 2001 (Klenner-Fringes & Ramme 2014: 270).

den folgenden Jahren konnte 2009 schließlich eine nahezu durchgängige Besiedlung der Hase auf einer Länge von 27 km nachgewiesen werden. Die Zahl der Reviere lag in diesem Gewässerabschnitt bei inzwischen 20 Familienrevieren und einem Einzelrevier.

Außerdem fand man drei neue Reviere oberhalb des erwähnten Abschnitts sowie sieben neue Reviere in Nebengewässern der Hase. An der Ems konnten zu dieser Zeit 14 Reviere auf etwa 50 km Streckenlänge an Hauptstrom und Altarmen erfasst werden, zudem drei Ansiedlungen in Nebengewässern (Klenner-Fringes & Ramme 2014).

**Unterschiedliche Besiedlungsdichten** Im Sommer 2013, also mehr als 20 Jahre nach Aussetzung der Gründertiere, wies die Hase an Hauptstrom, Altarmen und Nebengewässern insgesamt 27 Biberreviere auf. Flächenmäßig hatte sich die Besiedlung am Hauptstrom auf 44 Flusskilometer ausgedehnt. Im Bereich der Ems existierten zu diesem Zeitpunkt insgesamt 25 Reviere an Hauptstrom, Altarmen und Nebengewässern. Die besiedelte Gewässerstrecke am Hauptstrom betrug 90 Flusskilometer.

Dabei zeigte ein Vergleich der Besiedlungsdichten beider Gewässer, dass sich an der Hase pro Flusskilometer etwa doppelt so viele Reviere befanden wie an der Ems. Gründe dafür sind vermutlich ein geringeres Angebot an Nahrungsgehölzen an den Ufern der Ems sowie ein stärkerer Gewässerausbau in einzelnen Abschnitten des Gewässers.

Unter der Berücksichtigung, dass einige der insgesamt 52 Reviere an Hase und Ems nur von Einzeltieren bewohnt wurden, und der Annahme, dass in den Familienrevieren jeweils vier Tiere leben, konnte für das Jahr 2013 eine Populationsgröße von etwa 177 Bibern berechnet werden (Klenner-Fringes & Ramme 2014).

**Lineares versus logistisches Wachstum** Für das gesamte vom Biber besiedelte Gebiet ließ sich mit fortwährender räumlicher Ausweitung auch eine kontinuierliche Zunahme (lineares Wachstum) der Populationsgröße feststellen (s. Abb. 3-4). Im Kern- oder Hauptverbreitungsgebiet des Bibers wurde hingegen ein logistisches Wachstum der Population beobachtet. Dieses zeichnet sich durch einen exponentiellen Anstieg der Populationsgröße zu Beginn und das Erreichen einer Kapazitätsgrenze im weiteren Verlauf aus.

So wurde die Kapazitätsgrenze im Kerngebiet wahrscheinlich bereits im Jahr 2013 erreicht, denn ab diesem Zeitpunkt konnte hier kein weiterer Anstieg der Populationsgröße mehr erfasst werden. Auch die ständige Vergrößerung des bereits besiedelten Gebietes und ein zunehmendes Ausweichen der Tiere auf Nebengewässer deuteten darauf hin (Klenner-Fringes & Ramme 2014).

Mit Blick auf die Bestandsentwicklung von ursprünglich acht Tieren im Jahr 1990 auf etwa 173 bis 177 Tiere in 62 Revieren im Jahr 2017 kann das Wiederansiedlungsprojekt im Emsland insgesamt als Erfolg angesehen werden (Klenner-Fringes & Ramme 2017). Neben der raschen Etablierung der Biber im Aussetzungsgebiet und der Übersiedlung auf viele weitere Gewässer sind auch die fürsorgliche Auswahl des Wiederansiedlungsgebietes und die gute Zusammenarbeit und wissenschaftliche Betreuung durch die Arbeitsgruppe der Universität Osnabrück und das NLWKN als wichtige Voraussetzungen für den Projekterfolg positiv zu bewerten.

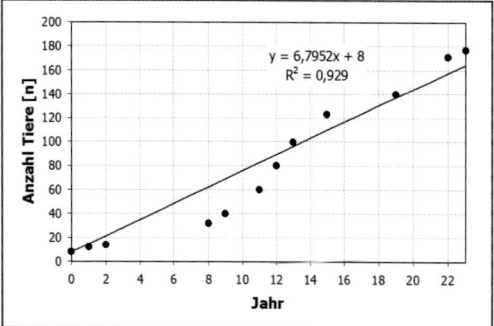

**Abb. 3-4** Entwicklung der Biberpopulation in Bezug auf das Gesamtgebiet von der Aussetzung bis zum Jahr 2013 (Klenner-Fringes & Ramme 2014: 273).

## 3.3 Voraussetzungen und Methoden

Prinzipiell lässt sich bei der Wiederansiedlung des Bibers an bislang unbewohnten Gewässern zwischen der natürlichen (selbstständigen) Zuwanderung und der aktiven Auswilderung des Tieres durch den Menschen unterscheiden. Beide Methoden sollen hier kurz erläutert werden.

### 3.3.1 Natürliche Einwanderung/ Zuwanderung

Unter der natürlichen Einwanderung des Bibers versteht man die selbstständige Ausbreitung der Art durch Wanderungen. Wie auch die Aussetzung durch den Menschen führt sie zu einer Neu- oder vielmehr Wiederbesiedlung derzeit ungenutzter Gebiete. Dies hängt mit der Lebensweise des Bibers zusammen.

So verlassen die Jungtiere mit Erreichen der Geschlechtsreife im Alter von meist zwei Jahren den elterlichen Bau und machen sich auf die Suche nach einem eigenen neuen Revier. Dabei legen sie zum Teil weite Strecken von mehreren Dutzenden Kilometern am Gewässer und seltener auch über Land zurück. Mit zunehmender Populationsgröße können somit nach und nach ganze Gewässersysteme von Bibern besiedelt werden (Schwab 2014b, Venske 2003).

**Lebensraum bestimmt die Geschwindigkeit**

Die Ausbreitungsgeschwindigkeit hängt dabei von den jeweiligen örtlichen Gegebenheiten, das heißt von der Eignung der durchwanderten Gebiete als Lebensraum für den Biber, ab. Liegen ungeeignete Lebensraumbedingungen oder Wanderhindernisse wie etwa Staustufen oder Siedlungen vor, kann sich die Ausbreitung verlangsamen (Venske 2003). Zahner (1997b) konnte an Fließgewässern in Bayern eine durchschnittliche Ausbreitungsgeschwindigkeit des Bibers von 4 km pro Jahr mit einer Standardabweichung von ± 2,3 km feststellen.

Sind also Vorkommen des Bibers in Nachbarregionen bekannt, ist eine natürliche Zuwanderung gut möglich und stellt eine mit weniger Aufwand verbundene Alternative zu der aktiven Umsiedlung von Tieren dar. Diese Methode der Wiederansiedlung wurde beispielsweise in Rheinland-Pfalz bewusst gewählt. Hier rechnet man in den nächsten Jahren mit einer natürlichen Einwanderung von Bibern aus Beständen angrenzender Regionen (Venske 2003).

Voraussetzung für eine erfolgreiche natürliche Zuwanderung ist dabei die Reduzierung/ Beseitigung von Gefährdungsfaktoren und Wanderhindernissen. Dazu zählen beispielsweise Straßen und andere Verkehrswege, unüberwindbare Wehre, nah an die Gewässer heranreichende Siedlungen oder die Entwertung von Biberlebensräumen durch die Rodung von Ufergehölzen, die Umwandlung von Auen etc. (Hessisches Landesamt für Naturschutz, Umwelt und Geologie 2017).

Subadulte Biber verlassen nach meist zwei Jahren den Familienverband und begeben sich auf Wanderung, um neue Siedlungsräume ausfindig zu machen und eigene Reviere zu gründen. Die teilweise weiten Strecken werden größtenteils über Wasser zurückgelegt.

### 3.3.2 Aussetzung durch den Menschen

Ellenberg (1980: 44) definiert die Aussetzung von Tieren als ein absichtliches Verfrachten mit dem Ziel, die Tiere an einem „neuen Ort einen neuen Bestand bilden zu lassen". Ist die Aussetzung erfolgreich und es kommt tatsächlich zu der Gründung eines neuen und fortpflanzungsfähigen Bestandes, so spricht man von „Einbürgerung".

Noch differenzierter betrachtet handelt es sich bei der Einbürgerung des Bibers in Deutschland um eine „Wiedereinbürgerung", da die Art hier vor nicht allzu langer Zeit noch weit verbreitet war, aus bestimmten Gründen, in dem Fall durch die Nachstellung durch den Menschen, jedoch ausgestorben ist (Ellenberg 1980).

**Voraussetzungen für den Erfolg** Weiterhin nennt Ellenberg (1980) einige Voraussetzungen und Vorbereitungen, die für eine erfolgreiche Aussetzung der Tiere zu beachten bzw. durchzuführen sind. Dazu zählen eine vorausgehende Analyse der ökologischen Ansprüche der Art sowie der entsprechenden Gegebenheiten im jeweiligen Aussetzungsgebiet und das Bedenken bzw. die vorausschauende Regelung von Konflikten oder Schäden, die potenziell auftreten können. Außerdem sollten Aussetzungen auf räumlich begrenztem Gebiet und zu einem populationsökologisch geeigneten Zeitpunkt erfolgen, sodass die Paarung und eine rasche Vermehrung der Tiere begünstigt werden.

Auch die Aufklärung der Bevölkerung, insbesondere der an das Ansiedlungsgebiet angrenzenden Bewohner, etwa durch Öffentlichkeitsarbeit, ist eine wichtige Voraussetzung zum Schutz der Tiere und zur Akzeptanzförderung. Die Tiere sollten des Weiteren an ein Leben in freier Natur gewöhnt sein und aus einem möglichst ähnlichen Lebensraum stammen.

Der Fang, der Transport und die Auswilderung im neuen Gebiet bedürfen einer sorgfältigen Planung und der Ausführung durch Experten. Ferner sollte an die Aussetzung der Tiere ein Monitoring anschließen, um die Populationsentwicklung verfolgen zu können. Hilfreich ist auch das Erstellen eines Populationsmodells im Vorhinein, um Entwicklungen besser abschätzen/vorhersagen zu können. Zuletzt ist eine Wiedereinbürgerung natürlich nur sinnvoll, wenn die Ursachen für die einstige Gefährdung und

Da der Biber vornehmlich im Herbst Bäume benagt und fällt, lässt er sich zu dieser Jahreszeit besonders gut in einem Gebiet nachweisen.

Ausrottung behoben werden konnten und zukünftig nicht wieder eintreten (Ellenberg 1980).

Zieldefinitionen und vorbereitende Maßnahmen für die Wiedereinbürgerung von Tierarten finden sich außerdem in den IUCN-Richtlinien für Wiedereinbürgerungen (1998), die von der IUCN/SSC Expertengruppe für Wiedereinbürgerungen verfasst wurden.

Auch Sieber (1995) nennt einige Maßnahmen zur Vorbereitung einer erfolgreichen Wiederansiedlung. Außerdem erklärt sie, dass die aktive Umsiedlung von Tieren nur dann Sinn macht, wenn eine selbstständige/natürliche Zuwanderung aus Beständen benachbarter Regionen in absehbarer Zeit ausgeschlossen werden kann.

**Erfahrungen aus dem Raum Wien** Bei der Auswilderung von Bibern in Donau-Auengewässern im Raum Wien in Österreich wurden außerdem folgende Dinge berücksichtigt: Um sofortige Konflikte zwischen Mensch und Biber vorerst zu vermeiden, fanden die ersten Biberaussetzungen auf öffentlichem Land statt. Die Ausbreitung auf Privatland und damit verbunden das mögliche Aufkommen von Konflikten/Schäden werden somit zumindest verzögert, sodass sich der Biber nicht gleich „negativ" bemerkbar macht und er sich in Ruhe eingewöhnen und im Gebiet etablieren kann.

Eine panikartige Flucht oder Trennung der Tiere konnte verhindert werden, indem bereits aneinander gewöhnte Tiere (Paare) jeweils zusammen in einen Kunstbau ausgesetzt wurden. Dies erfolgte am späten Nachmittag, sodass die dämmerungsaktiven Biber den künstlichen Rückzugsort in der Nacht langsam verlassen und die neue Umgebung ungestört erkunden konnten.

Als optimaler Zeitpunkt im Jahr für die Auswilderung erwies sich der Herbst. Den Bibern bleibt dann noch genügend Zeit, einen eigenen winterfesten Bau anzulegen, Nahrungsgebiete ausfindig zu machen und eventuell Vorräte für den Winter zu sammeln.

Bei erfolgreicher Etablierung kann dann bereits im nächsten Frühjahr mit dem ersten Nachwuchs gerechnet werden. Außerdem eignet sich der Herbst am besten, um Besiedlungsmerkmale des Bibers zu erfassen, denn in dieser Jahreszeit fällt der Biber die meisten Bäume. Dadurch können Bibervorkommen leicht nachgewiesen werden und es lässt sich gut beobachten, ob sich die ausgesetzten Tiere im Gebiet weiter ausbreiten (Sieber 1995).

---

**Fazit für die Praxis**

- Nach nahezu vollständiger Ausrottung des Bibers im 19. Jahrhundert ist inzwischen wieder eine starke Zunahme der Art in Bestand und räumlicher Ausbreitung in Mitteleuropa zu verzeichnen. Auch in Deutschland ist der Biber wieder über weite Teile des Landes verbreitet, die größten Bestände weisen derzeit Bayern und die östlichen Bundesländer auf.
- Der Gesamtbestand in Deutschland wird aktuell auf etwa 25 000 bis 30 000 Tiere geschätzt. Die Rückkehr ist auf die Unterschutzstellung der Art und viele Wiedereinbürgerungen zurückzuführen.
- Biber können entweder selbstständig aus bereits besiedelten in neue Gebiete zuwandern oder durch Aussetzungen durch den Menschen wieder neu eingebürgert werden. Bei der Aussetzung von Tieren sind verschiedene Kriterien zu beachten und sie sollte von Fachleuten durchgeführt werden. Zu empfehlen ist die Aussetzung von bereits aneinander gewöhnten Tieren (Paaren, Familien) in künstlich angelegte Baue zur Nachmittagszeit. Durch vermehrte Baumfällungen im Herbst ist der Biber zu dieser Jahreszeit besonders gut nachweisbar.

# 4 Konflikte und Möglichkeiten zu deren Vermeidung

## 4.1 Mensch und Biber

Konflikte zwischen Mensch und Biber ergeben sich hauptsächlich dort, wo Nutzungsansprüche von Mensch und Tier aufeinandertreffen. So reicht die Nutzung der Landschaft durch den Menschen häufig bis unmittelbar an den Gewässerrand. Der Uferbereich ist aber zugleich auch Lebensraum des Bibers und hier sorgt er für mitunter tiefgreifende landschaftliche Veränderungen. Dabei lassen sich die verschiedenen Nutzungen in dem meist nur etwa 10–20 m breiten konfliktträchtigen Bereich entlang des Gewässers für gewöhnlich nur schwer vereinen.

**Probleme durch Eingriffe des Menschen** Die gewässerrenaturierende Leistung des Bibers steht der Gewässerbegradigung und -regulierung durch den Menschen gegenüber (s. Abb. 4-1). So führen Biberansiedlungen in erster Linie an künstlich ausgebauten Gewässern und in suboptimalen Lebensräumen, die der Biber in unserer heutigen Kulturlandschaft nun einmal deutlich häufiger vorfindet als naturnahe Gewässer, zu Konflikten (Angst 2014, Hölling 2010, Pier et al. 2017).

Folglich lässt sich vorab festhalten, dass eigentlich nicht der Biber, sondern vielmehr der Mensch durch seine stark in die Gewässernatur eingreifende Tätigkeit und die intensive Flächennutzung bis unmittelbar an die Gewässerkante als Verursacher der Konflikte bezeichnet werden kann (Meßlinger 2015, Albrecht 2016).

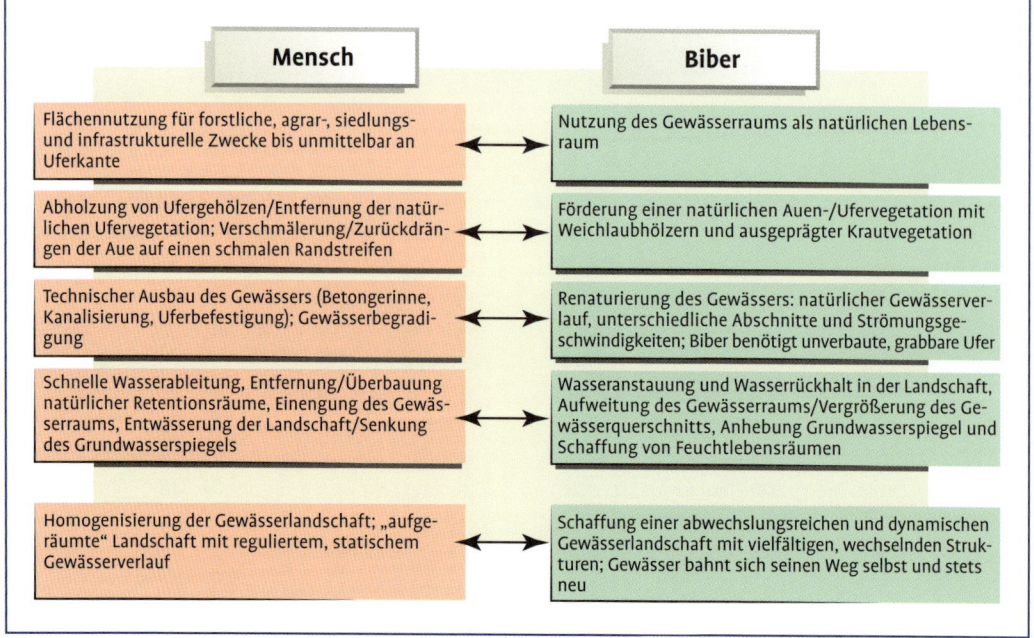

Abb. 4-1 Konflikte aufgrund unterschiedlicher Nutzungsansprüche von Mensch und Biber an den Gewässerraum.

Von großflächigen biberbedingten Überschwemmungen sind häufig auch gewässernahe Kultur- und Nutzflächen betroffen – sehr zum Ärger der Landwirte, für die sich somit erschwerte Bewirtschaftungsbedingungen ergeben.

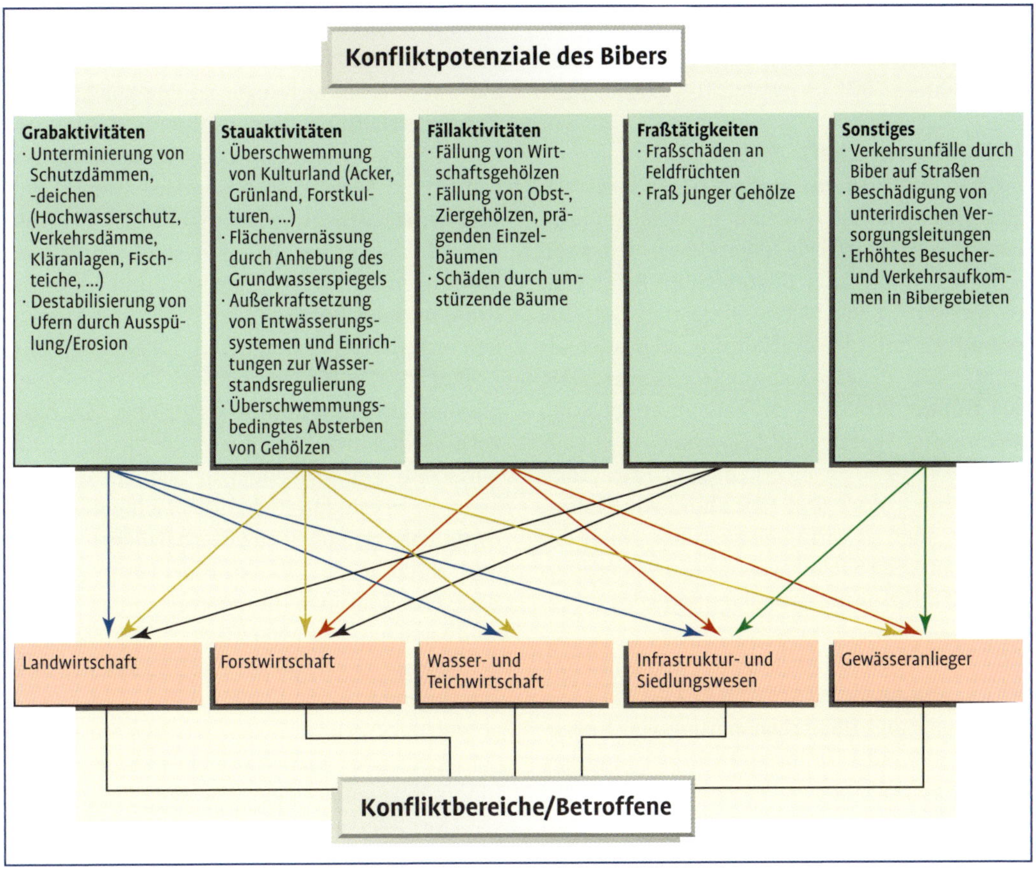

## Konfliktpotenziale des Bibers

**Grabaktivitäten**
· Unterminierung von Schutzdämmen, -deichen (Hochwasserschutz, Verkehrsdämme, Kläranlagen, Fischteiche, …)
· Destabilisierung von Ufern durch Ausspülung/Erosion

**Stauaktivitäten**
· Überschwemmung von Kulturland (Acker, Grünland, Forstkulturen, …)
· Flächenvernässung durch Anhebung des Grundwasserspiegels
· Außerkraftsetzung von Entwässerungssystemen und Einrichtungen zur Wasserstandsregulierung
· Überschwemmungsbedingtes Absterben von Gehölzen

**Fällaktivitäten**
· Fällung von Wirtschaftsgehölzen
· Fällung von Obst-, Ziergehölzen, prägenden Einzelbäumen
· Schäden durch umstürzende Bäume

**Fraßtätigkeiten**
· Fraßschäden an Feldfrüchten
· Fraß junger Gehölze

**Sonstiges**
· Verkehrsunfälle durch Biber auf Straßen
· Beschädigung von unterirdischen Versorgungsleitungen
· Erhöhtes Besucher- und Verkehrsaufkommen in Bibergebieten

### Konfliktbereiche/Betroffene

Landwirtschaft | Forstwirtschaft | Wasser- und Teichwirtschaft | Infrastruktur- und Siedlungswesen | Gewässeranlieger

**Abb. 4-2** Konfliktpotenziale des Bibers und betroffene Bereiche.

# 80 Konflikte und Möglichkeiten zu deren Vermeidung

© Wolfram Otto

Neben Wildpflanzen als Nahrungsquelle bedienen sich Biber durchaus auch an den Feldfrüchten gewässerangrenzender Felder.

Die meisten Probleme ergeben sich dabei im Bereich der Land-, Forst-, Wasser- und Teichwirtschaft, im Siedlungs- und Infrastrukturwesen sowie zwischen Biber und Gewässeranliegern (Schulte 2005, Schwab 2014; s. Abb. 4-2).

## 4.1.1 Landwirtschaft

**Fraß von Feldfrüchten** Befinden sich landwirtschaftlich genutzte Flächen in unmittelbarer Nähe zu vom Biber besiedelten Gewässern, kann es passieren, dass der Biber sich an Feldfrüchten wie Mais, Zuckerrüben, Raps und Getreide bedient. Er nutzt sie als Nahrung oder auch als Baumaterial für seine Dämme (Meßlinger 2015, Parz-Gollner 2008). Auch Fraßspuren an Kohl, Möhren und Sellerie sind bekannt.

Insgesamt sind die biberbedingten Ertragseinbußen durch Fraß und Entnahme von Kulturfrüchten aber als gering einzustufen. Nutzt der Biber eine Ackerfläche regelmäßig, ist allerdings auch mit vermehrten Grabaktivitäten des Bibers im angrenzenden Uferbereich zu rechnen, was wiederum zu Destabilisierungen der genutzten Flächen führen kann (Schwab 2014b).

**Vernässung und Überschwemmung von Kulturland** Legen Biber in ihrem Revier Dämme an, wird eine große Menge Wasser angestaut und es kommt zur Überschwemmung angrenzender Flächen. Häufig setzt der Biber auf diese Weise oder lediglich durch die Verstopfung von Gewässerengstellen wie Rohrdurchlässen ganze Drainage- und Entwässerungssysteme außer Kraft. Die überfluteten Flächen können folglich nicht mehr landwirtschaftlich genutzt werden.

Gelegentlich kommt es zur Überstauung von Zufahrtswegen, sodass selbst nicht von Überflutung betroffene Nutzflächen nicht mehr oder nur noch schwer erreicht werden können. Auch Staunässen infolge der dammbedingten Anhebung des Grundwasserspiegels können zu Ertragsreduzierungen oder einer erschwerten Bewirtschaftung der Ackerflächen führen.

Mit Grundwasseranhebungen ist dabei auch in größeren Entfernungen zum Gewässer noch zu rechnen. Erosionen im Uferbereich infolge der Überspülung und Durchnässung sind eine weitere Folge des Dammbaus (Herr et al. 2018, Schwab 2014b, Zahner et al. 2009).

**Vernässung ist das größte Problem** Biberpfade (Biberwechsel) an Land, die sich durch eine regelmäßige Nutzung zu Gräben eintiefen, oder aktiv vom Biber angelegte Kanäle zur Erschließung von Nahrungsflächen können ebenfalls für eine Überschwemmung oder Vernässung von Kulturland sorgen. Insbesondere wenn Biber landwirtschaftliche Äcker regelmäßig als Nahrungsfläche nutzen, können solche Kanalverbindungen sehr ausgeprägt sein und somit die Ernte und das Befahren der Felder mit Maschinen erschweren (Zahner et al. 2009).

Pier et al. (2017) schätzen die Flächenvernässung und -überflutung als größtes vom Biber verursachtes Schadenspotenzial für die Landwirtschaft ein. Vor allem in flachem Gelände kann die Vernässung sehr großflächig ausfallen.

**Untergrabung von landwirtschaftlichen Wegen und Nutzflächen** Wenn Biber unterirdische Baue und Röhren in Uferböschungen im Bereich landwirtschaftlicher Nutzflächen oder Wege graben, die an das biberbesiedelte Gewässer angrenzen, können Untergründe instabil werden und abbrechen. Auch landwirtschaftliche Maschinen, Schlepper oder auch Weidetiere können in die Bibergänge einbrechen. Die Folge sind Sachschäden oder auch Verletzungen (Bayerisches Landesamt für Umweltschutz 1997, Herr et al. 2018). Weiterhin stellen regelmäßig vom Biber genutzte Ein- und Ausstiegsstellen am Gewässer sowie von ihm angelegte Gräben und Kanäle Angriffspunkte für Erosionen und Ausspülungen im Uferbereich dar (Zahner et al. 2009).

## 4.1.2 Wasser- und Teichwirtschaft

**Untergrabung von Deichen und Dämmen** Große Probleme bereitet der Biber der Wasserwirtschaft dort, wo er Dämme und Deiche untergräbt. Durch das Eindringen von Wasser in Biberröhren werden die Schutzbauten unterspült, verlieren an Stabilität und können schlimmstenfalls brechen. Somit können hohe wirtschaftliche Schäden entstehen und die öffentliche Sicherheit kann beeinträchtigt werden. Insbesondere die Unterminierung von Hochwasserdämmen oder -deichen ohne Deichvorland kann zu erheblichen Überschwemmungen angrenzender Siedlungs- oder Landwirtschaftsflächen führen (Bayerisches Landesamt für Umweltschutz 1997, Deutscher Verband für Wasserwirtschaft und Kulturbau e. V. 1997, Zahner et al. 2009).

**Entwertung von Drainage- und Entwässerungssystemen** Neben Flüssen und Bächen besiedeln Biber durchaus auch künstliche Gewässer wie Kanäle, Entwässerungs- und Drainagegräben (Parz-Gollner 2008). Legen die Tiere hier Dämme an, kommt es zum Wasserrückstau und die Funktion der Wasserableitung aus der Landschaft wird behindert. Gleiche Probleme verursachen die Verstopfung von Rohrdurchlässen/Abflussröhren sowie ins Wasser gefallene Gehölze, die vom Biber gefällt wurden. Statt entwässert werden umliegende Nutzflächen somit vernässt.

Infolge staubedingter Überschwemmungen kommt es außerdem zu verstärkten Erosionen und Einträgen von Erdmaterial in das Gewässer. Dies erhöht den Aufwand der Gewässerunterhaltung, eingeschwemmtes Erdreich muss ausgebaggert und beschädigte Grabenbefestigungen müssen erneuert werden (Bayerisches Landesamt für Umweltschutz 1997, Schulte 2005, Zahner et al. 2009).

**Gefährdung von Teichanlagen, Kläranlagen und aufgesattelten Fließgewässern** Ebenso wie Hochwasserdämme sind auch die Dämme von Fischteichen, Kläranlagen oder aufgesattelten Kanälen wie Mühlzuläufe oder Triebwerkskanäle durch Grabaktivitäten des Bibers gefährdet. Biberröhren vermindern die Standfestigkeit der Dämme und können zum Bruch führen, sodass umliegendes Gelände überschwemmt wird und Klärbecken und Fischteiche auslaufen (Bayerisches Landesamt für Umweltschutz 1997, Schwab 2014b).

Auch ohne einen Dammbruch sind Wasserverluste allein durch die Durchgrabung der Dämme möglich. Umgekehrt können Stauaktivitäten des Bibers Schäden in Kläranlagen durch die Beeinträchtigung/Verhinderung des Wasserabflusses verursachen.

In der Teichwirtschaft und Fischzucht kommt es außerdem zu Problemen, wenn Biber Abflüsse oder Mönche, die der Wasserstandsregulierung dienen, verstopfen. Weiterhin können biberbedingte Wasserverluste in Fischteichen einen Sauerstoffmangel und damit einhergehend ein Sterben der Fische verursachen (Herr et al. 2018, Zahner et al. 2009). Biberaktivitäten an Winterungsteichen stören die Winterruhe von

Vom Biber regelmäßig genutzte Pfade und Gewässerein-/-ausstiege (Biberrutschen) können sich zu kleinen Gräben und Kanalsystemen ausdehnen, was die Nutzung angrenzender Flächen beeinträchtigen kann und Angriffspunkte für Ausspülungen im Uferbereich schafft.

Fischen und führen dadurch mitunter ebenfalls zu Fischverlusten (Schwab 2014b).

### 4.1.3 Forstwirtschaft

**Verbiss und Fällung von Wirtschaftsgehölzen** Befinden sich Forstkulturen in unmittelbarer Nähe zu einem biberbesiedelten Gewässer, ist es wahrscheinlich, dass Biber Bäume fällen und wirtschaftlich wertvolle Gehölze benagen. Vor allem wenn sie Neupflanzungen auf teilweise großen Flächen fällen, bereitet das den Forstwirten Probleme (Teubner & Teubner 2008, Schwab 2014b). Auch in Energiewäldern (Kurzumtriebsplantagen) kann es zu Verbissschäden kommen (Parz-Gollner 2008).

Müssen gefällte Gehölze aus Gewässern oder von landwirtschaftlichen Nutzflächen geräumt werden, um Anstauungen und Beeinträchtigungen an Triebwerken zu vermeiden, verursacht das Arbeitsaufwand und Kosten. Das gilt auch, wenn bisher nur angenagte Bäume aus Gründen der Sicherheit entfernt werden müssen.

Das Fällen ufernaher Bäume kann außerdem dazu führen, dass Gewässer stärker besonnt werden, was sich vor allem auf kleinere Gewässer negativ auswirken kann (Schwab 2014b, Zahner et al. 2009). Schulte (2005) zählt die Beschädigung von Forstgehölzen mit zu den häufigsten Konflikten, die der Biber in unserer Kulturlandschaft verursacht.

**Vernässung und Überschwemmung von forstwirtschaftlichen Flächen** Neben direkter Fällung und Benagung führt auch die Vernässung forstwirtschaftlicher Flächen durch dammbedingte Überflutungen oder Grundwasseranhebungen zum Absterben von Gehölzen, die gegenüber Wasserstandsschwankungen oder Staunässe empfindlich sind. Dazu zählen beispielsweise Fichten. Vernässungen können außerdem die Bewirtschaftung und das Befahren der Flächen mit Erntemaschinen erschweren und zu forstwirtschaftlichen Nutzungsausfällen führen (Herr et al. 2018, Zahner et al. 2009).

### 4.1.4 Infrastruktur- und Siedlungswesen

**Untergrabung von Verkehrsdämmen**
Ebenso wie an Hochwasserdämmen und Dämmen von Kläranlagen, Fischteichen etc. kann der Biber auch an gewässernahen Verkehrsdämmen für eine Untergrabung sorgen und somit die öffentliche Sicherheit beeinträchtigen. Insbesondere Verkehrswege, die sich nah an der Oberkante steiler Uferböschungen befinden, sind durch Einbruch gefährdet, denn solche Ufer nutzt der Biber besonders gerne zur Grabung unterirdischer Röhren und Baue.

Vom Biber gefällter und vollständig entrindeter Baum innerhalb einer überschwemmten Forstfläche.

Abgestorbene Fichten entlang eines Bachlaufs, die die ehemalige Überschwemmung der Fläche durch biberbedingte Stauaktivitäten nicht vertragen haben.

Neben Straßen, Rad- und Fußgängerwegen können auch Gleisanlagen von derartiger Gefährdung betroffen sein (Angst 2014, Herr et al. 2018). Fahrzeuge und Personen können in die unterirdischen Biberröhren einbrechen, Folgen sind Sachschäden oder Verletzungen (Schwab 2014b, Zahner et al. 2009). Die nötigen Nachrüstungen und Sicherungsmaßnahmen an eingebrochenen Anlagen sind zudem meist mit hohen Kosten verbunden (Meßlinger 2015).

**Infrastrukturelle Schäden durch fallende Bäume** Vom Biber gefällte Bäume und solche, die durch Verbiss oder dammbedingte Überschwemmungen absterben, können auf Stromleitungen, Gebäude, Zäune, Straßen, Bahngleise oder Fahrzeuge fallen und somit infrastrukturelle Schäden hervorrufen (Dalbeck 2012, Herr et al. 2018, Zahner et al. 2009).

**Unfälle im Straßenverkehr** Überqueren Biber Straßen, können dadurch Verkehrsunfälle verursacht werden. Vor allem wenn die Tiere durch Wanderhindernisse wie etwa Stauwehre in ihrer Ausbreitung entlang des Gewässers beeinträchtigt werden, setzen sie ihre Wanderungen häufig über Landwege fort. Diese sind aber meist auch mit mehr Gefahren, wie dem Überqueren von Verkehrswegen, verbunden (Hessisches Landesamt für Naturschutz, Umwelt und Geologie 2017, Schwab 2014b).

**Beschädigung von Leitungen** Erdkabel und unterirdisch verlegte Versorgungsleitungen in Gewässernähe können dem Biber bei Grabaktivitäten im Wege sein und wie Wurzeln benagt oder gänzlich durchtrennt werden (Schwab 2014b).

### 4.1.5 Gewässeranlieger

**Fällung von wertvollen Gehölzen und Obstbäumen** Neben Forstbäumen kann der Biber natürlich auch wertvolle Obstbäume und Ziergehölze, die auf gewässernahen Grundstücken stehen, oder alte Einzelbäume mit prägender Bedeutung für die Landschaft beschädigen oder fällen (Bleckmann et al. 2010). Dies kommt jedoch nur vor, wenn der Biber am Gewässerrand nicht genügend Nahrung in Form einer natürlichen Ufervegetation mit vielen Weichlaubhölzern vorfindet (Venske 2003).

**Bibertourismus** Neu in einem Gebiet gesichtete Biber stellen für viele Personen, insbesondere die Bevölkerung vor Ort, eine Attraktion dar und sorgen für ein erhöhtes Besucher- und Verkehrsaufkommen im Gebiet. Dadurch können sowohl die Biber und andere im Gewässerbereich vorkommende Tierarten als auch die Gewässeranwohner oder Besitzer angrenzender land- oder forstwirtschaftlicher Flächen gestört werden (Harthun 1998, Schwab 2014b).

## 4.2 Maßnahmen zur Konfliktvermeidung

Zur Lösung oder Entschärfung von Konflikten zwischen Mensch und Biber gibt es eine Vielzahl an möglichen Maßnahmen. Einige als effektiv und häufig publiziert erachtete Ansätze sollen in diesem Kapitel aufgezeigt werden, aus Umfangsgründen besteht jedoch keine Garantie auf Vollständigkeit. Da einige Maßnahmen zur Entschärfung mehrerer Konflikte angewandt oder umgekehrt einzelne Konflikte durch verschiedene Maßnahmen behoben werden können, kommt es außerdem häufig zu Überschneidungen und eine eindeutige Zuordnung von Konflikt und Lösungsmaßnahme ist nicht immer möglich. Die Reihenfolge der im Folgenden aufgeführten Maßnahmen zur Konfliktvermeidung steht daher nicht in Zusammenhang mit der Reihenfolge der im vorausgegangenen Kapitel dargelegten möglichen Konflikte.

### 4.2.1 Uferrandstreifen

Da sich etwa 90 % der Biberkonflikte auf einen nur etwa 10 m breiten Bereich entlang des Gewässers beschränken, ist die Aufweitung des Gewässerraumes durch die Anlegung von Uferrandstreifen wohl die effektivste und nachhaltigste Lösung im Umgang mit vom Biber verursachten Problemen oder Schäden (Albrecht 2016, Bleckmann et al. 2010, Herr et al. 2018). Uferrandstreifen sollten idealerweise Breiten von 10–20 m aufweisen und können entweder ganz aus der Nutzung genommen oder zumindest extensiv bewirtschaftet werden (Bayerisches Landesamt für Umweltschutz 1997, Meßlinger 2015).

**In naturnaher Gestaltung oder als Brachfläche …** Wird der Uferrandstreifen beispielsweise durch Anpflanzungen von Weichlaubhölzern naturnah gestaltet oder auch einfach als Brachfläche einer natürlichen Auenentwicklung durch die Wirkungen von Biber und Gewässer überlassen, lässt sich das von der Biberansiedlung ausgehende Konfliktpotenzial nahezu vollständig beseitigen (Angst 2014, Meßlinger 2015, Schulte 2005).

In den verbreiterten Ufersäumen kann der Biber seine Grab-, Fäll- und Stauaktivitäten ausüben, ohne dabei Schäden anzurichten (s. Abb. 4-3). Gerade auch im Hinblick auf zunehmende Hochwasserereignisse als Folgen des

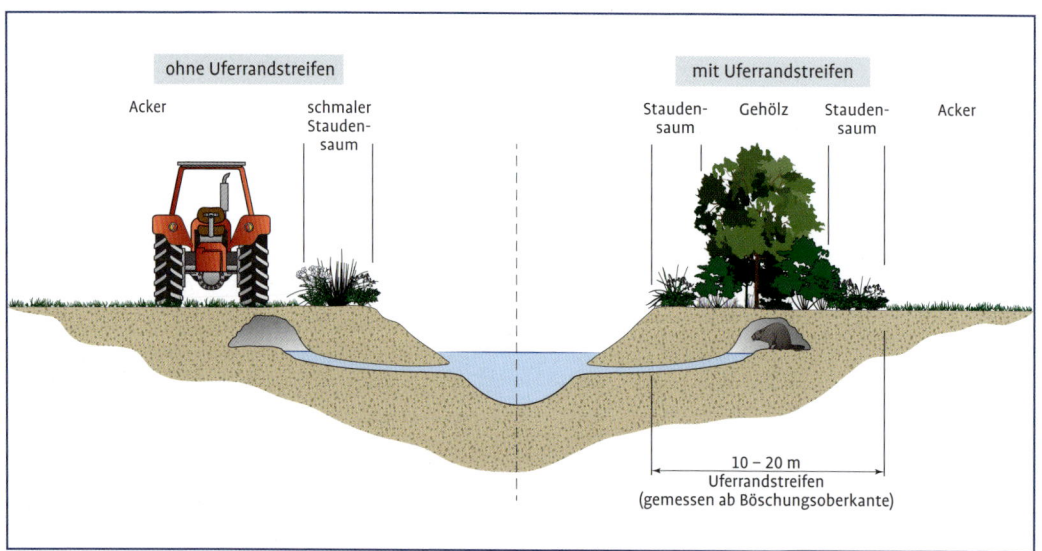

**Abb. 4-3** Gewässer mit und ohne Uferrandstreifen im Querprofil: Durch Vergrößerung des (ungenutzten) Gewässer- und somit Biberlebensraums können Uferrandstreifen maßgeblich zur Konfliktreduzierung beitragen.

Klimawandels müssen Land- und Forstwirte auf ufernahen Flächen künftig ohnehin mit erhöhten Unterhaltungsaufwendungen rechnen, die Nutzungsaufgabe in diesem Bereich bietet sich also auch aus diesem Grund an (Hölling 2010).

**… löst der Randstreifen gleich mehrere Konflikte …** Die Schaffung von Uferrandstreifen kann also gleich mehrere Konflikte zwischen Mensch und Biber lösen. Finden Biber in den Uferrandstreifen genügend Nahrung in Form von Weichlaubhölzern und Hochstauden, können Fraßschäden an Feldfrüchten sowie Beschädigungen oder Fällungen wertvoller Forst-, Obst- und Einzelbäume auf umliegenden Flächen verhindert werden. Die Gefahr des Einbrechens landwirtschaftlicher Maschinen in unterirdische Röhren und Baue des Bibers kann durch die Nutzungsaufgabe oder das seltenere Befahren der Flächen bei Nutzungsreduzierung ebenso verhindert bzw. minimiert werden (Herr et al. 2018).

Da die Grabaktivitäten des Bibers landeinwärts meist nur bis in Abstände von circa 5 m bis maximal 10 m zur Uferböschung reichen, sind auch die an die Uferrandstreifen anschließenden Nutzflächen nicht von einem Einsturzrisiko betroffen. Wege, Dämme und Deiche sollten bei Neuplanungen von vorne herein in ausreichendem Abstand zum Gewässer angelegt werden. Weiterhin erlauben Uferrandstreifen durch die Vergrößerung des Gewässerraumes biberbedingte Gewässeranstauungen und Überschwemmungen (Angst 2014, Schulte 2005, Schwab 2014b).

**… und hat noch weitere Vorteile** Zusätzlich wirken sich Uferrandstreifen positiv auf die Gewässerstruktur und -qualität, den Hochwasserschutz und andere Tier- und Pflanzenarten aus (Herr et al. 2018, Schwab 2014b). So reduzieren sie die Einschwemmung von Ackerboden, Düngemitteln und Pestiziden in das Gewässer und beugen somit einer Überdüngung oder Verschlammung vor. Größere Gewässerraume mit mehr Retentionsfläche können außerdem den Abfluss von Hochwassern wirksam bremsen (Bleckmann et al. 2010, Hölling 2010).

Zur Sicherung der ufernahen Streifen und Gewährleistung der Nutzungseinstellung auf

Vorbildhafter ungenutzter Uferrandstreifen mit ausgeprägter Ufervegetation als Puffer zwischen Gewässer und angrenzender Grünlandnutzung.

## Beispiel aus der Praxis: die Illrenaturierung

**Hintergründe zum Renaturierungsprojekt** Die Ill fließt als Mittelgebirgsbach durch die beiden saarländischen Landkreise St. Wendel und Neunkirchen. Ab 1990 startete an dem Gewässer ein umfassendes Renaturierungsprojekt, das vom eigens dafür gegründeten Zweckverband Illrenaturierung initiiert wurde. Mitglieder waren unter anderem die Bürgermeister der insgesamt vier Gemeinden, die an der Renaturierung beteiligt waren.

Die Hauptaufgabe bestand darin, ungenutzte Uferrandstreifen entlang des Gewässers zu entwickeln, um dem Bach insgesamt mehr Raum einzuräumen und eine Pufferung zu den angrenzenden anthropogen genutzten Flächen zu schaffen. Dazu wurden zahlreiche an der Ill gelegene private Parzellen/Grundstücke durch den Zweckverband angekauft. Da den Flächeneigentümern ein angemessener hoher Verkaufspreis geboten wurde und viele Grundstücke tatsächlich nicht mehr genutzt und gepflegt wurden, zeigten sich die meisten Besitzer hinsichtlich des Verkaufs sehr bereitwillig. Finanzielle Unterstützung erhielt das Projekt teilweise vom Bund und dem Land, ansonsten von den Gemeinden. Nach dem Erwerb der Flächen war es dem Zweckverband schließlich möglich, auf nahezu der gesamten Länge des Bachs Uferrandstreifen von außerorts 10 m und innerorts (soweit möglich) 5 m festzusetzen und aus der Nutzung zu nehmen. Zur klaren Abgrenzung wurden die Flächen außerdem mit Holzzäunen, die an wenigen Stellen noch heute erkennbar sind, ausgezäunt. Zusätzlich wurden die Uferrandstreifen beidseits des Gewässers durchgängig als Naturschutzgebiet ausgewiesen. „Restflächen" der vom Zweckverband angekauften Parzellen, die außerhalb des Schutzgebietes liegen, wurden zum Teil wieder an Privatpersonen verpachtet.

Inzwischen sind die Uferrandstreifen von einem üppigen Bewuchs aus Hochstauden und vielen jungen Gehölzen gekennzeichnet. Das Gewässer wird von typischen Ufergehölzen gesäumt und weist ausgeprägte Prall- und Gleitufer sowie vereinzelt kleine Gewässerinseln und insgesamt vielfältige Strukturen auf. Zusätzlich sorgen Totholzinseln für dynamische Verhältnisse im Gewässerverlauf.

**Ungeahnte Potenziale für die konfliktarme Ansiedlung des Bibers** Ziel des Zweckverbandes war zunächst schlicht die ökologische Aufwertung der Ill. An den Biber hatte man zu Beginn des Projektes noch nicht gedacht. Erst nachdem die Uferrandstreifen abgesteckt waren und man von

Heutiges Erscheinungsbild der Ill: Der Bach zeigt einen natürlichen Verlauf mit ausgeprägten Prall- und Gleitufern und einer üppigen Ufervegetation.

Wiederansiedlungen des Bibers in anderen Regionen Deutschlands erfuhr, kam die Idee, auch an der Ill Biber wiederanzusiedeln.

Da das Gewässer gerade im Hinblick auf die kürzlich durchgeführten Renaturierungsmaßnahmen als ein für den Biber geeigneter Lebensraum eingestuft wurde, erfolgte 1994 dann die erste Aussetzung einer Biberfamilie mit insgesamt fünf Tieren in Illingen. Weitere Aussetzungen, später auch an anderen Gewässern, folgten in den nächsten Jahren. Bei den Tieren handelte es sich um Elbebiber, die aus Ostdeutschland (Sachsen-Anhalt) ins Saarland transportiert wurden.

Die Eingewöhnung der Tiere verlief erfolgreich und die Art breitete sich rasch in die weitere Umgebung aus. So hatte die als erste in Illingen ausgesetzte Biberfamilie bereits im Folgejahr Nachwuchs. Inzwischen ist die Ill auf der gesamten Länge vom Biber besiedelt, wobei die Revierstandorte häufiger wechseln und es zwischendrin auch unbesiedelte Abschnitte geben kann.

Neben der erfolgreichen Wiederansiedlung der Art ist dabei insbesondere das „konfliktarme Auftreten" des Bibers hervorzuheben. So wurden bisher nur wenige Konflikte zwischen Mensch und Biber an der Ill verzeichnet, was sich eindeutig auf die ungenutzten Uferrandstreifen entlang des Gewässers zurückführen lässt. Da die menschliche Landnutzung nicht bis in den Biberlebensraum im nahen Gewässerumfeld hineinreicht, kann der Biber hier ungestört wirken.

Zusätzlich sind die Flächen durch ihre Ausweisung als Naturschutzgebiet dauerhaft gesichert und können einer natürlichen Gestaltung durch den Biber überlassen werden. Lediglich kleinere Probleme, wie das Fällen von Obstbäumen auf gewässernahen Flächen, treten hin und wieder auf. Diese können durch einfache Maßnahmen, etwa das Anbringen von Drahthosen um die Baumstämme, aber meist schnell behoben werden. Häufig erweisen sich zudem allein Gespräche mit von Biberaktivitäten Betroffenen als hilfreich, um diese über Lösungsmaßnahmen zu informieren und der Art gegenüber zu besänftigen.

Obwohl die Uferrandstreifen im hier beschriebenen Fall ursprünglich nicht zu „Biberzwecken" angelegt wurden, zeigt das Beispiel sehr schön, dass Renaturierungsmaßnahmen an Gewässern und eine konfliktarme Ansiedlung des Bibers gut miteinander einhergehen können. Es wird deutlich, dass die Entwicklung von Uferrandstreifen bereits vor der Besiedlung durch den Biber eine effektive Maßnahme zur Vorbeugung von Biberkonflikten darstellen kann.

diesen Flächen gibt es mehrere Möglichkeiten. So können die Flächen durch die Gemeinde, das Land, durch staatliche Stellen oder auch Naturschutzverbände für Zwecke des Natur- und Artenschutzes, in dem Fall für die Sicherung des Biberlebensraumes, erworben werden.

Alternativ können Kompensationsflächen im Rahmen der naturschutzfachlichen Eingriffs-Ausgleichs-Regelung auf die entsprechenden gewässernahen Bereiche konzentriert werden. Die Gemeinden können die Maßnahmenflächen dabei auch im Vorhinein für den Ausgleich künftiger Eingriffe anlegen und sie auf einem Ökokonto verbuchen lassen.

**Flächensparendes Handeln** Flurbereinigungs- oder Bodenneuordnungsverfahren können die Flächenneuverteilung (Flächenankauf und Flächentausch) zugunsten des Gewässer- und Biberschutzes begünstigen oder vereinfachen. Durch die Bündelung von Kompensationsmaßnahmen, Maßnahmen zur Gewässerrenaturierung oder zum Hochwasserschutz etc. in den Uferrandstreifen kann außerdem flächensparend gehandelt werden, was gerade im Hinblick auf den heutigen hohen Flächendruck und den zunehmenden Verlust von landwirtschaftlicher Nutzfläche von Bedeutung ist (Pier et al. 2017).

**Förderungen sind möglich** Nutzungsextensivierungen im Bereich der Uferrandstreifen können durch staatliche Landwirtschafts- und Naturschutzprogramme, also durch Agrarumwelt- und Vertragsnaturschutzmaßnahmen, ermöglicht und gefördert werden (Pier et al. 2017, Wölfl et al. 2009).

So gibt es in Hessen zum Beispiel das Hessische Programm für Agrarumwelt- und Landschaftspflege-Maßnahmen (kurz HALM), das „einen wichtigen Beitrag zur Erfüllung der Ziele des Landes in Bezug auf die biologische Vielfalt, den Wasser-, Boden- und Klimaschutz sowie die Erhaltung der Kulturlandschaft [leistet]" (Hessisches Ministerium für Umwelt, Klimaschutz, Landwirtschaft und Verbraucherschutz 2014: 24). Es stellt Landwirten einen Katalog an Maßnahmen im Sinne einer umweltgerechten Landbewirtschaftung zur Verfügung, aus denen sie geeignete Maßnahmen wählen und auf ihren Flächen umsetzen können. Für zusätzliche Aufwendungen und Ertragsverzichte erhalten sie einen finanziellen Ausgleich vom Land Hessen.

Auch das Anlegen von Gewässerschutzstreifen von mindestens 5 m und maximal 30 m Breite und einer Grundfläche von mindestens 0,1 ha entlang von Gewässern wird gefördert. Die Schutzstreifen werden als Grünland angelegt und es gelten bestimmte Regeln für die Nutzung. So dürfen keine Pflanzenschutzmittel oder stickstoffhaltigen Düngemittel auf der Fläche ausgebracht werden. Der Verpflichtungszeitraum beträgt fünf Jahre, die jährliche Zuwendung 760 € pro Hektar Gewässerschutzstreifen (Hessisches Ministerium für Umwelt, Klimaschutz, Landwirtschaft und Verbraucherschutz 2014).

### 4.2.2 Ufergestaltung und Lebensraumaufwertung

Eine geschickte Ufergestaltung kann sich ebenfalls konfliktmindernd auswirken. Werden die Ufer eines Gewässers etwa im Rahmen von Gewässerrevitalisierungen oder -neugestaltungen abgeflacht und maximal in einem Neigungswinkel von 1:5 bis 1:3 gestaltet, ist es unwahrscheinlich, dass der Biber Röhren oder Baue in die Ufer gräbt. Uferdestabilisierungen und die Gefahr des Einbrechens werden folglich ausgeschlossen.

Die flachen Ufer wirken sich nebenbei positiv auf den Hochwasserschutz aus, denn sie sorgen für eine Vergrößerung des Gewässerquerschnittes und somit für eine höhere Abflusskapazität

Gewässerufer mit einer reichen natürlichen Vegetation bieten dem Biber optimale Nahrungsbedingungen. Aufstockungen in weniger natürlichen Uferbereichen können deshalb dazu beitragen, den Biber von anderen wertvollen Gehölzen im weiteren Umfeld des Gewässers fernzuhalten.

und Wasserrückhaltung. In (Teil-)Bereichen, die frei von Infrastruktureinrichtungen sind oder in denen durch Grabaktivitäten des Bibers keine Konflikte zu befürchten sind, können dabei auch steilere Uferpartien erhalten werden. Diese bieten dem Biber auch weiterhin Raum für das Anlegen unterirdischer Baue und Röhren (Angst 2014).

Die Ufergestaltung kann außerdem mit weiteren Maßnahmen, die der Aufwertung der Gewässerlandschaft bzw. des Biberlebensraumes dienen, verbunden werden. Im Rahmen von Kompensationsmaßnahmen oder einem Flächenankauf können beispielsweise verlandete Seitenarme des Gewässers wiederhergestellt, Gewässerstrukturen neu geschaffen oder Pflanzungen von zusätzlichen Weichlaubhölzern zur Ausweitung der natürlichen Ufervegetation vorgenommen werden.

Dadurch stehen dem Biber von Beginn an bessere Lebensraumbedingungen zur Verfügung und er muss selbst weniger Eingriffe zur Gestaltung seines Lebensraumes vornehmen. Die Aufstockung der Ufervegetation sorgt dafür, dass der Biber genügend Nahrung und Baumaterial in Gewässernähe findet und er nicht auf wertvolle Gehölze oder Feldfrüchte umliegender Flächen ausweichen muss (Hölling 2010).

### 4.2.3 Baumschutz durch forstliche Maßnahmen

Des Weiteren können Verbissschäden oder Baumfällungen durch forstliche Maßnahmen verhindert oder reduziert werden. So sorgt die Förderung von ufersäumenden Weichholzgürteln bis in Abstände von 20 m zum Gewässerrand dafür, dass die Nahrungsgrundlage für den Biber in unmittelbarer Gewässernähe optimiert wird. So muss er sich zur Nahrungssuche nicht weiter landeinwärts ausbreiten.

**Bevorzugte Gehölze im Uferbereich** Für zusätzliche Anpflanzungen eignen sich dabei insbesondere standortgerechte, gut regenerierbare und vom Biber bevorzugte Gehölze wie Strauch-, Purpur-, Korbweiden, Zitterpappeln oder auch Feldulme und Esche. Insgesamt sollten die Uferstreifen einen Weidenanteil von mindestens 30 % aufweisen (Deutscher Verband für Wasserwirtschaft und Kulturbau e. V. 1997, Teubner & Teubner 2008, Schulte 2005, Zahner 1997b).

**Weniger beliebte im Übergangsbereich** Weiterhin können für den Biber unattraktive Gehölzarten wie Linde oder Schwarzerle als natürliche Barrieren eingesetzt werden, indem sie gezielt im Übergangsbereich zwischen der ufernahen Weichholzaue und den uferfernen schützenswerten Beständen an Edellaubhölzern, Eichen

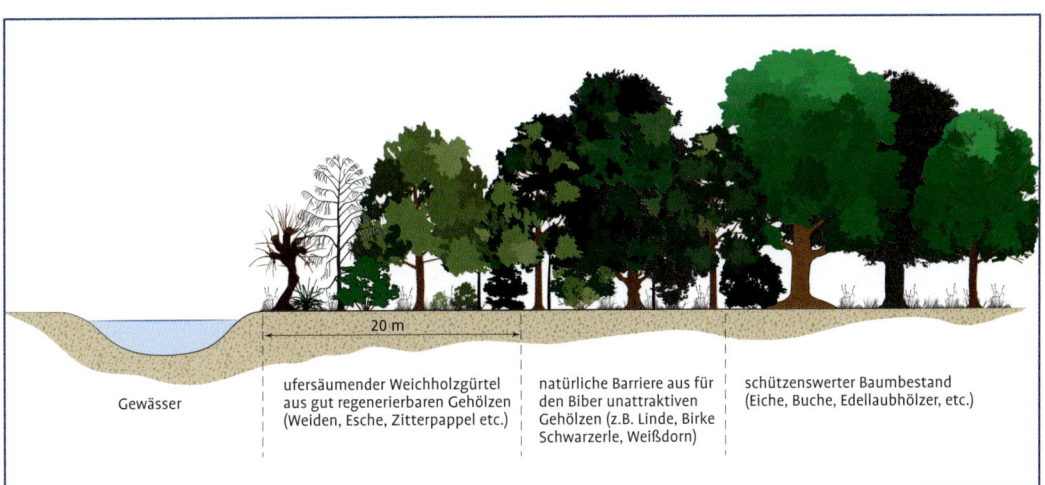

**Abb. 4-4** Eine sinnvolle Baumartenfolge an einem Gewässer (Querschnitt) hindert den Biber, seine Nahrungssuche weiter landeinwärts auszudehnen.

oder Buchen gefördert werden (s. Abb. 4-4). Weitere Arten, die vom Biber weniger gerne angenommen werden und somit für den Übergangsbereich zu wertvolleren Beständen geeignet sind, sind zum Beispiel Schlehe, Hartriegel, Weißdorn, Schneeball oder Birke.

Von der Anpflanzung wertvoller Kulturarten in Ufernähe ist grundlegend abzuraten. Insbesondere Pappelbestände zur Nutzholzgewinnung sollten immer in ausreichendem Abstand (>50 m) zum Gewässer angelegt werden, da der Biber diese Baumart besonders gerne fällt. Darüber hinaus überschwemmt der Biber Pappelbestände häufig – für einen erleichterten Gehölztransport. Daher ist der Pappelanbau auch in Geländesenken nicht zu empfehlen.

**Fällrate beeinflussen** Bereits vom Biber gefällte Bäume sollten stets liegen bleiben, sodass er diese als Nahrung oder Baumaterial weiter verwerten kann. Das Wegräumen der Gehölze würde hingegen dazu führen, dass der Biber noch mehr Bäume fällt, um den „Holzverlust" wieder auszugleichen. Sollten gefällte Bäume eine Gefahr darstellen, etwa weil sie bei Hochwasserereignissen abgetrieben werden könnten, lässt sich dem durch die Anbindung oder Verkeilung der Gehölze entgegenwirken.

Ebenso kann bei der Durchforstung ufernaher Waldbereiche Gehölzmaterial (Kronenmaterial) im Wald belassen und somit dem Biber zur Verfügung gestellt werden oder auch anderes Schnittgut als Ablenkfütterung bewusst im Uferbereich ausgebracht werden. Der Biber muss folglich weniger selbst als Holzfäller aktiv werden und verschont einige Bäume von Verbiss oder Fällung.

Die genannten Maßnahmen sind dabei vor allem im Herbst wirkungsvoll, da der Biber in diesem Zeitraum die meisten Bäume fällt und nutzt. Zuletzt kann eine Vergrößerung der Pflanzabstände zum Schutz der Gehölze bzw. zur Reduzierung der Fällrate des Bibers beitragen. Denn steht den Einzelbäumen mehr Raum zur Verfügung, bilden sie zum einen größere Kronen mit entsprechend mehr Rindenmasse

Um die „Fällrate" des Bibers nicht weiter zu steigern, sollten bereits gefällte Bäume in jedem Fall im Gebiet belassen werden.

aus, zum anderen bleiben weniger gefällte Bäume zwischen den Stämmen hängen. Somit muss der Biber insgesamt weniger Bäume fällen, um an die gleiche Menge an Material zu gelangen (Schwab 2014b, Winter 2001, Zahner 1997b).

### 4.2.4 Aufklärung, Beratung und Öffentlichkeitsarbeit

Die Öffentlichkeitsarbeit nimmt bei der Lösung und Vermeidung von Biberkonflikten eine entscheidende Rolle ein. So stehen die Aufklärung und Beratung der von Konflikten Betroffenen meist an erster Stelle der Handlungskette. Denn um Ursachen von Konflikten mit dem Biber verstehen und Probleme effektiv und sinnvoll lösen zu können, müssen Lebensweise, Biologie, Lebensraumansprüche und Eingriffswirkungen des Bibers auf die Gewässerlandschaft erst einmal bekannt sein. Nur so können außerdem die Akzeptanz gegenüber der Tierart gefördert und unprofessionelle oder verbotene Eingriffe in den Biberlebensraum verhindert werden.

Alternative Lösungsmöglichkeiten, die oft auch nur mit geringem Aufwand verbunden sind, kennen die betroffenen Landnutzer meist einfach nicht. Fachkundige Beratungen der Betroffenen und eine frühzeitige Berücksichtigung/Einbindung der Schutzanforderungen des Bibers in Gewässernutzungen und -planungen tragen daher zur Vorbeugung und Entschärfung einer Vielzahl von Konflikten bei.

**Lösungen finden sich nur gemeinsam** Besonders wichtig bei der Entwicklung von Lösungsmaßnahmen ist außerdem die Zusammenarbeit und Einbindung aller relevanten und betroffenen Akteure. Dies können Vertreter aus den Bereichen Infrastruktur, Naturschutz, Land- und Forstwirtschaft, Wasserwirtschaft, Tourismus, Fischerei, Jagd sowie Bürger (insbesondere Gewässeranlieger) sein. Durch Gespräche und gemeinsame Begehungen des Konfliktgebietes können für die verschiedenen betroffenen Akteure verträgliche Möglichkeiten zur Konfliktbeseitigung erarbeitet und abgestimmt werden.

Gemeinsame Gebietsbegehungen sind ein wichtiger erster Schritt, um die Interessen und Befürchtungen der von Konflikten Betroffenen zu erfassen und zusammen mögliche Lösungsmaßnahmen abzuleiten.

In den meisten Bundesländern werden Beratungsfunktionen und die Entwicklung von Konfliktlösungen von einem eigens dafür eingerichteten landesweiten Bibermanagement, das sich aus Akteuren verschiedener Ebenen zusammensetzt, übernommen (s. dazu Kap. 4.3).

Öffentlichkeitsarbeit kann auf sehr vielfältige Weise geschehen und sollte verschiedene Zielgruppen ansprechen. So können Broschüren oder Faltblätter angefertigt, Ausstellungen und Vorträge zum Biber organisiert oder Exkursionen zu Biberlebensräumen angeboten werden. Auch können Lehrpfade an besiedelten Gewässern eingerichtet und Infotafeln zum Biber aufgestellt werden. Exkursionen und Biberlehrpfade können dabei sogar zusätzliche Einnahmequellen für den ländlichen Raum darstellen und den Tourismus ankurbeln. Durch Einbindung der Biberthematik in den Schul- und Kindergartenunterricht können auch Kinder mit der Biologie, der Lebensweise und den Auswirkungen des Bibers auf Gewässerräume vertraut gemacht werden.

**Respekt und Akzeptanz fördern** Presseartikel und Bücher eignen sich ebenfalls zur Informationsvermittlung. Die Darlegung der vielen positiven Leistungen des Bibers für den Naturschutz fördert Respekt und Akzeptanz gegenüber der

---

**Beispiel aus der Praxis: Biber überschwemmt Maisacker (vergangener, zum Zeitpunkt der Besichtigung bereits behobener Konflikt)**

Das Gebiet befindet sich im westlichen Randbereich des Main-Kinzig-Kreises in Hessen. Der vom Biber besiedelte Bach fließt hier durch ein Naturschutzgebiet und mündet weiter südlich in ein anderes Bachsystem. Die Begehung erfolgte im Oktober 2018 in Begleitung des für das Gebiet zuständigen Bibermanagers.

**Ausgangssituation** Erstmals aus dem angrenzenden Gewässersystem in den Unterlauf des betrachteten Bachs übergesiedelt ist der Biber im Winter 2013/2014. Obwohl der Bachunterlauf ausschließlich von intensiv landwirtschaftlich genutzten Flächen umgeben wird und er somit wenig optimale Lebensraumbedingungen für den Biber bietet, gründete er hier sein erstes Revier. Aufgrund fehlender Nahrungsgehölze im Uferbereich machte er sich dabei vor allem durch Fraßschäden an Feldfrüchten (insbesondere Mais) der angrenzenden Felder bemerkbar. Aber auch andere Spuren wie in die Ufer gegrabene Röhren, die mitunter eine Einbruchsgefahr für Personen und Maschinen darstellten, Biberwechsel und erste Gewässeranstauungen/Überschwemmungen deuteten auf die Anwesenheit des Bibers hin.

Im August 2015 hatte sich das Tier dann bereits in den Mittellauf des Baches ausgebreitet. Ein in diesem Bereich entdeckter Biberdamm, der aus Maispflanzen aufgeschichtet worden war, sorgte für großflächige Überschwemmungen der angrenzenden Maisfelder. Wenig später hatte der Biber eine kleine über den Bach führende Brücke, die ausschließlich dem landwirtschaftlichen Verkehr diente, vollständig mit Gehölzmaterial unterbaut, sodass auch hier erneut ein enormer Gewässeranstau und Überflutungen verursacht wurden. Aufgrund von Nahrungsmangel breiteten sich die Tiere anschließend stetig weiter in Richtung Mittel- und Oberlauf des Baches aus. Dieser Gewässerabschnitt weist bessere Lebensraumbedingungen für den Biber und größere Bestände an Ufergehölzen auf. Nach und nach wurden hier einige Dämme errichtet und bis heute findet sich in diesem Bereich ein Revier, in dem vermutlich eine Familie aus etwa drei bis fünf Tieren lebt. Eine Biberburg, die seit etwa drei Jahren am Ufer des Baches besteht und ständig ausbebaut wurde, dient den Tieren als Wohnbau.

**Maßnahmen des Bibermanagements zur Konfliktlösung** Hauptauslöser für die Einschaltung eines Bibermanagers im besichtigten Gebiet waren in erster Linie die verursachten Überschwemmungsschäden im Unter- und Mittellauf. Hier wurden zunächst hauptsächlich die Dämme des Bibers erniedrigt oder beseitigt, da so am schnellsten und

Maßnahmen zur Konfliktvermeidung 93

einfachsten Abhilfe geschaffen werden konnte. Insbesondere hinsichtlich der überstauten Brücke war ein Eingriff durch den Menschen nötig.
Nachdem der Versuch, den Damm zu durchbrechen und Baumaterial zu entfernen, aufgrund der Größe und Stabilität des Biberbauwerks scheiterte, entschloss man sich schließlich für den Abriss der Brücke. Da diese ohnehin nicht unbedingt gebraucht wurde (die Flächen beidseits des Gewässers konnten auch auf andere Weise erschlossen werden) und das Fundament bereits beschädigt war, wurde der Abriss als die sinnvollste Lösung angesehen.

Inzwischen befindet sich an gleicher Stelle ein neuer, aber wesentlich niedrigerer Damm des Bibers, der keine Probleme verursacht. Als weitere Maßnahme zur Eindämmung von Überschwemmungen wurden insbesondere zu Beginn der Biberbesiedlung sogenannte „Umgehungsgerinne" angelegt. Dabei handelt es sich um ca. 30 cm breite und etwa 40 bis 50 cm tiefe Gräben, die ihren Beginn in der (überschwemmten) Fläche haben und entlang des Gefälles bzw. parallel zum Gewässer verlaufen, um schließlich in das Gewässer zu münden. Das Wasser der überfluteten Flächen sammelt sich in diesen Gräben und wird somit dem Gewässer wieder zuge-

Derzeit bestehender Biberdamm am Bach-Mittellauf.

Die große Burg der am Bach siedelnden Biberfamilie.

führt. Eingriffe in den Biberdamm sind nicht nötig. Um Einbrüche von Personen und landwirtschaftlichen Maschinen in unterirdische Biberröhren und Verletzungsgefahren, die von bereits eingebrochenen (unterhöhlten) Wegen oder Nutzflächen ausgehen, zu vermeiden, wurden die ufernahen Bereiche des Bachs regelmäßig kontrolliert und Einbrüche schnellstmöglich verfüllt. Dabei erklärte der Bibermanager, dass man bei eingebrochenen, nach oben hin offenen Röhren stets davon ausgehen kann, dass sie vom Biber nicht mehr genutzt werden, da dieser die Einbruchstellen andernfalls durch Aufschichten von Zweigmaterial wieder verschließen würde.

Weiterhin wurden zum Schutz der Obstbäume gewässerangrenzender Streuobstwiesen vor Verbiss oder Fällung Drahthosen oder Wildverbiss-Manschetten um die Stämme angebracht. Fraßschäden an Feldfrüchten wurden seit der Verlagerung des Biberreviers in den Mittel- bis Oberlauf nicht mehr gemeldet, weshalb diesbezüglich keine Maßnahmen erforderlich wurden.

Da einige der genannten Maßnahmen nur vorübergehend Wirkung zeigten und auch weiterhin noch Konflikte zwischen Landnutzern und Biber auftraten, entschied man sich letztlich dazu, gewässernahes Land anzukaufen und dieses dem Biber und seiner landschaftsgestalterischen Tätigkeit gänzlich zur Verfügung zu stellen. Dazu wurden zunächst Gespräche mit dem Landwirt, dem das ans Gewässer angrenzende und von Konflikten betroffene Land gehörte, geführt.

Dieser hatte den Gewässerrandstreifen im Rahmen des Hessischen Programms für Agrarumwelt- und Landschaftspflege-Maßnahmen (HALM) bereits zuvor nur extensiv genutzt. Durch die mittlerweile nahezu dauerhafte Überschwemmung der Fläche war allerdings inzwischen kaum mehr eine Nutzung möglich. Der Landwirt zeigte sich dem Biber und der vorgeschlagenen Maßnahme gegenüber tolerant und willigte den Ankauf des Uferrandstreifens ein. Im Gegenzug erhielt er eine entsprechende Entschädigung.

Da in der zugehörigen Gemeinde zur gleichen Zeit ein Flurbereinigungsverfahren im Rahmen des Ausbaus einer Umgehungsstraße durchgeführt wurde, war der Flächenankauf bzw. die Flächenneuverteilung dabei gut möglich. Der Uferrandstreifen ist in das Eigentum der oberen Verwaltungsbehörde „Hessen Mobil – Straßen- und Verkehrsmanagement" übergegangen und wurde als Kompensationsfläche ausgewiesen.

Wenig später hat das Regierungspräsidium Darmstadt zusätzlich ca. 1,5 ha Land, das sich an den bereits aus der Nutzung genommenen Uferrandstreifen anschließt, erworben. So steht dem Regierungspräsidium in Bezug auf den Schutz und die Förderung von FFH-Arten (so auch des Bibers) jährlich eine gewisse Summe Geld für die Umsetzung von Flächenankäufen, Schutzmaßnahmen,

Zum Schutz von Obstbäumen auf gewässernahen Grundstücken wurden die Stämme mit Wildverbiss-Manschetten oder Drahthosen umwickelt.

Inzwischen verbrachtes gewässerangrenzendes Land, das zur Konfliktentschärfung und Förderung des Bibers erworben und vollständig aus der Nutzung genommen wurde.

damit verbundenen Entschädigungsleistungen etc. zur Verfügung („Geldtopf Artenschutz").

Die Fläche ist nun Eigentum des Staates und dient Biberschutzzwecken. Sowohl der Uferrandstreifen als auch das zusätzlich erworbene Land wurden vollständig aus der Nutzung genommen und der Verbrachung bzw. einer inzwischen beginnenden Sukzession überlassen. In Nähe der ausgebauten Umgehungsstraße in Höhe des Unter- bis Mittellaufs wurde außerdem eine Kompensationsfläche angelegt, auf der durch Geländemodellierungen auch ein ehemaliger Altarm des Bachs wiederhergestellt und eine naturnahe Entwicklung des Gewässers ermöglicht werden soll.

Insgesamt fand der Flächenerwerb ausschließlich auf der westlichen Bachseite statt. Auf der östlichen Seite des Gewässers, auf der sich vorrangig private Obstwiesen befinden, wurden bisher keine Konflikte durch Überschwemmungen gemeldet. Die Fläche ist ohnehin sehr feucht und durchnässt, sodass sich mögliche Auswirkungen des Bibers auf den Wasserhaushalt hier vermutlich nicht sonderlich bemerkbar machen.

Durch den Flächenankauf wurde im Gebiet des besichtigten Bachabschnitts eine effektive und nachhaltige Konfliktentschärfung zwischen Mensch und Biber herbeigeführt. Darüber hinaus konnte durch die Zurverfügungstellung von Raum, in dem der Biber das Gewässer und die umgebende Aue seinen Bedürfnissen entsprechend gestalten kann, der Lebensraum des Bibers wesentlich aufgewertet und die Art insgesamt gefördert werden.

Als besonders wichtiger Bestandteil des Bibermanagements im betreffenden Gebiet führte der Bibermanager weiterhin die Aufklärungsarbeit und Zusammenarbeit mit allen betroffenen Akteuren auf. Als wirkungsvoll habe sich in dieser Hinsicht der Aufbau eines „Netzwerkes" aus Land- und Forstwirten, Jagdpächtern, Privatpersonen, der Kommune, Wasser- und Bodenverbänden, den zuständigen Behörden, dem Hessischen Landesamt für Bodenmanagement und Geoinformation, dem Landesbetrieb „Hessen Forst" etc. erwiesen.

Er betonte, dass erst durch Gespräche und dabei auch das Eingehen auf Befürchtungen oder eventuell gegensätzliche Ansichten der von Konflikten Betroffenen eine zielführende Beratung und eine gemeinsame Lösungsfindung möglich sind. Den Landnutzern müssten insbesondere auch die positiven Auswirkungen des Bibers auf die Natur und die Gewässerentwicklung vor Augen geführt werden. In Bezug auf das Bibermanagement am betrachteten Gewässer beurteilt der Bibermanager die Aufklärungsarbeit und die Kommunikation und Zusammenarbeit der verschiedenen beteiligten Akteure insgesamt als sehr gelungen.

**Aktueller Zustand des besichtigten Gebietes** Der gestalterische Einfluss des Bibers auf Gewässer und Uferbereich ist derzeit deutlich erkennbar. Infolge mehrerer Dammbauten gibt es einige ausgeweitete Gewässerabschnitte, in denen die Fließgeschwindigkeit enorm reduziert ist. Sie nehmen teilweise die Ausprägung eines Sees an und reichen weit bis in die angekauften und verbrachten Flächen hinein. An manchen Stellen lässt sich erkennen, dass der Biber die Randbereiche der Seen sogar mit Ast- und Zweigmaterial befestig/stabilisiert hat, sodass ein weiteres Auslaufen von Wasser in die Fläche verhindert und der Wasserstand gehalten werden kann. Weiterhin ist in dem Biberrevier eine große Menge an Totholz, das heißt im Wasser oder im Uferbereich liegendes Stamm- und Astmaterial, auszumachen. Auch Nagespuren an Ufergehölzen sind häufig zu sehen. Auffällig sind zudem die vielen Biberausstiege/Bibereinstiege (Biberrutschen) am Gewässer, die durch die regelmäßige Nutzung meist stark eingetieft sind oder sogar kleine Gräben bilden.

In schlammigen Uferbereichen ließen sich bei der Gebietsbegehung Fußspuren des Tieres erkennen, kleinere Löcher im Boden deuteten oft auf unterirdisch angelegte Röhren hin. Auch die Stellen ehemaliger Biberröhren, die aus Sicherheitsgründen zugeschüttet wurden, sind meist noch zu erkennen.

Zuletzt ist der Wohnbau der am Bach siedelnden Biberfamilie, eine Biberburg von großem Ausmaß, zu erwähnen. Sie besteht aus aufgeschichteten Stämmen, Ästen und kleinerem Zweigmaterial, erreicht eine Höhe von etwa 1,50–1,60 m und ist vollständig mit Schlamm abgedichtet. Zahlreiche Fußspuren auf der Burg weisen darauf hin, dass sie regelmäßig vom Biber instand gehalten wird. Anhand der aktuell guten bzw. funktionsfähigen Zustände der Biberburg und der Biberdämme sowie anhand der zahlreichen anderen (häufig frischen) Biberspuren im Gebiet kann eine derzeitige Besiedlung des Bachs eindeutig festgemacht werden. Gut erkennen lässt sich außerdem die Inanspruchnahme der Fläche, die dem Biber durch Ankauf zur Verfügung gestellt wurde. Die teilweise großflächigen Gewässerausweitungen wären andernfalls nicht möglich bzw. würden zu erheblichen Konflikten mit den Landnutzern führen. Die Maßnahmen des Bibermanagements, insbesondere der Flächenerwerb, haben also zum gewünschten Ziel geführt und eine erfolgreiche Einbindung des Bibers in das Gebiet ermöglicht. Im Gegensatz zum Zustand des Bachlaufs vor der Besiedlung bzw. vor der Umsetzung der Maßnahmen weist das Gewässer zum jetzigen Zeitpunkt bereits eine deutlich vielfältigere und natürlichere Gestalt mit einem höheren ökologischen Wert auf.

Bibersee, der sich größtenteils auf der im Rahmen des Konfliktmanagements erworbenen Fläche erstreckt.

Tierart. Außerdem sollten „Best-Practice-Beispiele" zur Konfliktlösung oder Einbindung des Bibers in Gewässerrenaturierungsprojekte der Öffentlichkeit häufiger vor Augen geführt werden. Somit kann der Biber sich sogar zum Sympathieträger entwickeln und in der Öffentlichkeitsarbeit auch dazu eingesetzt werden, auf den Schutz und die Förderung natürlicher Gewässerlandschaften aufmerksam zu machen (Pier et al. 2017, Mitzka et al. 2013, Schwab 2014b, Venske 2003).

### 4.2.5 Lokale Einzelmaßnahmen

Da die zuvor genannten Maßnahmen, wie Nutzungsaufgaben am unmittelbaren Gewässerrand oder Aufweitungen und Neugestaltungen von Gewässerräumen, oft mit hohem Aufwand verbunden oder schwer umsetzbar sind, kommen häufig lokale Einzelmaßnahmen zur Konfliktminderung zum Einsatz. Es handelt sich dabei um eine Vielzahl an möglichen (oft technischen) Maßnahmen, die deutlich einfacher umzusetzen sind und ganz gezielt einzelne Konfliktursachen in räumlich begrenzten Bereichen entschärfen können (Venske 2003, Zahner et al. 2009).

**Meist nur kurzfristige Lösungen**   Im Gegensatz zu etwa der Schaffung von Uferrandstreifen sorgen sie allerdings selten auch für eine Aufwertung der Gewässerlandschaft. So tragen sie meist weder zur natürlichen Gewässerentwicklung noch zur Aufbesserung des Landschaftsbildes oder der Förderung anderer Tier- und Pflanzenarten bei. Außerdem stellen technische Einzelmaßnahmen größtenteils kurzfristige Problemlösungen dar, während durch die Schaffung von mehr Raum an Gewässern Konflikte mit dem Biber nachhaltig beseitigt werden und ein Mehrwert für die Natur erzielt werden kann (Angst 2014, Herr et al. 2018).

Nur wenn dem Biber ein Mindestmaß an Raum zur Verfügung steht und er sich möglichst frei von menschlichen Eingriffen entwickeln kann, ist es ihm schließlich möglich, seine Leistungen für die Natur, andere Tierarten und die Gewässerrenaturierung in vollem Ausmaße zu erbringen. Lokale Einzelmaßnahmen sollten daher eher als unterstützende Maßnahmen betrachtet und vorwiegend dann angewendet werden, wenn alternative Lösungsmöglichkeiten nicht oder nur mit enormem Aufwand umsetzbar sind.

Da der Biber nach Bundesnaturschutzgesetz „streng geschützt" ist (BNatSchG 2009), bedürfen einige Maßnahmen der Genehmigung durch die zuständige Behörde (Zahner et al. 2009).

**Sicherung von Ufern, Dämmen und Deichen**   Um Uferböschungen, Schutzdeiche, Verkehrsdämme, Dämme von Klär- und Teichanlagen etc. vor Untergrabungen durch den Biber zu schützen und Einbruchsgefahren zu vermeiden, können Stahlmatten, Drahtgitter oder Steinschlagnetze als Grabhindernis in die Ufer eingebaut oder oberflächlich angebracht werden. Auch die Versteinerung der Ufer kann wirksam sein. Neben den Grabaktivitäten des Bibers verhindern die genannten Maßnahmen außerdem solche von anderen Tieren wie Nutria, Bisam, Dachs oder Hase. Insbesondere auch Hochwasserdeiche sollten daher auf diese Weise stabilisiert werden (Angst 2014, Bleckmann et al. 2010, Herr et al. 2018).

**Gitter als Sperre**   Als wirksame Sperre für den Biber empfiehlt Angst (2014) Gitter mit einer maximalen Maschenweite von 10×10 cm. Sollen auch Bisam und Nutria von Grabaktivitäten abgehalten werden, eignet sich eine Maschenweite von 4×4 cm. Kleiner sollten die Maschen nicht sein, da sonst die Gefahr besteht, dass der Biber sich mit seinen Zähnen im Gitter verfängt. Um ein Untergraben der Gitter zu verhindern, muss außerdem auf eine ausreichende Einbautiefe geachtet werden.

Da die Sicherungsmaßnahmen meist mit hohen Kosten verbunden sind, ist es sinnvoll, sie nur auf besonders konfliktträchtige Gewässerabschnitte zu begrenzen. In der Regel werden sie durch die zuständigen Behörden, beispielsweise die Wasserwirtschafts- oder Straßenbauverwaltung, umgesetzt.

**Kunstbaue anbieten**   Sollte dem Biber in dem entsprechenden Bereich trotzdem weiterhin eine Reviergründung ermöglicht werden, können ihm Kunstbaue angeboten werden (Angst 2014, Deutscher Verband für Wasserwirtschaft und Kulturbau e. V. 1997, Hölling 2010). Außer-

### Hinweise für die Praxis: Ufer- und Deichsicherung

- Material/Art des Grabschutzes: Drahtgitter (z. B. verzinktes Wellengitter, Steinschlagschutznetz, 4-Eck-Geflecht, Lochblech), Spundwand, Dichtwand, Kiessperre, Steinschüttung (Biosphärenreservatsverwaltung Mittelelbe o. J., Orlamünder & Erhardt 2018, Schwab 2014b)
- Drahtgitter können zum einen senkrecht in die Ufer eingebaut werden (s. Abb. 4-5). Sie sollten dabei bis etwa 30 cm unter die Niedrigwasserlinie des Gewässers oder aber mindestens bis zu einer für den Biber nicht grabbaren Bodenschicht reichen. Oberhalb sollten sie maximal 20–30 cm mit Erde überdeckt werden. Zum anderen können Drahtgitter auch auf die Ufer/Deiche aufgelegt werden (s. Abb. 4-6). Dazu werden sie vom Gewässergrund bis über die Uferböschung verlegt, mit kleinen Eisenankern oder unter Wasser auch durch Steinschüttungen befestigt und anschließend mit Erde abgedeckt. Gräben für senkrecht einzubauende Drahtgitter lassen sich in der Regel problemlos um Bäume herumführen und der Eingriffs-/Arbeitsraum beschränkt sich auf eine recht kleine Fläche (Deutscher Verband für Wasserwirtschaft und Kulturbau e. V. 1997, Orlamünder & Erhardt 2018, Schwab 2014b).
- Spundwände werden ebenfalls senkrecht in Deiche/Dämme oder entlang der Ufer eingelassen (Biosphärenreservatsverwaltung Mittelelbe o. J.) (s. Abb. 4-7). Sie werden zur Erhöhung der Standsicherheit sowieso des Öfteren in Deiche eingebaut und können dann zugleich als Unterminierungsschutz fungieren. Zudem können sie auch nur lokal zum Schutz bereits bestehender Biberbaue und zur Verhinderung eines noch weiteren Vorgrabens der Tiere eingesetzt werden (Abspundung hinter dem Bau, s. Abb. 4-8). Der Bau bleibt in dem Fall erhalten und für den Biber ist es nicht nötig, einen neuen Erdbau, der möglicherweise wieder Gefahren auslöst, zu graben. Aufgrund der hohen Kosten empfiehlt es sich, Spundwände nur auf kurzen Teilstrecken zu verwenden und ansonsten auf alternative Sicherungsmöglichkeiten zurückzugreifen (Schwab 2014b).
- Dichtwände werden ähnlich wie Spundwände insbesondere zur nachträglichen Erhöhung der Deichstabilität eingebaut. Dazu wird ein schmaler senkrechter Schlitz im Damm hergestellt und Dichtmaterial eingebracht. Die Herstellung von sowohl Dicht- als auch Spundwänden stellt einen großen Eingriff in die Ufervegetation dar und

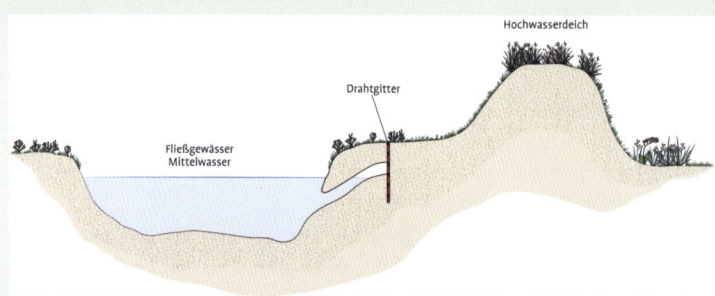

**Abb. 4-5** Senkrecht in ein Ufer eingebautes Drahtgitter zum Schutz des angrenzenden Hochwasserdeiches vor Untergrabung (verändert nach Nitsche 2003).

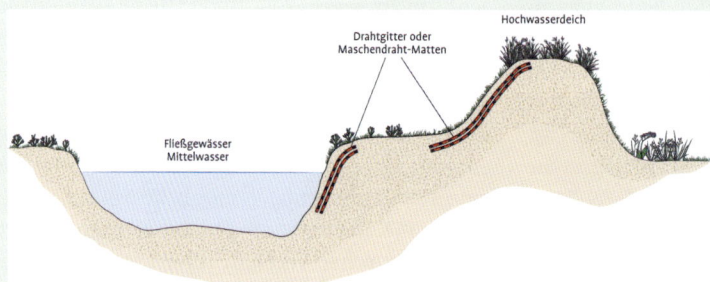

**Abb. 4-6** Drahtgitter können auch als oberflächliche Auflage zur Ufersicherung eingesetzt werden (verändert nach Nitsche 2003).

steht der ökologischen Aufwertung eines Gewässers entgegen.
- Eine Kiessperre/Schottersperre wird angelegt, indem entlang des Gewässers ein 30–50 cm breiter Schlitz in das Ufer gegraben und dieser anschließend mit Schotter oder Rollkies verfüllt wird (s. Abb. 4-9). Aufgrund der fehlenden Stabilität des Materials (nachrutschende Steine) ist es dem Biber nicht möglich, diesen Abschnitt zu durchgraben (Deutscher Verband für Wasserwirtschaft und Kulturbau e. V. 1997, Schwab 2014b).
- Steinschüttungen vor den Ufern fungieren ebenfalls als Unterminierungsschutz. Bei der Verwendung großer Wasserbausteine (> 40 cm) empfiehlt sich eine 3- bis 4-lagige Schicht, die an die Ufer angegliedert wird. Bei kleineren Steinen sollte die Schüttung entsprechend breiter ausfallen. Da sich der Gewässerquerschnitt durch die Steinschüttungen verschmälert, muss unter Umständen zunächst Erdmaterial aus dem Gewässer entnommen werden.
- Durch das Gewicht der Steine bzw. das Nachrutschen von Material werden Grabaktivitäten des Bibers wirksam verhindert (Biosphärenreservatsverwaltung Mittelelbe o. J., Orlamünder & Erhardt 2018, Schwab 2014b). Dennoch ist zu beachten, dass Steinschüttungen die Lebensbedingungen für den Biber stark einschränken und zudem einen großen Eingriff in die Gewässerbiologie darstellen, weshalb sie auf das Nötigste zu beschränken sind (Deutscher Verband für Wasserwirtschaft und Kulturbau e. V. 1997).

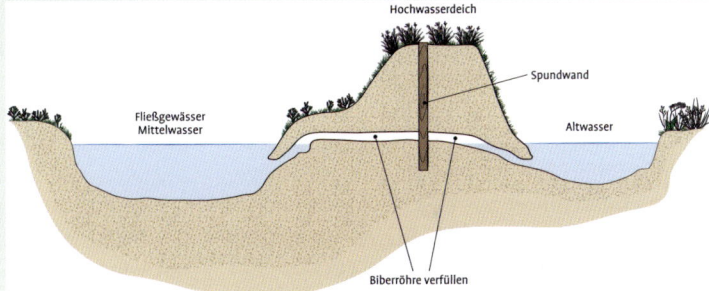

**Abb. 4-7** In einen Deich eingebaute Spundwand (verändert nach Nitsche 2003).

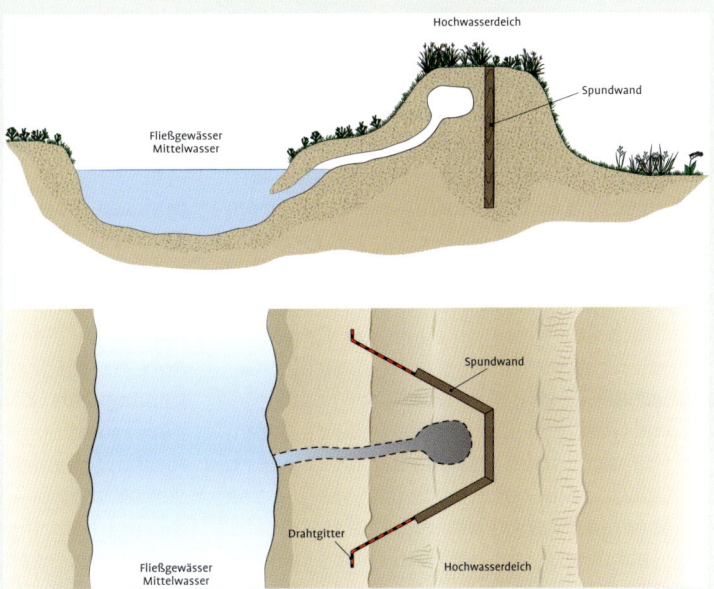

**Abb. 4-8** Sicherung eines bereits bestehenden unterirdischen Biberbaus durch Einbau einer Spundwand. Anschließend werden Drahtgitter zur Deichsicherung eingesetzt (verändert nach Nitsche 2003).

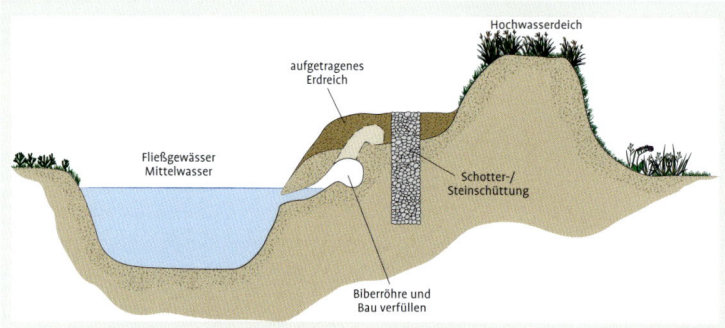

Abb. 4-9 Durch das Anlegen einer senkrechten Sperrschicht aus Schotter oder Kies wird ein Vorgraben des Bibers in schutzbedürftige Uferbereiche ebenfalls verhindert (verändert nach Nitsche 2003).

dem ist es dann empfehlenswert, das Grabhindernis (wenn möglich) in einem etwas größeren Abstand von mindestens 3–4 m zum Ufer einzubauen, da so schon bestehende Röhren und Baue erhalten und weiterhin vom Bier genutzt werden können.

Gehölzpflanzungen im Uferbereich schützen weiterhin vor Erosionen und Ausspülungen. Sie stabilisieren Boden und Böschung und sorgen für einen besseren Zusammenhalt. Bereits bestehende Einbrüche in Biberröhren sollten zügig wieder zugeschüttet werden, um weitere Gefahren oder Schäden ausschließen zu können (Schwab 2003, 2014b, Venske 2003).

Dass Biber Sassen (Mulden) oder Fluchtröhren in Deiche graben, passiert in der Regel nur bei starken Hochwasserereignissen. Wenn die ufernahen Burgen oder Erdbaue des Bibers überspült werden und die starke Strömung den Biber zu sehr anstrengt, sucht er für sich und seine Jungen einen höher gelegenen Zufluchtsort, an dem er sich von der Hochwasserflut erholen kann.

**Biberrettungshügel als Zufluchtsort** Ist das Deichvorland nur sehr schmal, das heißt, befindet sich der Deich sehr nah am Gewässer, stellt dieser meist die einzige bzw. nächste Geländeerhebung dar, die dem Biber zum Anlegen von vorübergehenden Ruheplätze bleibt. Um Grabaktivitäten des Bibers am Deich zu verhindern, kann daher auch das Anlegen von sogenannten Biberrettungshügeln sinnvoll sein. Dabei handelt es sich um künstlich angelegte Geländeerhebungen in der Aue, auf die sich der Biber bei Hochwasser retten kann und die somit eine Alternative zum Deich darstellen.

Wird auf der Erhöhung zusätzlich eine künstliche Biberburg (s. Abb. 4-10) mit Ausgang zur gewässerabgewandten Seite angelegt, findet der Nager hier einen optimalen Rückzugsort. Somit ist der Biber im Idealfall nicht mehr auf den Deich als Zufluchtsort angewiesen und übt hier auch keine Grabaktivitäten mehr aus (Biosphärenreservatsverwaltung Mittelelbe o. J.).

Da das Anlegen von Biberrettungshügeln bei fachgerechter Dimensionierung (empfohlen wird eine Kronenlänge von etwa 15 m und eine Kronenbreite von etwa 5 m; der Kessel des Kunstbaus sollte etwa 1 m über dem abschätzbaren Höchstwasserstand liegen) einen großen Eingriff in den Überschwemmungsbereich eines Gewässers darstellt, bedarf es in der Regel einer wasserrechtlichen Genehmigung (Schumacher et al. 2012).

**Drainage, Abtragung oder Entfernung von Biberdämmen** Um Vernässungen von Flächen durch dammbedingte Überschwemmungen zu vermeiden, können Dammdrainagen in Form von Röhren in die Biberdämme eingebaut werden (s. Abb. 4-11).

**Drainage als Kompromisslösung** Durch den Wasserdurchlass sorgen sie für eine Reduzierung der Stauwirkung des Damms und können den Wasserspiegel auf ein für den von Überflutung betroffenen Landnutzer verträgliches Niveau absenken. Wichtig ist dabei, dass eine ausreichende Wassertiefe für den Biber von

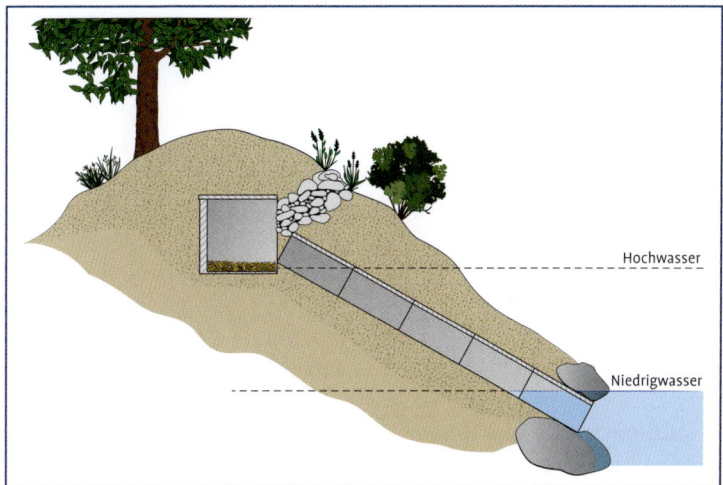

**Abb. 4-10** Skizze eines künstlich angelegten unterirdischen Biberbaus, der sich aus Kessel und Röhre zusammensetzt (verändert nach Beck & Hohler 2000: 27).

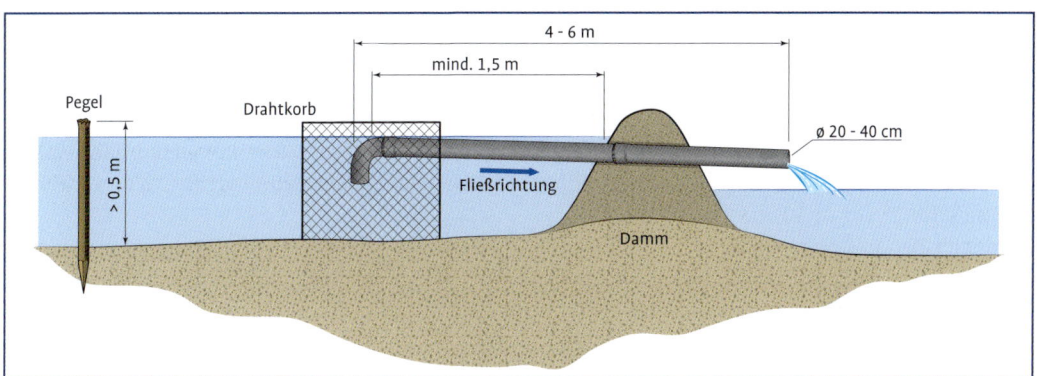

**Abb. 4-11** Skizze einer Dammdrainage: Durch den Einbau eines Drainagerohres kann die Rückstauhöhe auf ein für Mensch und Biber verträgliches Niveau abgesenkt werden. Ein Drahtkorb um den Rohreinlauf verhindert, dass der Biber diesen verstopft. Um eine optimale Wirkung der Drainage zu erreichen, sind bestimmte Maße einzuhalten (verändert nach Nitsche 2003 und Teubner & Teubner 2008: 16).

mindestens 50–80 cm trotzdem erhalten bleibt, denn sonst legt der Biber mit hoher Wahrscheinlichkeit einen neuen Damm unweit des drainierten an. Die Dammdrainage ist also eine Kompromisslösung für Biber und Landnutzer (Bayerisches Landesamt für Umweltschutz 1997, Schwab 2014b, Zahner 1997a).

Um zu verhindern, dass der Biber die Einläufe der Röhren verstopft, sollten sie durch die Anbringung von Drahtkörben/Drahtkästen entsprechend gesichert werden (Orlamünder & Erhardt 2018, Schwab 2014b) (s. Abb. 4-11).

Teubner & Teubner (2008) und der Deutsche Verband für Wasserwirtschaft und Kulturbau e. V. (1997) empfehlen, die Rohrenden ganz zu verschließen und stattdessen die Rohrunterseiten mit Schlitzen zu versehen. Weiterhin sollten die Drainageröhren frosthart sein und einen Durchmesser von etwa 20–40 cm aufweisen. Dammdrainagen haben sich vor allem an größeren Gewässern und langen Dammbauten bewährt.

**Abtragen hilft meist nur kurzfristig** Ist der Einbau von Röhren in die Dämme nicht möglich oder führen Drainagesysteme nicht zum gewünschten Erfolg, bleibt als Lösung zur Verhinderung von Überschwemmungsschäden meist nur die Abtragung/Erniedrigung oder Beseitigung der Dämme. Der somit erzielte stärkere Wasserabfluss ist allerdings selten von Dauer, denn Biber legen schnell Ersatzdämme an bzw. reparieren die erniedrigten Dämme, um einen für sie geeigneten Wasserstand zu erreichen und zu halten.

Folglich müssen oft mehrmals hintereinander immer wieder erneut Dammbauten entfernt werden. In solchen Fällen muss sich der Biber außerdem stets neues Baumaterial durch die Fällung von Gehölzen besorgen, was wiederrum zu vermehrten Konflikten mit Forstwirten, Obstwiesenbesitzern oder Gewässeranliegern führen kann (Deutscher Verband für Wasserwirtschaft und Kulturbau e.V. 1997, Teubner & Teubner 2008, Zahner 1997b).

Um Biber dennoch von der Errichtung neuer Dämme abzuhalten, geben Schwab (2014b) und das Ministerium für Umwelt, Landwirtschaft und Energie Sachsen-Anhalt (2018) den Hinweis auf den Einsatz von Elektrozäunen. Ebenso können Ultraschallgeräte und Baustellenblinklichter einen sofortigen Dammneubau verhindern (Zahner et al. 2009). Dammabtragungen und -beseitigungen zeigen dabei vor allem bei Biberneuansiedlungen Wirkung, in bereits länger bestehenden Revieren mit gut etablierten Populationen ist eine dauerhafte Konfliktbehebung auf diese Weise wohl kaum zu erreichen.

Aufgrund des Schutzstatus des Bibers (gemäß BNatSchG) bedürfen sowohl Dammdrainierungen als auch Dammerniedrigungen oder -beseitigungen einer Genehmigung durch die jeweils zuständige Naturschutzbehörde (Zahner et al. 2009). Die beiden letzteren Maßnahmen sollten außerdem nur bei besonders gravierenden Schäden, die auf andere Weise nicht behoben werden können, zum Einsatz kommen. Um den Biber möglichst wenig zu beeinträchtigen, sollte der Damm zu einem günstigen Zeitpunkt entfernt werden. Herbst und Winter eignen sich beispielsweise schlecht für den Eingriff (Zahner 1997b).

Rest eines Biberdamms, der zur Abwendung von Überschwemmungsschäden mithilfe eines Baggers entfernt wurde.

### Hinweise für die Praxis: Dammdrainage und -abtragung

- Als Drainagerohre eignen sich Kanalgrundrohre (KG-Rohre) oder PVC-Rohre mit einem Durchmesser von 20–40 cm (Deutscher Verband für Wasserwirtschaft und Kulturbau e. V. 1997, Schwab 2014b). Bei kleineren Gewässern mit geringen Abflussmengen können auch (flexible) Drainageschläuche zum Einsatz kommen (Biosphärenreservatsverwaltung Mittelelbe o. J.). Entscheidend ist, dass der Durchmesser der Rohre groß genug ist, um den Normalabfluss des Gewässers fassen zu können (Orlamünder & Erhardt 2018). Dabei können auch mehrere Rohre in einen Damm eingebaut werden.
- Die Rohre sollten möglichst lang sein (4–6 m) und vor allem auf der Seite des Wasserrückstaus weit in das Gewässer hineinreichen (mind. 1,5 m), damit der Biber diese nicht direkt mit dem verstärkten Wasserabfluss in Verbindung bringt (s. Abb. 4-11). Wird das Rohr so angebracht, dass kein Wasserrauschen zu hören ist, stellt der Biber den Baubetrieb in der Regel ein (Deutscher Verband für Wasserwirtschaft und Kulturbau e. V. 1997, Ministerium für Umwelt, Landwirtschaft und Energie Sachsen-Anhalt 2018).
- Die Höhe des Rohreinlaufs bestimmt die Wasserstandshöhe oberhalb des Damms (Rückstaubereich). Es muss ein für den Biber weiterhin ausreichendes und für den Landnutzer erträgliches Niveau ermittelt werden (Biosphärenreservatsverwaltung Mittelelbe o. J., Schwab 2014b).
- Um das Rohr an Ort und Stelle zu halten, sollte es an Damm und Rohreinlauf fixiert werden. Ratsam ist eine Fixiereinrichtung am Einlauf, die ein nachträgliches Verändern der Einlaufhöhe erlaubt (Schwab 2014b).
- Drahtkörbe, die zum Schutz vor Verstopfungen um den Einlaufbereich angebracht werden, können aus Baustahlmatten oder anderen stabilen Drahtgittern mit geringer Maschenweite zusammengebaut werden. Sie sollten bis auf den Gewässergrund reichen, damit der Biber das Rohrende auch tauchend nicht erreichen kann. Außerdem ist der Drahtkorb so zu dimensionieren, dass zwischen Drahtgitter und Rohreinlauf ein größerer Abstand besteht. Rohre und Drahtkörbe sind regelmäßig auf ihre Wirksamkeit/Funktionstüchtigkeit zu überprüfen.
- Bevor ein Eingriff am Damm des Bibers vorgenommen wird, ist es wichtig zu klären, ob es sich um einen Damm erster Ordnung (Hauptdamm) oder zweiter Ordnung (Nebendamm) handelt. Ersterer befindet sich in unmittelbarer Nähe zu Bau oder Burg des Bibers und sorgt dafür, dass der Eingang zum entsprechenden Wohnbau stets

Schlechtes Beispiel einer Dammdrainage: Der Rohrdurchmesser ist zu klein und durch das Fehlen eines Drahtkorbes ist es für den Biber ein Leichtes, das Rohrende durch Anbringung von Geäst und Schlamm zu verschließen.

Biberdamm vor und nach einer genehmigten Erniedrigung: Durch den Abtrag von Material kann das Wasser den Damm zeitweise überlaufen und seine Stauwirkung wird vermindert.

unter Wasser liegt. Er sichert den Pegelstand im sogenannten Wohngewässer und stellt somit eine essenzielle Habitatstruktur im Biberrevier dar. Ein Damm zweiter Ordnung trägt hingegen nicht zur Erhaltung der Funktionsfähigkeit von Bauen oder Burgen bei, sondern sorgt durch den Wasserrückstau lediglich für eine bessere Mobilität des Bibers und einen erleichterten Zugang zu Nahrungsflächen (Anstau von Schwimm- und Nahrungsgewässern). Es gilt daher, die Rolle und Bedeutung eines Damms für das jeweilige Biberrevier im Vorfeld einzuschätzen. Während bei Eingriffen an Dämmen zweiter Ordnung weniger Vorsicht geboten ist, ist bei Abtragungen oder Drainagen an Hauptdämmen stets darauf zu achten, dass Baue oder Burgen des Bibers nicht in ihrer Funktion beeinträchtigt werden, das heißt, dass ein gewisser Wasserstand zum Einstau ihrer Eingänge gesichert bleibt (Ministerium für Umwelt, Landwirtschaft und Energie Sachsen-Anhalt 2018, Zander et al. 2018).

- Um erniedrigte Biberdämme vor einer erneuten Erhöhung durch den Biber zu schützen, kann ein über die Dammkrone gespannter Elektrozaun wirksam sein (Ministerium für Umwelt, Landwirtschaft und Energie Sachsen-Anhalt 2018).

### Beispiel aus der Praxis: Biberdämme in einem Mühlengraben (aktueller Konflikt)

Das betrachtete Biberrevier befindet sich im Osten des rheinland-pfälzischen Landkreises Trier-Saarburg (Naturpark Saar-Hunsrück). Der Biber siedelt hier sowohl in einem Hauptbach als auch in einem Mühlengraben, der von diesem abzweigt und zu einer alten (zum Zeitpunkt der Begehung in Renovierung befindlichen) Mühle führt. Es erfolgten zwei Gebietsbegehungen im September 2019 in Begleitung durch die Leiterin des Biberzentrums Rheinland-Pfalz, Frau Stefanie Venske, und weitere Biberbetreuer. Bei dem zweiten Termin war außerdem ein Vertreter der oberen Naturschutzbehörde (Struktur- und Genehmigungsdirektion Nord, Koblenz) mit vor Ort.

**Ausgangssituation** Erstmals von dem Grundstücks- und Mühlenbesitzer bemerkt wurden die vom Biber errichteten Dämme im Mühlengraben im Sommer 2019. Auch im Umfeld des betrachteten Bachabschnitts wurden bereits seit längerer Zeit Bibervorkommen kartiert, insbesondere eine Talsperre weiter flussabwärts weist eine hohe

## Maßnahmen zur Konfliktvermeidung

Besiedlungsdichte auf. Die Besiedlung des Mühlengrabens lässt sich also auf die Zuwanderung von Tieren aus dem nahen Umfeld zurückführen.

Bei der Begehung des Gebietes im September 2019 wurden zwei Dämme des Bibers im Mühlengraben, zudem ein weiterer Damm und zwei Biberburgen (Mittelbaue) im Hauptbach oberhalb der Abzweigung zum Mühlengraben erfasst. Kurz vor dem Schieber (Schütz) am Beginn des zur Mühle führenden Grabens hat der Biber außerdem eine Steinrampe im Hauptbach durch Anhäufung von Gehölzmaterial dammartig verdichtet. Eine der Burgen ist bereits eingebrochen und die unterirdische Höhle mit Wasser gefüllt, die zweite Burg ist intakt.

Der erste Damm im Mühlengraben war bei der zweiten Begehung ebenfalls schon leicht eingebrochen und nicht mehr ganz stabil. Während die Bauten des Bibers im Hauptbach keine Probleme verursachen, sorgen die beiden Dämme im Mühlengraben für eine deutliche Reduzierung von Strömungsgeschwindigkeit und Abflussmenge, sodass derzeit an der Mühle nur wenig Wasser ankommt. Nach Renovierung des Mühlenwerkes ist künftig allerdings eine Abflussmenge von etwa 400 l/s zur Antreibung des Mühlrades vorgesehen, was den vorliegenden Konflikt deutlich macht.

**Maßnahmen des Bibermanagements zur Konfliktlösung** Bei der ersten Gebietsbegehung haben sich die Leiterin des Biberzentrums und die begleitenden Biberbetreuer zunächst einen Überblick über das Gebiet und die Besiedlungsstrukturen des Bibers verschafft. Im Beisein des Mühlenbesitzers wurden der betreffende Bachabschnitt abgegangen und Fragen zum Mühlenbetrieb, zur Pflege des Grabens etc. geklärt.

Anschließend wurden erste Überlegungen zur Behebung des Konfliktes angestellt. Als zunächst sinnvollste Maßnahme wurde die Aufstellung eines Elektrozauns entlang des Grabenufers erachtet, um den Biber aus dem konfliktträchtigen Bereich des Mühlengrabens möglichst fernzuhalten. Um die Stauwirkung der Dämme etwas zu minimieren, hatte der Mühlenbesitzer außerdem bereits selber ein Drainagerohr in den größeren der beiden Dämme eingebaut, welches er regelmäßig auf Verstopfungen kontrolliert.

Nach Absprache mit der oberen Naturschutzbehörde und einem Treffen mit dem zuständigen Behördenvertreter vor Ort, der der vorgeschlagenen Maßnahme ebenfalls zustimmte, wurde der genaue Verlauf des Elektrozauns nochmals besprochen und dieser im Anschluss aufgestellt. Im Abstand von 0,50–2,50 m wurden Kunststoffpfähle in den Boden

Steinrampe kurz vor der Abzweigung des Mühlengrabens, die vom Biber zu einem Damm „umfunktioniert" wurde.

Damm im Mühlengraben mit provisorisch eingebautem Drainagerohr.

gesteckt und eine Kunststofflitze (Kunststoffseil mit eingewebten leitfähigen Drähten) in Höhe von ca. 20–30 cm über dem Boden gespannt.
Ein Elektrogerät, das an den Zaun angeschlossen wurde, gibt regelmäßige Stromimpulse mit einer Spannung von 5 000 Volt ab. Der Zaun verläuft ab dem Schieber am Beginn des Mühlengrabens auf beiden Uferseiten flussabwärts in Richtung Mühle. Auf der straßenzugewandten Seite endet der Zaun an der Straße, die in einiger Entfernung und etwas höher gelegen zum Bach verläuft, auf der anderen Seite führt er an beiden Biberdämmen vorbei noch ein Stück weiter flussabwärts.
Da ein Zuwandern von Tieren von Straßenseite her eher unwahrscheinlich, von der anderen Seite des Grabens her, die dem Hauptbach zugewandt ist, aber gut möglich ist, erscheint die Zaunführung so als sinnvoll. Der Leiter quert dabei auch ein paar Biberwechsel, sodass es sehr wahrscheinlich ist, dass der Biber auf den Zaun stößt und dessen „Abschreckwirkung" zu spüren bekommt.
Die Materialien für den Zaun wurden vom Biberzentrum Rheinland-Pfalz bereitgestellt. Damit der Leiter funktionsfähig bleibt, ist darauf zu achten, dass der Bewuchs im Bereich des Zaunverlaufs stets kurz gehalten wird. Es empfiehlt sich eine regelmäßige Mahd mit dem Freischneider. Der Mühlenbesitzer lässt den Uferbereich außerdem regelmäßig von Ziegen beweiden. An einem gut sichtbaren (und somit häufig vom Biber genutzten) Biberwechsel an Land wurde zusätzlich eine Wildkamera aufgestellt, die Aufschluss über Anzahl der Tiere und ihr Verhalten bei Berühren des Zauns geben soll.
Ob der Elektrozaun den gewünschten Erfolg bringt und der Biber sich tatsächlich aus dem Mühlengraben zurückzieht, bleibt zunächst abzuwarten. Da Biber aber als sehr lernfähig gelten, könnte es sein, dass die Maßnahme schon nach kurzer Dauer Wirkung zeigt.
Um Aktivitäten des Bibers im nun umzäunten Bereich feststellen zu können, werden die beiden bestehenden Dämme als „Zeiger" erhalten. Werden sie vom Biber nicht mehr regelmäßig instand gehalten und brechen mit der Zeit ein, ist davon auszugehen, dass der Biber das Gebiet tatsächlich meidet. Ebenso können andere Spuren wie Biberwechsel, Nagespuren etc. einen Hinweis auf die Anwesenheit des Bibers geben. Sollte der Elektrozaun als Vergrämungsmaßnahme hingegen keine Wirkung erzielen, ist eine Entfernung der Dämme in Erwägung zu ziehen. Dieser Eingriff bedarf jedoch einer Genehmigung durch die obere Naturschutzbehörde. Außerdem müsste dann die

Der Elektrozaun wurde am Beginn des Mühlengrabens quer über den Schieber gespannt und verläuft anschließend auf beiden Uferseiten flussabwärts in Richtung Mühle. Auf der anderen Seite des Grabens ist außerdem die im Gebiet aufgestellte Wildkamera zu erkennen.

Wird der Elektrozaun quer durch häufig genutzte Biberwechsel gespannt, ist es sehr wahrscheinlich, dass der Biber mit dem Zaun in Berührung kommt.

dauerhafte Räumung von Biberbauten erlaubt werden, denn einmal entfernte Dämme werden vom Biber schnell durch neue ersetzt.
Ebenso könnte eine Versteinerung des bisher natürlich belassenen und daher derzeit für den Dammbau optimalen Bachbettes hilfreich sein, um den Biber aus dem Mühlengraben fernzuhalten.

Zu beachten ist, dass sich alle in Betracht zu ziehenden Maßnahmen wirklich nur auf den Bereich des Mühlengrabens beschränken und die Biberburgen und Dämme im Hauptbach nicht beeinträchtigt werden. Denn solange der Biber dort keine Konflikte verursacht, sollte ihm dieser Raum als Lebensraum erhalten bleiben.

**Anpassung des Entwässerungssystems** Setzt der Biber durch seine Dämme oder durch die Verstopfung von Abflussröhren die Funktion von Entwässerungssystemen angrenzender Nutzflächen durch den Wasserrückstau außer Kraft, kann ein Umbau oder eine Sanierung dieser Systeme wirksam sein. Angst (2014) führt ein bibertaugliches Entwässerungssystem an einem Bach in der Gemeinde Konolfingen in der Schweiz als gelungenes Beispiel an. Hier münden die Entwässerungsgräben/-röhren aus den umliegenden Flächen nicht direkt in den Bach, sondern zunächst in eine Sammelleitung, die in einiger Entfernung zum Gewässer (d. h. außerhalb des eigentlichen Gewässerraumes) parallel zum Ufer verläuft (s. Abb. 4-12).

Das Wasser wird entlang des Gefälles abgeleitet und weiter flussabwärts schließlich in den Bach überführt. Verstopfungen der Drainagen oder Eingriffe des Bibers in die Sammelleitung sind aufgrund der größeren Entfernung zum Gewässer wenig wahrscheinlich. Auch können biberbedingt überflutete Flächen über die Sammelleitung entwässert werden.

**Schutz schmaler Durchlässe vor Verstopfung** Zu- und Abflüsse von Fischteichen, Teichmönche, Drainage- und sonstige Abflussrohre oder schmale Wasserdurchlässe lassen sich durch das Anbringen von Drahtgittern vor oder um den Durchlass herum vor biberbedingten Verstopfungen, die durch den Einbau von Zweigmaterial verursacht werden, schützen (Bleckmann et al. 2010, Herr et al. 2018, Schulte 2005).

Als kurzfristige Lösung können auch aufgestellte Elektrozäune den Biber aus dem konfliktträchtigen Bereich fernhalten. Regelmäßige Kontrollen und Räumungen an kritischen Stellen können einer erneuten Materialanhäufung und Verstopfung vorbeugen.

Baut der Biber den Durchlass wieder zu, lässt sich das Astmaterial durch die angebrachten Gitter zumindest einfacher entfernen. Je nach Art/Beschaffenheit und Größe des Durchlasses sind Drahtgitter, -körbe, Drahtumzäunungen oder auch andere Sperreinrichtungen (z. B. Elektrozaun, Kanister-Kette) jeweils individuell zu gestalten und anzubringen (Schwab 2014b).

Gitter sollten am besten zusätzlich am Gewässergrund befestigt werden, sodass der Biber auch tauchend nicht an die Eng-/Problemstelle gelangt. Weiterhin verhindert eine möglichst großräumige Dimensionierung, dass der Biber die Sperreinrichtung durch Anhäufung von Material ebenfalls verdichtet/zubaut (Herr et al. 2018).

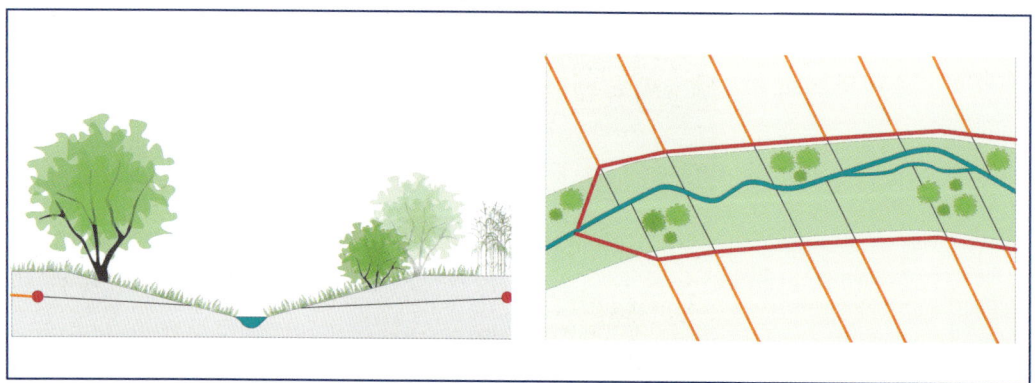

**Abb. 4-12** Umgebautes Entwässerungssystem: Die Drainageleitungen (orange) aus den umliegenden Flächen werden nicht direkt in den Bach geleitet, sondern münden in eine Sammelleitung (rot) außerhalb des Gewässerraums (grün), die das Wasser weiter flussabwärts in den Bach überführt (© Ursina Liembd ILF 2014 aus Angst 2014).

## Maßnahmen zur Konfliktvermeidung

**Schutz wertvoller Gehölze** Wertvolle Einzelbäume lassen sich durch Drahthosen, größere Baumgruppen/-bestände durch Umzäunungen gegen den Verbiss oder die Fällung durch den Biber schützen. Die Zäune und Drahthosen sollten aus stabilem Maschendraht mit einer Maschenweite von maximal 6 cm bestehen und eine Mindesthöhe von 1–1,20 m aufweisen. Geringe Pfostenabstände von etwa 2,50 m erhöhen bei Zäunen ebenfalls die Stabilität.

Um Untergrabungen oder Anhebungen der Drahtgeflechte zu vermeiden, ist es zudem sinnvoll, sie bis etwa 30 cm unter die Erdoberfläche reichen zu lassen und ggf. zusätzlich 20–30 cm zur Wasserseite hin umzulegen (Teubner & Teubner 2008, Schwab 2014b, Zahner 1997b). Drahthosen sollten ebenfalls zum Beispiel mithilfe von Erdnägeln/Heringen im Boden verankert werden.

Statt durch Drahthosen können Einzelbäume außerdem durch den Anstrich mit einem Verbissschutzmittel auf Quarzsand-Basis geschützt werden. Dies bietet sich vor allem in Bereichen an, in denen optische Beeinträchtigungen des Landschaftsbildes unerwünscht sind, also in Gärten oder Parkanlagen. Als Übergangslösung eignen sich auch Elektrozäune, um Biber von Gehölzen fernzuhalten (Bleckmann et al. 2010, Hölling 2010, Schwab 2014b).

**Schutz von Feldfrüchten** Ebenso wie Gehölzgruppen/-bestände lassen sich auch Feldfrüchte durch Umzäunungen vor Fraßschäden des Bibers schützen. Als besonders geeignet erweisen sich Elektrozäune, die in einer Höhe von 10–20 cm über dem Boden am Feldrand errichtet werden (Herr et al. 2018, Teubner & Teubner 2008, Zahner et al. 2009).

Im Raum Ingolstadt und weiteren Gebieten Bayerns konnte man beobachten, dass ein für eine Woche eingeschalteter Elektrozaun auch nach Ausschaltung noch weitere drei bis vier Wochen Wirkung zeigte und Biber erfolgreich von den Flächen fernhielt. Somit müssen die Zäune also nicht dauerhaft eingeschaltet werden und es ist möglich, das gleiche Steuergerät auf mehreren Flächen im Wechsel einzusetzen (Schwab 2003).

Weiterhin können Fraßschäden von vornherein vermieden bzw. minimiert werden, indem auf gewässernahen Feldern vorzugsweise Feld-

Biberschutzzaun, der zum Schutz neu angepflanzter Weiden-Stecklinge und Schwarzpappeln an einem Altarm im Biosphärenreservat Mittlere Elbe angelegt wurde.

© Wolfram Otto

### Hinweise für die Praxis: Schutz von Gehölzen

- Häufig empfohlen als Material für Drahthosen werden Estrichmatten (Biosphärenreservatsverwaltung Mittelelbe o. J., Ministerium für Umwelt, Landwirtschaft und Energie Sachsen-Anhalt 2018). Diese können mehrfach um den Stamm gewickelt und bei Bedarf (Wachstum des Baumes) nachträglich aufgeweitet/gelockert werden. Zum Fixieren eignen sich Drähte oder Kabelbinder.
- Damit der Biber trotz Schutz nicht an die Rinde gelangt, sollten Drahthosen mit genügend Abstand (mindestens 10 cm) zum Stamm angebracht werden (Deutscher Verband für Wasserwirtschaft und Kulturbau e. V. 1997, Orlamünder & Erhardt 2018).
- Bei nicht gerade gewachsenen oder kräftigeren Bäumen eignen sich eventuell etwas flexiblere Drahtgeflechte wie Viereckgeflecht besser für die Ummantelung (Schwab 2014b).

- Alternativ zu einfachen Drahtumwicklungen können Bäume auch durch eine Konstruktion aus Dreibock (wie er auch als Stütze bei Baumneupflanzungen zum Einsatz kommt) und daran befestigtem Drahtgeflecht vor Verbiss geschützt werden (s. Abb. 4-13). Diese Methode eignet sich gut für große Bäume mit ausladenden Wurzeln oder schief gewachsene Gehölze (Biosphärenreservatsverwaltung Mittelelbe o. J., Orlamünder & Erhardt 2018). Hierbei können auch an sich weniger stabile oder grobmaschigere Drahtgeflechte, wie Wildschutzzaun oder Hasendraht/Sechseckgeflecht, zum Einsatz kommen (Schwab 2014b).
- Als Verbissschutzmittel wird das Mittel „Wöbra" empfohlen (Hölling 2010, Schwab 2014b). Ein Anstrich empfiehlt sich insbesondere bei großen Gehölzen mit ausladenden Wurzeln und anderen Bäumen, bei denen sich Drahthosen nicht gut anbringen lassen.
- Ein flächiger Schutz durch Umzäunung bietet sich bei Forst-, Obstbaumkulturen oder Baumschulen etc. an. Verwendet werden kann hierzu Maschen- oder Wildschutzdraht. Wird der Zaun

Baumschutz an einem jungen Obstgehölz durch Umwicklung des Stamms samt Stütze mit Maschendraht.

© Elena Simon

**Abb. 4-13** Stabiler Baumschutz aus drei Pfählen und daran befestigtem Drahtgeflecht.

nur linear (entlang des Gewässers) ausgerichtet, sollte er auf beiden Seiten des zu schützenden Gehölzbestandes noch ein gutes Stück (ca. 10 m) weiter bzw. in Richtung Gewässer geführt werden, damit der Biber den Zaun nicht umgeht (Biosphärenreservatsverwaltung Mittelelbe o. J., Schwab 2014b).

- Baumschutzmaßnahmen sollten insbesondere im bzw. vor dem Winterhalbjahr eingeleitet werden, da die Rinde von Bäumen zu dieser Zeit die Hauptnahrungsquelle für den Biber darstellt und er folglich dann die meisten Bäume fällt.

### Hinweise für die Praxis: Elektrozaun zum Schutz von Feldfrüchten

- Elektrozäune können in unterschiedlicher Ausführung errichtet werden. Für den mobilen Einsatz (temporäre Zäune) eignen sich jedoch am besten Kunststoffpfähle und eine Kunststofflitze. Je nach Geländegegebenheiten werden die Pfähle in Abständen von ca. 0,5–5 m in den Boden gesteckt. So sind auf unebener Strecke meist kleinere Abstände nötig als auf ebener Strecke, um den Verlauf (Höhe) der Litze an kleinere Erhebungen oder Senken im Gelände anpassen zu können.
- Schwab (2014b) empfiehlt, an Ecken und Enden des Zauns Pfähle aus Holz einzusetzen, um die Stabilität zu erhöhen. Damit der Biber den Zaun nicht umläuft, sollte er außerdem ausreichend lang sein und nach Möglichkeit an den Rändern des zu schützenden Feldes noch etwa 20–30 m um die Ecke (u-förmig) weitergeführt werden (Biosphärenreservatsverwaltung Mittelelbe o. J., Schwab 2014b).
- Beim Spannen der Litze ist darauf zu achten, dass die empfohlene Höhe von 10–20 cm überall eingehalten und die Litze angemessen stramm gezogen wird. Da der Biber nicht springen kann, genügt in der Regel eine Litze auf genannter Höhe. Es können aber auch zwei Litzen übereinander mit einem Abstand zum Boden von etwa 10 und 30 cm gespannt werden (Rückführung der Litze auf einer zweiten Höhe). Die Befestigung an den Pfählen erfolgt mittels Ösen/Isolatoren, die in unterschiedlichen Höhenstufen bereits am Pfahl angebracht sind oder manuell daran befestigt und in der Höhe verschoben werden können (Schwab 2014b).
- Wichtig ist zudem, dass die Funktionsfähigkeit des Leiters nicht durch Bewuchs (Grashalme) beeinträchtigt wird. Der Bereich des Zaunverlaufs sollte daher regelmäßig gepflegt und die Vegetation kurz gehalten werden.
- Nach Spannen der Litze wird ein Elektrogerät an den Zaun angeschlossen, das regelmäßige Stromimpulse abgibt. Das Gerät wird sowohl mit dem Zaun als auch mit einem Erdspieß verbunden, der zur Erdung möglichst tief in den Boden eingeschlagen wird. Die Spannung sollte bei etwa 4 000–5 000 Volt liegen.
- Zum Schutz vor Diebstahl ist es ratsam, das Elektrogerät an einer möglichst verdeckten Stelle zu platzieren. Außerdem sollten Warnschilder („Vorsicht Elektrozaun") am Zaun angebracht werden.
- Vom Einsatz elektrischer Weidenetze im Biberrevier ist abzuraten, da Biber sich in den Netzen verfangen und dadurch sterben können (Orlamünder & Erhardt 2018).

## Beispiel aus der Praxis: Biber schränkt Funktion eines Regenüberlaufs ein (vergangener, zum Zeitpunkt der Besichtigung bereits behobener Konflikt)

Das Gebiet, in dem der Biber durch die Verstopfung eines Ableitungsrohres für Probleme gesorgt hat, befindet sich im saarländischen Landkreis St. Wendel (unweit der Stadt St. Wendel) und wurde in Begleitung durch den vom Landesamt für Umwelt- und Arbeitsschutz ausgewiesenen Biberexperten im Oktober 2019 besichtigt.

**Ausgangssituation** Im Saarland wurden in den 1990er-Jahren mehrere Wiederansiedlungen des Bibers, insbesondere am Gewässersystem der Ill, durchgeführt. Die ausgesetzten Tiere konnten sich erfolgreich im Gebiet etablieren und der Biber breitete sich rasch auch auf andere Gewässersysteme aus. Mittlerweile sind zahlreiche Gewässer vom Biber besiedelt und die Art nahezu flächendeckend im Saarland verbreitet.

Dennoch sind insgesamt verhältnismäßig wenige Problemfälle durch den Biber zu verzeichnen, nur vereinzelt treten Konflikte mit dem Menschen auf. Im hier dargelegten Fall kam es zu einer Beschwerde des saarländischen Entsorgungsverbandes, da der Biber sich am Entlastungsrohr eines Regenüberlaufs zu schaffen machte.

Regenüberläufe sind technische Bauwerke, die der Entlastung von Mischwasserkanalisationen und der daran anschließenden Kläranlage dienen. Sie kappen hohe Abflussspitzen, die bei starken Regenfällen entstehen und der Kläranlage nicht vollständig zugeführt werden können. Bei Überschreitung einer gewissen Schwelle werden Teile des eingeleiteten Regenwassers direkt in ein Gewässer abgeleitet/entlastet (DWA-Landesverband Baden-Württemberg 2018).

Durch die Verstopfung der Mündung des Entlastungsrohres in das Gewässer und den Bau eines großen Damms sorgte der Biber im betrachteten Gebiet für einen Wasserrückstau im Entlastungsrohr und somit für eine Funktionsbeeinträchtigung des Regenüberlaufs. Außerdem verursachte er durch den dammbedingten Wasseranstau teilweise größere Überschwemmungen im Uferbereich, wodurch die Zugänglichkeit zum technischen Bauwerk und somit dessen Wartung/Kontrolle erschwert wurde.

**Maßnahmen des Bibermanagements zur Konfliktlösung** Um die Funktionsfähigkeit des Regenüberlaufs wieder herzustellen und einen diesbezüglich angemessenen Wasserabfluss zu gewährleisten, erteilte die für den Konfliktfall zuständige Naturschutzbehörde die Genehmigung

Die mittlerweile überwucherten Rohre der ehemaligen Dammdrainage sind noch im Gebiet vorhanden, besitzen heute aber keine Funktion mehr.

zur Erniedrigung und Drainierung des Biberdamms. Dammmaterial sowie Gehölzmaterial, das der Biber im Bereich des Entlastungsrohres angehäuft hatte, wurde zunächst entfernt.

Anschließend wurde zusätzlich eine Drainage in Form von zwei KG-Rohren mit jeweils einem Durchmesser von 40 cm in den erniedrigten Damm eingebaut. Die Rohre führten vom Rückstaubereich durch den Damm zum angrenzenden Uferstreifen, wo das Wasser ein Stück über Land abgeleitet und weiter bachabwärts wieder in das Gewässer übergeführt wurde. Allerdings zeigte die Drainage nicht den gewünschten Erfolg, bereits nach kurzer Zeit hatte der Biber die Drainagerohre verstopft bzw. in den Damm mit eingebaut.

Der Experte erklärte, der Fehler habe darin gelegen, dass die Rohre nicht weit genug in den Rückstaubereich hineingereicht hätten und sich die Rohrenden zu nah am Gewässergrund befanden. So war es für den Biber ein leichtes Spiel, die Enden vor allem mithilfe von Schlamm abzudichten.

Darüber hinaus hätten um die Rohreinläufe angebrachte Drahtkörbe einer Verstopfung entgegenwirken können.

Dammdrainagen müssen also von vornherein gut durchdacht sein und sind dabei immer an die jeweils individuellen Gegebenheiten im Gebiet anzupassen. Trotz des fehlerhaften Einbaus regelte sich das Problem im beschriebenen Fall später von selbst, da der Damm letztlich bei einem Hochwasserereignis einbrach.

**Aktueller Zustand des besichtigten Gebietes**

Inzwischen befindet sich auf Höhe des Regenüberlaufs kein Biberdamm mehr, wobei die Reste des ehemaligen Damms, der für Probleme sorgte, noch deutlich zu erkennen sind. Auch die beiden Drainagerohre sind noch vorhanden. Ein Stück weiter bachaufwärts fand sich ein anderer Biberdamm, der aber recht niedrig ist und keine Probleme verursacht. Da er außerdem stark überströmt wird, ist davon auszugehen, dass er schon etwas länger besteht und derzeit nicht mehr vom Biber intakt gehalten wird.

Auch konnten keine anderen frischen Biberspuren im Umfeld gefunden werden, die auf eine aktuelle Nutzung des Gebietes als Revier hindeuten. Da Biber aber durchaus alte Reviere nach längerer Zeit wieder aufsuchen, das Gebiet insgesamt gute Lebensraumbedingungen aufweist und in weiter aufwärts/abwärts gelegenen Abschnitten des Bachs ebenfalls Bibervorkommen bekannt sind, ist eine künftig erneute Reviergründung im betrachteten Gebiet nicht auszuschließen bzw. gut möglich. Auch neu auftretende Konflikte sind somit denkbar. Daher wäre es sinnvoll, bereits jetzt über vorbeugende Maßnahmen nachzudenken.

Alte Nagespuren an Gehölzen weisen auf die ehemalige Gebietsbesiedlung durch den Biber hin.

früchte angebaut werden, die der Biber ungern frisst oder die aus wirtschaftlicher Sicht von geringerem Wert sind (Schwab 2014b).

**Schutz von Fischteichen**  Um Biber aus Fischteichen, insbesondere Winterungsteichen, fernzuhalten, stellt die isolierte und gewässerferne Lage der Teiche eine grundlegende Voraussetzung dar. Darüber hinaus kann die Attraktivität der Teiche für den Biber durch eine flache Ufergestaltung und die Entfernung von (Nahrungs-) Gehölzen stark reduziert werden, sodass eine Besiedlung weniger wahrscheinlich ist. Werden die Teiche vor ihrer Nutzung als Winterungsort abgelassen, kann ein Abwandern bereits angesiedelter Tiere bezweckt werden (Schulte 2005, Schwab 2014b, Deutscher Verband für Wasserwirtschaft und Kulturbau e. V. 1997).

**Maßnahmen zur Vermeidung von Straßenunfällen und zur Verkehrssicherungspflicht**  Um Kollisionen von Fahrzeugen mit Bibern zu vermeiden, können im Bereich häufig genutzter Biberwechsel Hinweis-/Warnschilder an Verkehrswegen angebracht werden. Außerdem sollten in kritischen Querungsbereichen von Gewässern und Verkehrswegen sichere Passagemöglichkeiten oder Querungshilfen für den Biber geschaffen werden.

**Hochwassergeeignete Passagen**  So ist bei der Gestaltung von Straßendurchlässen darauf zu achten, dass sie auch bei Hochwasser vom Biber passiert werden können und die Tiere nicht auf über die Straße führende Landwege ausweichen müssen.

Kontrollen im Rahmen der Verkehrssicherungspflicht an in Gewässernähe befindlichen Wegen, Straßen und Bahnlinien sind vorzugsweise im Herbst (Oktober, November) durchzuführen, da der Biber zu dieser Zeit die meis-

Dieser Gewässerdurchlass unter einer Straße ist sehr eng dimensioniert und weist eine starke Strömung auf, weshalb er für den Biber keine geeignete Passagemöglichkeit darstellt.

ten und stärksten Bäume fällt. Finden sich im Eingriffsraum des Bibers hohe Pappeln oder Weiden, die im Falle einer Umlegung auf Oberleitungen oder Verkehrswege stürzen könnten, sollten diese aus Sicherheitsgründen frühzeitig entfernt werden (Zahner 1997b).

**Niedrige Baumarten bevorzugen** Bei Neupflanzungen im Bereich gewässernaher Verkehrswege ist von vornherein eine sinnvolle Strukturierung und Gehölzwahl zu berücksichtigen. Die Pflanzungen sollten so gestaltet werden, dass möglichst keine Bäume auf die Straße fallen können und vor allem niedrigere Arten wie Strauchweiden zum Einsatz kommen (Schwab 2014b).

### 4.2.6 Abfangen von Bibern

Wie auch die Beseitigung von Biberbauten dürfen Eingriffe in Biberpopulationen durch den Fang von Tieren nur mit behördlicher Ausnahmegenehmigung erfolgen, da es sich beim Biber nach europäischem und nationalem Recht um eine „streng geschützte" Tierart handelt und sowohl die Nachstellung/Tötung als auch die Beschädigung von Bauten des Bibers gemäß § 44 BNatSchG verboten sind (BNatSchG 2009, Wölfl et al. 2009, Zahner et al. 2009).

**Nur in Ausnahmefällen** Das Fangen und Entfernen von Bibern aus einem Gebiet wird demnach nur in Extremfällen, das heißt, wenn sich erhebliche Gefahren oder Schäden durch sonstige Präventiv- oder Lösungsmaßnahmen nicht beheben lassen, erlaubt (Bleckmann et al. 2010, Ministerium für Umwelt, Landwirtschaft und Energie Sachsen-Anhalt 2018).

Notwendig werden kann dies vor allem in den stark sicherheitsbedürftigen Bereichen von Kläranlagen, Staudämmen, Verkehrsdämmen,

Werden an Bäumen, die nahe an Verkehrswegen stehen, erste Nagespuren des Bibers entdeckt, sollten diese schleunigst durch Drahthosen geschützt werden. Sind die Bäume bereits stärker beschädigt, sind sie im Rahmen der Verkehrssicherungspflicht vorsorglich zu fällen.

Schutzdeichen, Triebwerkskanälen von Wasserkraftanlagen etc., an denen der Biber durch seine Eingriffe gravierende Schäden oder Gefahren für die öffentliche Sicherheit verursachen könnte (Bayerisches Landesamt für Umweltschutz 1997, Meßlinger 2015, Wölfl et al. 2009).

Aber auch zur Vermeidung erheblicher forst- und landwirtschaftlicher Schäden kann ein Abfangen von Bibern in Betracht gezogen werden (Zahner 1997b). Privatleute können unter Umständen ebenfalls eine Ausnahmegenehmigung beantragen (Meßlinger 2015).

Für den Fang kommen meist Lebendfallen zum Einsatz, die von geschulten Fachleuten betrieben und beaufsichtigt und meist im Bereich von Biberwechseln platziert werden. Entweder werden die gefangenen Tiere anschließend in andere Gebiete abtransportiert und dort zur Wiederansiedlung ausgesetzt oder, besteht diesbezüglich keine Nachfrage, nach dem Fang getötet.

**Jagd ohne Fang ist problematisch** Außerdem kann auch ein Abschuss der Tiere in freier Wildbahn ohne vorherigen Fang genehmigt werden (Schwab 2014b, Wölfl et al. 2009, Zahner et al. 2009). Davon ist aus verschiedenen Gründen allerdings abzusehen. So können u. a. angeschossene Tiere, die aus Panik unter Wasser tauchen, nicht mehr nachgesucht werden und müssen qualvoll sterben. Außerdem gestaltet sich die Jagd dadurch, dass die Tiere dämmerungs- und nachtaktiv sind und Biberkonflikte in erster Linie in siedlungsnahen Bereichen entstehen, generell als äußerst schwierig.

Weiterhin sind Biber sehr lernfähig, bereits nach dem Abschuss weniger Tiere nehmen sich die restlichen Tiere im Revier in Acht. Zur Konfliktbehebung müssen allerdings alle Tiere entfernt werden, der Jagdaufwand ist also entsprechend hoch (Zahner et al. 2009).

Um die Biber nicht während der Aufzucht der Jungen zu beeinträchtigen, dürfen Fallen nur im Zeitraum vom 1. September bis zum 15. März aufgestellt werden. Sie sind täglich zu kontrollieren. Zur Anlockung der Tiere können Nahrungsmaterial aus der Umgebung, Karotten, Äpfel oder auch Bibergeil als Köder eingesetzt werden (Schwab 2014b).

**Familienstrukturen beachten** Wichtig ist außerdem, dass stets alle Tiere einer Familie entnommen werden, sodass keine einzelnen Jungbiber im Gebiet zurückbleiben. Die Tiere sollten also erst dann in ein anderes Gebiet umgesetzt oder getötet werden, wenn die gesamte Familie gefangen wurde (Ministerium für Umwelt, Landwirtschaft und Energie Sachsen-Anhalt 2018). Bei der Umsetzung von Tieren ist das neue Aussetzungsgebiet im Vorfeld sorgfältig auf seine Eignung zu prüfen und dementsprechend auszuwählen.

Trotz sofortiger Konfliktbehebung unmittelbar nach Entfernung der Tiere ist die genannte Maßnahme auf längere Sicht gesehen meist nur vorübergehend wirksam, da die „verlassenen" Reviere schnell wieder von neuen wandernden Bibern besetzt werden (Deutscher Verband für Wasserwirtschaft und Kulturbau e. V. 1997, Zahner et al. 2009).

**Kurzfristig, zeit- und kostenintensiv** Um die Tiere wirklich dauerhaft aus bestimmten Gebieten fernzuhalten, sind daher regelmäßige Kontrollen und weitere Nachfänge nötig. Weiterhin müssten zur Vorbeugung künftiger konflikträchtiger Biberaktivitäten durch wieder neu einwandernde Tiere zusätzlich zur Entnahme auch Präventionsmaßnahmen durchgeführt werden.

Das Abfangen von Tieren ist folglich als zeit- und kostenintensive Lösungsmaßnahme einzustufen (Deutscher Verband für Wasserwirtschaft und Kulturbau e. V. 1997, Ministerium für Umwelt, Landwirtschaft und Energie Sachsen-Anhalt 2018).

Das Ministerium für Umwelt, Landwirtschaft und Energie Sachsen-Anhalt (2018) weist außerdem darauf hin, dass durch eine mehrmalige Entnahme von Bibern die natürliche Bestandsregulation der Art, die sich vor allem durch Ausschöpfung von Lebensräumen ergibt, beeinflusst bzw. eingeschränkt werden kann. Denn werden durch das Abfangen von Tieren immer wieder neue Lebensräume bzw. alte Reviere frei, kann dies eine Steigerung der Reproduktionsrate zur

Bei der Entnahme von Bibern aus einem Gebiet dürfen keine einzelnen unselbstständigen Jungtiere zurückbleiben. Die Familienstrukturen im Biberrevier müssen also vorher bekannt sein.

Folge haben. Dadurch wird letztlich auch die Wiederbesiedlung der Gebiete beschleunigt.

Ob tatsächlich ein Entfernen der Tiere nötig ist und auf welche Weise dies geschehen soll, ist für jeden Konfliktfall einzeln und mittels Besichtigung des jeweiligen Gebietes zu entscheiden. Außerdem können diesbezüglich in den einzelnen Bundesländern sicherlich (geringfügig) abweichende Regelungen bestehen.

### 4.2.7 Entschädigungsleistungen

In Deutschland ist ein Ausgleich von Schäden, die vom Biber oder anderen wild lebenden Tieren verursacht werden, von staatlicher Seite aus in der Regel nicht vorgesehen (Zahner et al. 2009).

Auch nach europäischem Naturschutzrecht besteht für Grundeigentümer oder Nutzungsberechtigte, die von Biberschäden betroffen sind, kein Anspruch auf Entschädigung (Schulte 2005).

**Biberfonds in Bayern** Um die Akzeptanz gegenüber dem Biber zu erhöhen, können allerdings auf privater oder freiwilliger Basis Entschädigungsleistungen von Naturschutzverbänden, Naturfreunden etc. übernommen werden. So wurde in Bayern ab dem Jahr 2008 vom Umweltministerium ein Ausgleichsfonds, der sogenannte Biberfonds, eingerichtet. Dafür stellt der Freistaat Bayern als freiwillige Leistung jedes Jahr eine gewisse Summe Geld für den finanziellen Ausgleich von Biberschäden zur Verfügung (Bleckmann et al. 2010, Wölfl et al. 2009, Zahner et al. 2009).

Die Schadenserfassung und Festlegung der Ausgleichshöhe erfolgt durch die jeweils zuständige untere Naturschutzbehörde in Zusammenarbeit mit Fachleuten (Meßlinger 2015). Entschädigt werden außerdem nur bestimmte schwerwiegende Schäden in der Land-, Forst- und Teichwirtschaft. Für Schäden außerhalb der genannten Bereiche und solche, die nicht rechtzeitig gemeldet, bei denen Präventivmaßnahmen zur Vorbeugung unterlassen wurden oder die durch Versicherungen abgedeckt sind, besteht hingegen kein Anspruch auf Entschädigungsleistungen (Wölfl et al. 2009).

**Biberschäden als natürliche Umweltrisiken** Einerseits können durch Ausgleichszahlungen von Biberschäden Betroffene unterstützt und somit ihre Gesprächsbereitschaft und Toleranz gegenüber dem Biber erhöht werden (Schwab 2003, Wölfl et al. 2009). Andererseits sehen viele Bundesländer bewusst keine Entschädigungsleistungen vor, da von Wildtieren verursachte Schäden wie auch Witterungseinflüsse als gewöhnliche Umweltrisiken zu werten und mögliche Ertragseinbußen in der menschlichen Nutzung demnach hinzunehmen sind (Ergebnisse der durchgeführten Umfrage zum Bibermanagement auf der Ebene der Bundesländer, s. dazu auch Kapitel 4.3.6).

### Fazit für die Praxis

- Konflikte mit dem Biber ergeben sich in erster Linie dort, wo menschliche Nutzungen bis nah an Gewässerräume heranreichen und Gewässer stark anthropogen überformt sind. Von Problemen betroffen sind insbesondere die Land- und Forstwirtschaft, die Wasser- und Teichwirtschaft, Infrastruktur- und Siedlungswesen sowie Gewässeranlieger.
- Konflikte lassen sich im Allgemeinen auf folgende Aktivitäten des Bibers zurückführen: Grabtätigkeiten/Untergrabungen an Ufern und Böschungen, Benagung/Fällung von ufernahen Gehölzen und Feldfrüchten, Stauaktivitäten durch Dammbau und damit verbunden Überschwemmungen und Grundwasseranhebungen, Verstopfung von Einrichtungen zur Wasserstandsregulierung, (Überquerung von Verkehrswegen, Benagung unterirdischer Leitungen).
- Als nachhaltig wirksamste Maßnahmen zur Vorbeugung/Behebung von Biberkonflikten sind die Entwicklung von Uferrandstreifen und Renaturierungsmaßnahmen am Gewässer (z. B. die Förderung einer natürlichen Ufervegetation) zu bewerten. Solche Maßnahmen sind zwar zumeist aufwendig, erzielen dafür aber auch einen Mehrwert für Natur und Umwelt.
- Lokale Einzelmaßnahmen können bei akuten Konflikten meist schnell Abhilfe schaffen und sind oft mit nur geringem Aufwand verbunden. Teilweise stehen technische Maßnahmen, wie die Ufersicherung, allerdings einer natürlichen Gewässerentwicklung entgegen. Zudem stellen Einzelmaßnahmen selten dauerhafte Lösungen dar.
- Einige Maßnahmen zur Lösung von Biberkonflikten bedürfen einer Genehmigung durch die Naturschutzbehörde, da der Biber (samt seiner Bauten) nach Bundesnaturschutzgesetz „streng geschützt" ist. Eine Entnahme von Tieren sollte stets an letzter Stelle der Handlungskette zur Konfliktbewältigung stehen.
- Eine umfassende Öffentlichkeitsarbeit trägt zur Erhöhung von Akzeptanz und Toleranz der Bevölkerung gegenüber dem Biber bei und sollte daher eine wichtige Rolle im Umgang mit der Art einnehmen.

## 4.3 Bibermanagement auf der Ebene der Bundesländer

In diesem Kapitel werden im Rahmen einer Umfrage erfasste Informationen zum Bibermanagement auf der Ebene der Bundesländer dargelegt. Die je nach Bundesland für das Bibermanagement zuständigen Umweltministerien, Landesämter oder sonstigen Einrichtungen oder Personen beantworteten folgende zehn Fragen, die Aufschluss über die Organisation, die Akteure und die Aufgaben des Bibermanagements geben:

1. Seit wann gibt es ein Bibermanagement in Ihrem Bundesland? Mit welchen Bausteinen/Aufgaben startete dies?
2. Worin sehen Sie die entscheidenden Auslöser für die Einrichtung eines Bibermanagements? Wurden zuvor bereits massive Schäden oder Konflikte zwischen Mensch und Biber im Bundesland verzeichnet oder handelt es sich um ein vorsorgliches Management?
3. Wie wird das Bibermanagement organisiert? Aus welchen Teilbereichen/Akteuren/Arbeitsgruppen setzt es sich zusammen? Welche Akteure gibt es auf welchen Ebenen von der Landesebene bis zur lokalen Ebene?
4. Worin bestehen die Arbeitsschwerpunkte des Bibermanagements in Ihrem Bundesland heute?
5. Welche Art von Schäden, die der Biber verursacht, können durch das Management im Vorhinein vermieden oder nachträglich behoben werden? Welche Möglichkeiten bestehen zur Prävention und zum Ausgleich von Schäden?
6. Unter welchen Voraussetzungen werden Entschädigungsleistungen für die betroffenen Flächennutzer in welcher Höhe geleistet? Wie werden diese finanziert?
7. Welche Aufgaben und Tätigkeitsfelder bearbeitet Ihr Bundesland zur Öffentlichkeitsarbeit innerhalb des Bibermanagements?
8. Wie schätzen Sie die Akzeptanz/Toleranz der Öffentlichkeit und der von Biberschäden betroffenen Personen gegenüber dem Biber und seiner Schutzwürdigkeit ein? Wie differenziert sich diese zwischen verschiedenen Akteursgruppen?
   – Bevölkerung allgemein
   – ehrenamtlicher Naturschutz
   – Jagd
   – Angelfischerei
   – Wasserwirtschaft
   – evtl. weitere
9. Wer kann unter welchen Voraussetzungen als Biberberater/Biberbetreuer/Biberbotschafter etc. tätig werden? Wie erfolgt ggf. die Aus- und Fortbildung?
10. Wie sieht die aktuelle Verbreitung des Bibers in Ihrem Bundesland aus? Welche Ziele werden in der Ausbreitungsentwicklung der Art angestrebt? Welche Faktoren limitieren die Ausbreitung des Bibers in Ihrem Bundesland?

Insgesamt haben alle 16 Bundesländer Rückmeldungen gegeben, wobei in Bremen mangels Bibervorkommen derzeit noch kein Bibermanagement besteht und sich die Beantwortung der Fragen in dem Fall erübrigt hat. In allen anderen Bundesländern gibt es bereits ein Management für den Biber oder zumindest erste Schritte oder vorläufige Einrichtungen, Projekte etc. Die Angaben der 15 Bundesländer werden in den folgenden Kapiteln für jede Frage zusammenfassend dargelegt. Zusätzlich wurden die Fragen 1 bis 9 in jeweils umfassenden Tabellen ausgewertet, die sich im Online-Supplement zum Buch (Webcode **NuL 5390**) finden.

### 4.3.1 Beginn und erste Bausteine des Bibermanagements

**Früher Start in Sachsen-Anhalt**   Insgesamt reicht die Zeitspanne zur Einrichtung des Bibermanagements von 1855 bis 2015, wobei je nach Bundesland verschiedene Faktoren als „Startpunkt" des Managements angesehen werden.

Als erstes Land mit Bibermanagement gilt Sachsen-Anhalt. Hier wurde bereits im Jahr 1855 das sogenannte „Anhaltische Polizeistrafgesetz" eingeführt, das das Fangen, Schießen und Töten des Bibers erstmals verbot. Wenig später begann außerdem die Tätigkeit von Amtmann Max Behr als spezieller Beauftragter für die Biberforschung und -betreuung im Land. Als letztes wurde das Bibermanagement im Jahr 2015 in Brandenburg eingerichtet. Als startender Baustein wird hier die Aufstellung eines „7-Punkte-Programms zum Bibermanagement" erachtet.

**Unterschiedliche Aufgaben zu Beginn**  Die ersten Bausteine und Aufgaben des Bibermanagements finden sich zusammenfassend dargestellt in Tabelle A1 im Online-Supplement (Webcode **NuL 5390**). Insgesamt ließen sich sieben wesentliche Aufgabenfelder erkennen. Die Öffentlichkeitsarbeit/Beratung und Aufklärung gilt demnach in sechs Bundesländern mit als erster Baustein. Ebenfalls sechs Bundesländer starteten das Bibermanagement mit der Erfassung von Tieren, Revieren und der Ausbreitungsentwicklung der Art (Monitoring). Die Entwicklung und Umsetzung von Maßnahmen zur Konfliktlösung stellt für viele Bundesländer, insgesamt elf, eine startende Aufgabe im Bibermanagement dar.

In zehn Bundesländern wurde weiterhin zu Beginn des Bibermanagements eine landesweite Koordinationsstelle eingerichtet oder das Management zunächst auf Teilgebiete des Landes beschränkt. Die fünfte Kategorie, die Pilotprojekte, vorläufige Projekte/Gutachten oder die Entwicklung eines Programms oder Plans als Startbausteine des Bibermanagements umfasst, trifft für insgesamt neun Bundesländer zu. In zwei Ländern wurde zudem die Schaffung von rechtlichen Grundlagen mit als erster Aufgabenbereich angegeben. Zuletzt startete das Management in sieben Bundesländern mit Fachtagungen, Schulungen oder der Ausbildung und Koordination von Biberbetreuern/Bibermanagern.

### 4.3.2 Auslöser für vorsorgliches oder „nachträgliches" Bibermanagement

Grundsätzlich lässt sich zwischen zwei „Einrichtungstypen" eines Bibermanagements unterscheiden. Entweder wurde das Bibermanagement als Reaktion auf bereits festgestellte erhebliche Biberkonflikte/-schäden eingerichtet („nachträglich") oder aber es handelt sich um eine vorsorgliche Einrichtung, um künftig zu erwartende Biberkonflikte/-schäden zu vermeiden.

Während im ersten Fall die konkreten aufgetretenen Schäden als Auslöser gelten, lassen sich für das vorsorgliche Management keine direkten Auslöser benennen. Die Einrichtung wurde hier aufgrund der zunehmenden Ausbreitung des Bibers als wichtig oder erforderlich erachtet.

**Verschiedene Gründe zusammengefasst**  Tabelle A2 (Online-Supplement, Webcode **NuL 5390**) stellt die von den Bundesländern mitgeteilten Informationen zusammen. Sie enthält neben den beiden genannten Einrichtungstypen des Bibermanagements außerdem noch eine dritte Spalte „Sonstige (zusätzliche) Auslöser/Gründe". Weiterhin wird zwischen Fraßschäden oder Fällungen, Vernässungen/Überschwemmungen oder aber Untergrabungen (von Verkehrswegen, Ufern, Dämmen etc.) als Auslöser für die Einrichtung unterschieden.

Zusammenfassend lässt sich feststellen, dass das Bibermanagement in insgesamt fünf Bundesländern (Bayern, Brandenburg, Mecklenburg-Vorpommern, Niedersachsen, Sachsen-Anhalt) als Reaktion auf das Auftreten erster erheblicher Biberschäden und in insgesamt acht Bundesländern (Berlin, Hamburg, Hessen, Rheinland-Pfalz, Saarland, Sachsen, Schleswig-Holstein, Thüringen) vorsorglich eingerichtet wurde. Für die Bundesländer Baden-Württemberg und Nordrhein-Westfalen war hingegen keine eindeutige Zuordnung zu einer vorsorglichen oder nachträglichen Einrichtung des Bibermanagements möglich, da beispielsweise Unterschiede zwischen verschiedenen Landesteilen bestehen.

Die Länder Bayern, Brandenburg, Hamburg, Rheinland-Pfalz und Saarland geben außerdem zusätzliche Gründe oder Auslöser für den Aufbau des Bibermanagements an. Dazu zählen die Entdeckung der ersten Biberburg im Land (Hamburg) oder die Forderung des Managements in einem vorauslaufenden Gutachten (Bayern).

### 4.3.3 Organisation und Akteure des Bibermanagements

In Bezug auf die Organisation, Akteure und Teilbereiche des Bibermanagements wurde unterschieden zwischen einem hierarchisch organisierten Bibermanagement auf verschiedenen Planungsebenen und der Ausführung des Managements durch eine landesweite Koordinationsstelle, auf die die wesentlichen Aufgaben gebündelt werden (s. Tab. A3, Online-Supplement, Webcode **NuL 5390**).

**Management auf Planungsebenen** Die Planungsebenen eines hierarchisch organisierten Managements lassen sich dabei im Allgemeinen in eine untere (lokale), eine höhere (regionale) und eine oberste (Landes-) Verwaltungseinheit untergliedern. Weiterhin können sonstige Akteure, Institutionen, Verbände oder Einrichtungen Aufgaben des Bibermanagements übernehmen. Die untere Verwaltungseinheit wird zumeist von den unteren Naturschutzbehörden und lokalen Biberbetreuern, die höhere Verwaltungseinheit von den Regierungspräsidien und die oberste Verwaltungseinheit von den Landesämtern oder Umweltministerien der Länder gebildet.

Jede Planungsebene ist dabei für einen bestimmten Teilbereich des Managements zuständig und nimmt jeweils andere Aufgaben wahr. Die Zuständigkeiten der lokalen und regionalen Ebenen sind außerdem auch räumlich beschränkt.

**Koordinationsstelle arbeitet zentral** Wird das Bibermanagement auf eine landesweite Koordinationsstelle übertragen, wobei gegebenenfalls auch externe fachlich versierte Büros beauftragt werden können, werden die verschiedenen Teilbereiche/Aufgaben hingegen auf diese Stelle gebündelt und das Management für das gesamte Land „zentral" gesteuert bzw. organisiert. Einige Bundesländer weisen hinsichtlich der Organisation des Managements zudem eine Kombination beider Systeme auf, indem es sowohl eine landesweit tätige (Haupt-)Einrichtung als auch hierarchisch organisierte Akteure/Planungsebenen gibt.

Die Bundesländer Baden-Württemberg, Bayern, Berlin, Brandenburg, Hessen und Nordrhein-Westfalen weisen ein hierarchisch organisiertes Management auf, während es in den Ländern Hamburg, Niedersachsen und Thüringen derzeit ausschließlich eine landesweite Koordinationsstelle für das Management gibt. Das Bibermanagement in den Ländern Mecklenburg-Vorpommern, Rheinland-Pfalz, Saarland, Sachsen und Sachsen-Anhalt stellt eine Kombination beider „Organisationsformen" dar. In Schleswig-Holstein wurde bisher lediglich ein Werkvertragsnehmer beauftragt, ein „echtes" Bibermanagement wird derzeit noch nicht als erforderlich erachtet.

**Organisationen ändern sich** Auch in manchen anderen Ländern lässt sich das Management noch nicht als voll etabliert bezeichnen oder es befindet sich aktuell erst im Aufbau, wodurch künftige Änderungen in der Organisation nicht auszuschließen sind. So sollen die Aufgaben des Bibermanagements in Thüringen beispielsweise künftig im Rahmen der Erarbeitung eines Managementplans auf verschiedene Planungsebenen übertragen werden, während sie derzeit auf eine landesweite Koordinationsstelle gebündelt sind.

### 4.3.4 Arbeitsschwerpunkte des Bibermanagements

Die aktuellen Arbeitsschwerpunkte des Bibermanagements wurden sieben Antwortkategorien zugeordnet (s. Tab. A4, Online-Supplement, Webcode **NuL 5390**). Insbesondere die drei ersten Kategorien scheinen derzeit eine wichtige Rolle im Bibermanagement einzunehmen.

So wurden die Öffentlichkeitsarbeit und Informationsvermittlung (1. Kategorie) von insgesamt elf Bundesländern, die Beratung und Aufklärung bzw. Mittlerfunktion zwischen verschiedenen Akteuren und Betroffenen (2. Kategorie) von insgesamt zwölf Bundesländern und die Entwicklung und Umsetzung von Maßnahmen zur Konfliktentschärfung (3. Kategorie) ebenfalls von insgesamt elf Bundesländern als Aufgabenschwerpunkte im Fragebogen angeführt.

Die Förderung der Konflikt- und Schadensprävention, also die Umsetzung von Maßnahmen zur Vermeidung von Schäden im Vorhinein, wurde von insgesamt neun Ländern als aktueller Arbeitsschwerpunkt eingestuft. Für etwas weniger als die Hälfte (sechs Länder) der insgesamt 15 an der Umfrage teilnehmenden Bundesländer stellen außerdem Biberkartierungen bzw. das Bibermonitoring einen Hauptaufgabenbereich im Bibermanagement dar.

Ähnlich verhält es sich für die sechste Kategorie, die den Aufbau eines Netzes von Biberberatern bzw. die Ausbildung/Schulung von Biberberatern und anderen Akteuren umfasst. Sie konnte für insgesamt sieben Länder als „zutreffend" bewertet werden. Zuletzt ließ sich die Umsetzung von Maßnahmen, die neben der Schadensprävention insbesondere dem Schutz des Bibers dienen, für das Bundesland Sachsen-Anhalt als Arbeitsschwerpunkt mit aufnehmen.

### 4.3.5 Vermeidung (Prävention) und nachträgliche Behebung von biberverursachten Schäden

Tabelle A5 (Online-Supplement, Webcode **NuL 5390**) fasst die bestehenden Möglichkeiten zur Vermeidung und Behebung von Biberschäden zusammen. Entsprechend der Fragestellung unterscheidet sie zunächst zwischen „Maßnahmen zur Prävention/Vermeidung von Schäden im Vorhinein" und „Maßnahmen zur Minderung/Behebung von Schäden im Nachhinein". Anschließend wurden diesen beiden Kategorien jeweils konkrete Maßnahmen, die in den Umfragebögen mehrmals genannt wurden, zugeordnet. Eine ganz eindeutige Zuordnung ist dabei nicht immer möglich, da sich manche Maßnahmen sowohl vorsorglich als auch nachträglich anwenden lassen.

So können beispielsweise gewässerangrenzende Flächen im Vorhinein erworben werden, da künftig mit Konflikten oder Schäden durch den Biber zu rechnen ist; andererseits kann der Flächenerwerb aber auch bei bereits eingetretenen Schäden Abhilfe schaffen. Die Zuordnung erfolgte somit nach eigenem Ermessen.

Insgesamt handelt es sich bei den in der Tabelle aufgeführten Möglichkeiten/Maßnahmen lediglich um einige Beispiele, die im Rahmen der Umfrage von den für das Bibermanagement Zuständigen der Bundesländer genannt wurden. Es ist also keine Vollständigkeit gewährleistet und die Tabelle spiegelt lediglich wieder, welche Maßnahmen zur Schadensprävention und -behebung von vielen Bundesländern genannt oder als Beispiel aufgeführt wurden und somit als prioritär einzustufen sind.

**Prioritäre Maßnahmen** So wurden Dammdrainagen/-abtragungen bzw. das Anlegen von Umgehungsgerinnen sehr häufig, insgesamt von elf Bundesländern, als Möglichkeit zur nachträglichen Behebung von Überschwemmungsschäden angeführt. Ebenfalls elf Bundesländer benennen den Baumschutz durch das Anbringen von Drahthosen, Umzäunungen oder Verbissschutzmittel als Möglichkeit zur Schadensbehebung.

Die Umweltbildungs- und Öffentlichkeitsarbeit, die auch das Erarbeiten von Leitfäden und die Beratung und Information umfasst, wurde in neun der zurückerhaltenen Fragebögen als Maßnahme zur Schadensprävention oder -behebung angegeben. In Nordrhein-Westfalen sollen konkrete Maßnahmen erst mit dem kommenden Bibermanagementplan erarbeitet werden und für Schleswig-Holstein wurden aufgrund bisher fehlender Biberschäden ebenfalls keine Angaben gemacht.

### 4.3.6 Regelungen zu Entschädigungsleistungen

Anhand der in den Umfragebögen mittgeteilten Informationen lässt sich feststellen, dass Entschädigungsleistungen für Biberschäden insgesamt von nur sehr wenigen Bundesländern erbracht werden (s. Tab. A6, Online-Supplement, Webcode **NuL 5390**). Einzig das Bundesland Bayern zahlt derzeit Ausgleichszahlungen für vom Biber verursachte Schäden. Dazu wurde ein Biberschadensfonds eingerichtet, der aus rein bayrischen Mitteln und freiwillig finanziert wird (s. dazu auch Kap. 4.2.7).

**Entschädigungen eher selten** In Thüringen und Nordrhein-Westfalen sollen Regelungen zu Entschädigungszahlungen und deren Höhe zukünftig durch eine Förderrichtlinie bzw. einen in Erarbeitung befindlichen Bibermanagementplan festgelegt werden. In Brandenburg wird derzeit eine Richtlinie für den Ausgleich von Biberschäden an Teichwirtschaften erarbeitet. Bisher wurden in den drei Ländern allerdings noch keine Entschädigungsleistungen erbracht. Auch in allen anderen Ländern gibt es derzeit keine finanziellen Entschädigungsmöglichkeiten.

**Dafür Förderung von präventiven Maßnahmen** Da im Gegensatz zur Leistung von Entschädigungszahlungen die Umsetzung von Präventivmaßnahmen zur Vorbeugung von Biberkonflikten und -schäden von vielen Bundesländern gefördert und unterstützt wird, wurden bestehende Fördermöglichkeiten/-programme oder sonstige Angebote und Regelungen zusätzlich mit aufgenommen. Hierzu zählen Programme des Vertragsnaturschutzes, die Maßnahmenförderung über bestimmte Richtlinien, die Bereitstellung von Materialien für die Maßnahmenumsetzung, die Förderung von Gewässerrandstreifen oder die Übernahme von Teilkosten für biberbedingte Mehraufwendungen in der Gewässerunterhaltung.

### 4.3.7 Aufgaben und Tätigkeitsfelder in der Öffentlichkeitsarbeit

Die Aufgaben und Tätigkeitsfelder der Öffentlichkeitsarbeit wurden in eine Tabelle mit insgesamt acht Kategorien, die jeweils konkrete Aufgabenbereiche zusammenfassen, aufgenommen. Unterhalb einer neunten Kategorie „Sonstiges" wurden außerdem weitere (etwa sehr länderspezifische) Aufgaben eingeordnet (s. Tab. A7, Online-Supplement, Webcode NuL 5390).

**Breites Spektrum an Möglichkeiten** Insgesamt fünf Bundesländer organisieren im Rahmen der Öffentlichkeitsarbeit Ausstellungen (mit Infotafeln) zum Biber, neun Länder führen Vorträge, Tagungen oder Informationsveranstaltungen durch und für zwei Länder stellt auch die Pressearbeit oder die Zusammenarbeit mit Rundfunk, Fernsehen etc. ein Tätigkeitsfeld in der Öffentlichkeitsarbeit dar. Weiterhin werden in vier Ländern Faltblätter, Broschüren oder Bücher herausgegeben bzw. Internetinformationen (Websites) zum Thema Biber zur Verfügung gestellt und in sechs Ländern Führungen/Exkursionen zu Biberrevieren angeboten.

In Bayern und Rheinland-Pfalz werden zudem Materialien/Präparate bereitgestellt, die beispielsweise für Exkursionen und Informationsveranstaltungen ausgeliehen werden können. Auch die Einrichtung von Biberlehrpfaden bzw. die Aufstellung von Infotafeln in Biberrevieren stellt für vier Bundesländer einen Teilbereich der Öffentlichkeitsarbeit dar. In fünf Bundesländern ist ferner die Einbindung des Bibers in den Schulunterricht ein Aufgabenfeld. Für Hessen wurde außerdem angegeben, dass das Forstamt Schlüchtern eine sogenannte „Artenpatenschaft" für den Biber übernimmt und in Sachsen-Anhalt wird eine Biberfreianlage betrieben, die ebenfalls für Zwecke der Öffentlichkeitsarbeit genutzt werden kann.

In Berlin wird die Öffentlichkeitsarbeit nach Angabe des für den Umfragebogen Zuständigen derzeit als noch nicht zwingend erforderlich erachtet, da der Biber bisher keine massiven Schäden verursacht hat und somit bis jetzt ein gutes Image besitzt. Für die Länder Niedersachsen, Nordrhein-Westfalen und Thüringen wurden ebenfalls keine konkreten Aufgaben/Tätigkeitsfelder innerhalb der Öffentlichkeitsarbeit benannt.

### 4.3.8 Akzeptanz/Toleranz der Öffentlichkeit und verschiedener Akteursgruppen

Aufgrund fehlender Erhebungen oder empirischer Daten fiel es den meisten Vertretern der Bundesländer schwer, die Akzeptanz/Toleranz der Öffentlichkeit und der von Biberschäden betroffenen Personen/Akteure gegenüber dem Biber und seiner Schutzwürdigkeit einzuschätzen. Insbesondere eine Differenzierung zwischen den verschiedenen angegebenen Akteursgruppen wurde daher nur von sechs für das Bibermanagement Zuständigen und teils auch nur ansatzweise vorgenommen (Bayern, Hamburg, Niedersachsen, Rheinland-Pfalz, Sachsen-Anhalt und Thüringen).

**Differenzierte Beurteilung nur teilweise möglich** Für Baden-Württemberg, für das der Fragebogen jeweils von den einzelnen Regierungspräsidien beantwortet oder ergänzt wurde, gibt außerdem das Regierungspräsidium Freiburg eine differenzierte Beurteilung ab. In den Fragebögen der Bundesländer Berlin, Brandenburg, Hessen, Mecklenburg-Vorpommern, Saarland, Sachsen und Baden-Württemberg (Regierungspräsidien Karlsruhe, Stuttgart und Tübingen) wurden hingegen nur allgemeine Einschätzungen zum Ausmaß der Akzeptanz/Toleranz angegeben. Für die Bundesländer Nordrhein-Westfalen und Schleswig-Holstein waren aufgrund fehlender Erkenntnisse bzw. bisher fehlender Konflikt-/Schadensmeldungen keine Angaben möglich.

**Empirische Daten liegen meist nicht vor** An dieser Stelle ist noch einmal zu erwähnen, dass es sich bei allen Angaben lediglich um eine Einschätzung der das Bibermanagement vertretenden Personen oder Behörden der jeweiligen Bundesländer handelt, empirische Daten oder Erhebungen liegen größtenteils nicht vor. Außerdem wurden für die Beurteilung unterschiedliche Bewertungssysteme (Abstufungskategorien) angewandt. Das macht es schwieriger, vergleichende oder zusammenfassende Aussagen zu treffen. So unterscheiden einige Bundesländer nur zwischen den Kategorien „tolerant" und „sehr tolerant", während Baden-Württemberg (Regierungspräsidium Freiburg) beispielsweise mit Schulnoten arbeitet. Die Vorgabe eines bestimmten Bewertungssystems (im Vorhinein) hätte die Auswertung in dieser Hinsicht sicherlich erleichtert und für eine bessere Vergleichbarkeit der Angaben gesorgt.

**Einige Bundesländer mit allgemein hoher Toleranz** Mit Blick auf die allgemeinen Beurteilungen der Bundesländer geht man derzeit in Berlin, Hessen, Rheinland-Pfalz, im Saarland und in Thüringen von einer eher positiven Grundhaltung gegenüber dem Biber aus. Bezüglich der differenzierten Einschätzung nach verschiedenen Akteursgruppen lässt sich in den Bundesländern Niedersachsen, Rheinland-Pfalz und Thüringen ebenfalls ein insgesamt als positiv zu wertendes Ergebnis für die Toleranzbereitschaft feststellen (ein gewisses oder tendenziell hohes Maß an Toleranz/Akzeptanz ist größtenteils vorhanden).

**Andere mit größeren Unterschieden** Für die anderen Bundesländer kann eine solche grundlegende Aussage, ob die Toleranzbereitschaft eher als hoch (positiv) oder niedrig einzustufen ist, nicht gemacht werden. Der Grund ist, dass sich das Ausmaß der Toleranz/Akzeptanz zwischen den Akteursgruppen stärker unterscheidet, also eher gemischt ausfällt (Bayern, Sachsen-Anhalt, Baden-Württemberg – Regierungspräsidium Freiburg), oder nur wenige oder nicht aussagekräftige Angaben gemacht wurden (Brandenburg, Hamburg, Mecklenburg-Vorpommern, Sachsen und Baden-Württemberg – Regierungspräsidien Karlsruhe, Stuttgart und Tübingen).

**Toleranz der Bevölkerung meist groß** Schaut man sich die Einschätzungen zum Ausmaß der Toleranz/Akzeptanz der einzelnen Akteure an, so wurde die allgemeine Bevölkerung von nahezu allen Bundesländern, die eine Differenzierung vorgenommen haben, als tolerant oder sehr tolerant dem Biber gegenüber eingestuft (Bayern, Hamburg, Niedersachsen, Rheinland-Pfalz, Sachsen-Anhalt, Thüringen). Lediglich das Regierungspräsidium Freiburg (Baden-Württemberg) beurteilt die Toleranz der Bevölkerung als mittelmäßig. Ähnlich verhält es sich für den ehrenamtlichen Naturschutz. Vom Regierungspräsidium Freiburg (Baden-Württemberg) wird dieser je nach Interessenlage als tolerant bis mittelmäßig tolerant (Note 2–3), von den anderen zuvor genannten Bundesländern als (größtenteils) tolerant oder sehr tolerant eingeschätzt.

Der Bereich der Jagd wurde dem Biber gegenüber zusammengefasst als tolerant bis sehr tolerant, als gemischt (wenig bis sehr) tolerant (Bayern) oder neutral (Sachsen-Anhalt) eingestuft. Bezüglich der Angelfischerei und der Wasserwirtschaft fällt die Spannweite der geschätzten Toleranzbereitschaft insgesamt etwas größer aus als bei den anderen Akteuren, sie reicht von der Note 3–4 bzw. der Einstufung „neutral bis schlecht" bis zu der Bewertung „sehr tolerant/hohe Akzeptanz".

Eine ausführliche Darstellung der von den Vertretern der Bundesländer mitgeteilten Informationen findet sich in Tabelle A8 im Online-Supplement des Buches (Webcode

NuL 5390). Die Tabelle enthält neben Angaben zu allgemeinen und (nach verschiedenen Akteuren) differenzierten Einschätzungen des Toleranz-/Akzeptanz-Ausmaßes gegenüber dem Biber auch Informationen zu der Toleranzbereitschaft eventuell weiterer genannter Akteure sowie Gründe, warum eine Einschätzung schwer oder nicht möglich ist.

### 4.3.9 Voraussetzungen für die Tätigkeit als Biberberater und Angaben zur Aus- und Fortbildung

Biberberater, Biberbetreuer, Biberbotschafter oder Biberexperten (Begriff variiert je nach Bundesland) gibt es in nahezu allen Bundesländern. Die Angaben aller Länder sind ausführlich in Tabelle A9 (Online-Supplement, Webcode **NuL 5390**) zusammengestellt.

**Meist ehrenamtlich besetzt** Größtenteils handelt es sich bei den „Bibersachverständigen" um ehrenamtlich tätige, interessierte Personen aus der lokalen Bevölkerung. Häufig stammen sie aus den Bereichen Naturschutz, Jagd, Landwirtschaft, Forst oder Angelfischerei. In Berlin sind hingegen derzeit drei freischaffende Biologen als Biberexperten beauftragt. In Mecklenburg-Vorpommern setzt sich das Biberberater-Netz neben Ehrenamtlichen aus Mitarbeitern von Wasser- und Bodenverbänden sowie aus Personen, die in Großschutzgebieten mit Bibervorkommen oder in Genehmigungsbehörden (untere Naturschutzbehörden) tätig sind, zusammen. Im Saarland gibt es zusätzlich zu den Biberbetreuern außerdem einen ausgewiesenen Biberexperten. Einzig im Bundesland Schleswig-Holstein sind aktuell keine Biberberater tätig.

Als Voraussetzungen für die Tätigkeit als Biberberater werden die Teilnahme an speziellen Schulungen, (Vor-)Erfahrungen im Umgang mit der Art und Gewässern, eine gute Sachkenntnis über den Biber und seine Auswirkungen sowie eine gute regionale Gebietskenntnis und eine gute Kommunikations- und Beratungsfähigkeit benannt.

Als Möglichkeiten zur Aus- und Fortbildung der Biberbetreuer wurde oftmals angegeben, dass von den Landesämtern, Regierungspräsidien oder sonstigen Einrichtungen regelmäßige (oft mehrtätige) Schulungen, Aus- und Fortbildungen angeboten werden. Außerdem finden in vielen Ländern regelmäßige landesweite oder kreiseigene Treffen der Biberberater (eventuell auch mit Vertretern von Umweltverbänden etc.) zum Erfahrungsaustausch und zur Weiterbildung statt.

### 4.3.10 Aktuelle Verbreitung des Bibers sowie Ziele und limitierende Faktoren in der Ausbreitungsentwicklung

Die mitgeteilten Informationen zur letzten Frage, die sich mit der aktuellen Verbreitung des Bibers und den Zielen und limitierenden Faktoren in der weiteren Ausbreitungsentwicklung beschäftigt, werden separat für die verschiedenen Bundesländer im Online-Supplement des Buches (A10, Webcode **NuL 5390**) dargelegt.

Zusammenfassend lässt sich festhalten, dass bezüglich der aktuellen Verbreitung des Bibers zwischen den verschiedenen Bundesländern noch große Unterschiede bestehen. Während die Art in einigen Ländern bereits flächendeckend oder in weiten Teilen des Landes vorkommt und hohe Bestandszahlen aufweist (z. B. Bayern, Saarland, Berlin/Brandenburg und Sachsen-Anhalt), ist in anderen Ländern bisher nur eine sehr geringe Besiedlungsdichte des Bibers zu verzeichnen (z. B. Schleswig-Holstein, Thüringen, Rheinland-Pfalz). Einige Bundesländer weisen außerdem in bestimmten Landesteilen bereits recht viele Bibervorkommen auf, während in anderen Gebieten weiterhin „Besiedlungslücken" bestehen (z. B. Baden-Württemberg, Hessen, Sachsen, Nordrhein-Westfalen).

**Gründe für die unterschiedliche Verbreitung** Die Unterschiede in der Verbreitung hängen auch damit zusammen, ob die Bestandsentwicklungen in den einzelnen Ländern auf Wiederansiedlungsprojekte durch den Menschen oder auf natürliche Zuwanderungen zurückzuführen sind (s. auch Kapitel 3.1). So ist in den Ländern Bayern, Saarland, Mecklenburg-Vorpommern und Brandenburg, in denen aktive Einbürgerungen des Bibers stattfanden, eine heute größtenteils flächendeckende Verbreitung des Tieres zu verzeichnen. Dagegen breitet sich die Art in Rheinland-Pfalz, in Schleswig-Holstein oder in Thüringen, wo der Biber ausschließlich auf natürlichem Wege einwanderte, wesentlich langsamer aus und bisher wurden deutlich geringere Bestandszahlen erfasst.

Der Biber ist mittlerweile in allen Bundesländern (mit Ausnahme von Bremen) verbreitet und befindet sich aktuell in nahezu allen Ländern weiterhin in (starker) Ausbreitung. Lediglich in Schleswig-Holstein ist seit der Wiederansiedlung der ersten Tiere bis heute keine deutliche Ausdehnung des Verbreitungsgebietes erfolgt.

**Ausbreitung meist positiv gesehen** Als Ziele, die hinsichtlich der weiteren Ausbreitungsentwicklung der Art verfolgt werden, geben die meisten (zehn) Bundesländer die Umsetzung bestimmter Maßnahmen an, die insgesamt eine weitere Ausbreitung und Förderung des Bibers im Land ermöglichen. Häufig genannt werden die Beseitigung von Wanderhindernissen an Gewässern und generell die Förderung naturnaher Gewässer- und Uferausprägungen. Insgesamt stehen diese Länder der Ausbreitung des Bibers somit positiv gegenüber. Die fünf anderen Bundesländer (Baden-Württemberg, Mecklenburg-Vorpommern, Saarland, Sachsen und Schleswig-Holstein) haben bezüglich der Ziele keine Angaben gemacht.

**Natürliche und anthropogene Faktoren limitieren** Hinsichtlich der die Ausbreitung limitierenden Faktoren lässt sich grundsätzlich zwischen natürlichen und anthropogen bedingten Faktoren unterscheiden. Zusammenfassend werden unter den natürlichen Begrenzungsfaktoren in erster Linie die innerartliche Selbstregulation in Verbindung mit der Verfügbarkeit von benötigten Ressourcen (Nahrung, Wasser, Lebensraum) sowie klimatische Faktoren (Hochwasser, Trockenheit) genannt. Als anthropogen bedingte Ursachen für eine eingeschränkte Ausbreitung werden vor allem Zerschneidungen der Landschaft durch Straßen, Ausbreitungsbarrieren im Gewässer (Schleusen, Stauwehre, technisch ausgebaute Ufer etc.) und die Entwertung von Biberlebensräumen durch intensive Landnutzungen oder Eingriffe in den Wasserhaushalt aufgeführt.

---

**Fazit für die Praxis**

- Ein voll etabliertes Bibermanagement oder Vorstufen/Ansätze eines Managements in Form vorläufiger Einrichtungen, Projekte etc. gibt es inzwischen in allen Bundesländern (außer in Bremen, wo der Biber derzeit noch nicht vorkommt).
- Werden konfliktvermeidende Maßnahmen vorsorglich durchgeführt, spricht man von einem präventiven/proaktiven Management. Demgegenüber stehen Lösungsmaßnahmen, die zur Entschärfung/Behebung bereits eingetretener Konflikte angewendet werden („nachträgliches" Management).
- Das Bibermanagement ist entweder hierarchisch auf verschiedenen Planungsebenen organisiert oder wird hauptsächlich von einer eigens dafür eingerichteten landesweiten Koordinationsstelle übernommen. Häufig ist auch eine Kombination beider Organisationsformen.
- Arbeitsschwerpunkte des Bibermanagements bilden die Öffentlichkeitsarbeit, die Beratungs- und Aufklärungstätigkeit bzw. Mittlerfunktion zwischen verschiedenen Akteuren, die Entwicklung und Umsetzung von Maßnahmen zur Konfliktvermeidung und -behebung, das Monitoring von Bibervorkommen und der Aufbau eines Netzwerkes aus lokalen Biberberatern/Biberbetreuern.
- Finanzielle Entschädigungsleistungen für vom Biber verursachte Schäden werden bisher nur im Bundesland Bayern erbracht. Die meisten Länder äußern sich hierzu kritisch, da sie Biberschäden als natürliche Umweltrisiken werten. Für die Umsetzung von Präventivmaßnahmen bestehen hingegen in vielen Ländern Fördermöglichkeiten.

# 5 Leitlinien für das Bibermanagement in der Zukunft

## 5.1 Zentrale Problemstellung und eigene Wertung zum Bibermanagement

Nach umfassender Beschäftigung mit der Art und letztlich der Auswertung einer Umfrage zum Bibermanagement lassen sich die Schwerpunkte dieses Buchs und damit auch der Hauptkonflikt noch einmal deutlich erkennen und gebündelt darstellen: Die vom Biber erbrachten und aus naturschutzfachlicher Sicht eindeutig positiv zu wertenden Leistungen für Natur, Umwelt und Gewässerentwicklung stehen einer Vielzahl von Konflikten und Problemen, die ebenfalls mit der Besiedlung durch den Biber einhergehen und den Menschen in hohem Maße betreffen, gegenüber. Der Konfliktbewältigung dient ein in den meisten Bundesländern eingerichtetes Bibermanagement.

Es stellt sich die Frage, ob das Bibermanagement die Belange von Tier und Mensch gleichermaßen berücksichtigt und fördert. So sollen zum einen die Schäden, die sich für den Menschen bzw. die menschliche Nutzung ergeben, möglichst schnell und effektiv behoben werden. Zum anderen sollen aber auch die Lebensbedingungen für den Biber nachhaltig verbessert und seine Ausbreitung gefördert werden. Vor diesem Hintergrund ist die Wahl der Maßnahmen, die im Rahmen des Managements an einem biberbesiedelten Gewässer angewendet werden sollen, gründlich abzuwägen. Dabei können auch andere Faktoren eine Rolle spielen, wie die Kosten und der Aufwand für die Maßnahmenumsetzung.

**Maßnahmen für den Menschen** Einige (insbesondere technische) Maßnahmen, wie der Einbau von Drahtgittern in Uferböschungen zum Schutz vor Untergrabungen oder der Einbau von Drainageröhren in Biberdämme zum Schutz vor Überschwemmungen, nutzen vorwiegend dem Menschen. Den Biber fördern die Maßnahmen hingegen nur indirekt, indem die Ansiedlung des Tieres geduldet und insgesamt ein „Nebeneinander" von Mensch und Biber ermöglicht wird. Eine Aufwertung des Biberlebensraumes oder eine Verbesserung der Bedingungen für die Ausbreitung des Tieres findet nicht statt. Zudem kann der Biber seine Leistungen für Natur und Umwelt in dem Fall nur sehr beschränkt einbringen.

**Maßnahmen für Biber und Mensch** Anders verhält es sich zum Beispiel bei dem Erwerb von gewässerangrenzenden Flächen mit anschließender Nutzungsaufgabe oder ökologischer Aufwertung etwa im Rahmen von Kompensationsmaßnahmen oder der Entwicklung von Uferrandstreifen. Hierbei profitiert sowohl der Biber, indem ihm mehr (Lebens-)Raum zur Ausübung seiner „gewässergestaltenden" Tätigkeiten zur Verfügung gestellt wird, als auch der Mensch, indem er sich (bzw. die Nutzung) aus dem konfliktträchtigsten Bereich herausnimmt und folglich mit weniger Schäden rechnen muss. Darüber hinaus kann ein Mehrwert für die Natur und das Gewässer erzielt werden.

Solche umfassenden Maßnahmen, die nicht nur der Konfliktbewältigung an sich dienen, sondern möglichst an der Konfliktursache ansetzen und zudem ermöglichen, dass der Biber seine Leistungen für Natur und Umwelt überhaupt effizient erbringen kann (was vielfach mit als ein Ziel in der Ausbreitungsentwicklung angeführt wird), sind sicherlich häufig nur schwer und mit großem Aufwand umsetzbar, letztlich aber die effektivere Lösung.

**Letztlich ist der Schwerpunkt entscheidend** Es ist somit insgesamt eine Frage der Schwerpunktsetzung innerhalb des Bibermanagements, ob vorwiegend die Belange der menschlichen Nutzung oder die Förderung des Tieres – und dabei

Der Biber bringt sowohl Naturschutzpotenziale als auch Konfliktpotenziale mit sich.

© Wolfram Otto

auch die Förderung seiner „Naturschutzdienste" – bei der Lösungsfindung eine Rolle spielen. Mit dieser Thematik sollten sich alle Beteiligten gerade auch im Hinblick auf die künftig weiter zunehmende Ausbreitung des Bibers in Deutschland intensiv auseinandersetzen.

## 5.2 Folgerungen aus der Umfrage zum Bibermanagement

### 5.2.1 Zusammenfassende Auswertung der Umfrage

Mit Blick auf die Ergebnisse der durchgeführten Umfrage zum Bibermanagement auf der Ebene der Bundesländer lassen sich in vielen Punkten des Managements Gemeinsamkeiten zwischen den verschiedenen Bundesländern feststellen. So scheinen sich gewisse Elemente, wie bestimmte Maßnahmen zur Prävention und Behebung von Schäden, ein Netz aus lokalen Biberberatern oder bestimmte Aufgabenbereiche und Arbeitsschwerpunkte in vielen Ländern bewährt zu haben.

**Unterschiede zwischen den Ländern** Größere Unterschiede bestehen hingegen in Bezug auf den aktuellen „Entwicklungsstand" des Bibermanagements bzw. die Zeitpunkte der Managementeinrichtung. Dies hängt natürlich in erster Linie mit der Ausbreitungsdynamik des Tieres in den einzelnen Ländern zusammen. Dennoch lassen sich auch Unterschiede zwischen Ländern, die vergleichbare Besiedlungsdichten aufweisen, feststellen.

So wurde das Bibermanagement in Rheinland-Pfalz trotz sehr weniger Bibervorkommen verhältnismäßig früh eingerichtet, während es in den Ländern Thüringen und Nordrhein-Westfalen, die ebenfalls geringere Besiedlungsdichten aufweisen, insgesamt etwas später eingerichtet wurde und sich derzeit noch immer im Aufbau befindet. Im Land Brandenburg, das sehr viele Bibervorkommen aufweist, wurde das Bibermanagement hingegen sogar erst im Jahr 2015 mit der Aufstellung eines 7-Punkte-Programms, das wesentliche Regelungen zum Management enthält, voll etabliert.

In einigen Ländern, die bisher geringe Bestandszahlen aufweisen und in denen sich der Biber künftig vermutlich weiter ausbreiten wird, besteht hinsichtlich des Bibermanagements sicherlich noch Handlungs- und Ausbaubedarf. In Schleswig-Holstein wurden beispielsweise bisher nur wenige Maßnahmen zur Entwicklung eines Managements für den Biber vorgenommen. Auch in Niedersachsen wurden Überlegungen bezüglich eines Managements bisher nicht unternommen bzw. noch nicht als erforderlich erachtet.

In den Bundesländern Berlin, Nordrhein-Westfalen und Thüringen befindet sich das Bibermanagement ebenfalls noch im Aufbau, wobei in den beiden letzteren Ländern zurzeit bereits ein Bibermanagementplan in Erarbeitung bzw. in Planung ist. Weiterhin wird bestimmt auch im Land Bremen, in dem es bisher noch keine Bibervorkommen gibt, man aber mit einer baldigen Einwanderung aus angrenzenden Regionen rechnet, der Aufbau eines Bibermanagements künftig erforderlich werden. In vielen anderen Bundesländern, wie

Bayern und Sachsen-Anhalt, lässt sich das Bibermanagement hingegen als bereits voll etabliert und gut organisiert beschreiben.

### 5.2.2 Definition eines Standards für das Bibermanagement

Auf Basis der von den Bundesländern im Rahmen der Umfrage mitgeteilten Informationen und deren Auswertung (s. Kap. 4.3) wird versucht, einen Standard für das Bibermanagement zu definieren. Folgende Punkte werden demnach als maßgebend für eine erfolgreiche Wiederansiedlung und Ausbreitung des Bibers sowie für ein möglichst konfliktfreies „Nebeneinander" von Mensch und Biber erachtet (s. auch Abb. 5-1):

- Grundsätzlich sollte das Bibermanagement **vorsorglich** eingerichtet werden und sich auf Zuwanderungen oder Auswilderungen von Tieren frühzeitig und intensiv vorbereitet werden. Statt erste Biberschäden abzuwarten und erst dann zu reagieren, sollten bereits im Vorhinein Maßnahmen zur Vermeidung bzw. Vorbeugung künftiger und absehbarer Konflikte umgesetzt werden.
- Als **vorsorgliche Maßnahmen** sind beispielsweise zu benennen:
  - Frühzeitiger Erwerb von gewässerangrenzenden Flächen für „Biberzwecke", z. B. durch Bündelung von Kompensationsflächen (der naturschutzfachlichen Eingriffsregelung) auf diese Flächen oder durch Flächentausche
  - Entwicklung von Gewässer-/Uferrandstreifen mit Reduzierung oder Aufgabe der Nutzung an potenziellen Bibergewässern (z. B. im Rahmen von Vertragsnaturschutzmaßnahmen)
  - Kartierung potenzieller Einwanderungswege des Bibers zur Früherkennung möglicher Konfliktfelder/-gebiete (Monitoring)
  - Einbau von Metallgittern in Schutzdämme, Schutzdeiche, gewässerangrenzende Böschungen von Verkehrswegen etc. zum Schutz vor Untergrabung gleich mit der Anlegung/dem Bau
  - Umfassende Umweltbildungs- und Öffentlichkeitsarbeit zur Steigerung der Akzeptanz gegenüber dem Biber und seiner Schutzwürdigkeit
- Es sollte eine Kombination der Maßnahmen und Ziele des Bibermanagements mit den Belangen der **Wasserrahmenrichtlinie** angestrebt werden (Ansatz von Pönitz et al. 2017). Viele Maßnahmen des Bibermanagements können zugleich zur Umsetzung von Zielen der Wasserrahmenrichtlinie beitragen (Gewässerrandstreifen, ökologische Aufwertungen von Gewässern/Ufern durch z. B. die Förderung von Ufergehölzen, den Rückbau technischer Verbauungen etc.).
- Sinnvoll ist eine **hierarchische Organisation** des Bibermanagements mit Akteuren auf verschiedenen Planungsebenen (Landesebene bis lokale Ebene). Die oberste Verwaltungseinheit wird von den Umweltministerien, Landesämtern oder eigens für das Bibermanagement eingerichteten landesweit tätigen Koordinationsstellen gebildet. Als höhere Verwaltungseinheit fungieren die Regierungspräsidien und die unteren Naturschutzbehörden stellen die untere/lokale Verwaltungseinheit dar. Weiterhin ist die Einbindung sonstiger betroffener Akteure (z. B. Wasser-, Boden- und Umweltverbände) wichtig.
- Der Aufbau eines **Netzes aus lokalen Biberberatern**/Biberbetreuern/Bibersachverständigen ermöglicht eine schnelle und flexible Konfliktlösung vor Ort. Die Biberberater sollten durch entsprechende Schulungen fachlich ausgebildet werden und können für die Besichtigung von Konfliktgebieten, die Umsetzung einfacher Maßnahmen zur Konfliktbehebung und für Beratungstätigkeiten zuständig sein (s. auch Abb. 5-2).
- Das Bibermanagement sollte folgende **Arbeitsschwerpunkte** umfassen:
  - Öffentlichkeitsarbeit/Informationsvermittlung
  - Beratung und Aufklärung, Mittlerfunktion zwischen verschiedenen Akteuren/Betroffenen

- Entwicklung und Umsetzung von Maßnahmen zur Konflikt-/Schadensprävention und -behebung sowie zum Schutz des Bibers
- Erfassung/Dokumentation von Bibervorkommen und der Ausbreitungsentwicklung des Tieres (Kartierungen, Monitoring)
- Koordination, Aus- und Fortbildung von Biberberatern; Organisation von Fachtagungen, regelmäßigen Treffen etc. zum Erfahrungsaustausch
• Wichtige Grundlagen für das Bibermanagement und den Umgang mit dem Biber können erarbeitete Bibermanagementpläne, -programme, Handreichungen, Leitfäden oder rechtliche Dokumente (z. B. Biberverordnung) bilden.
• Konkrete Konflikte oder Schäden können häufig durch **einfach umzusetzende Maßnahmen** entschärft oder behoben werden. Dazu zählen z. B. folgende:
  - Einbau von Drainageröhren in Biberdämme zum Schutz vor Überschwemmungen
  - Einsatz von Drahthosen, Umzäunungen oder Verbissschutzmitteln zum Schutz wertvoller Gehölze vor Verbiss oder Fällung
  - Aufstellung von (Elektro-)Zäunen zum Schutz von Feldfrüchten, Gärten, sonstigen Anlagen etc.
  - Vergitterung/Umbauung von Zu- und Abläufen, Teichmönchen, engen Durchlässen und sonstigen Einrichtungen zur Wasserstandsregulierung zum Schutz vor Verstopfungen

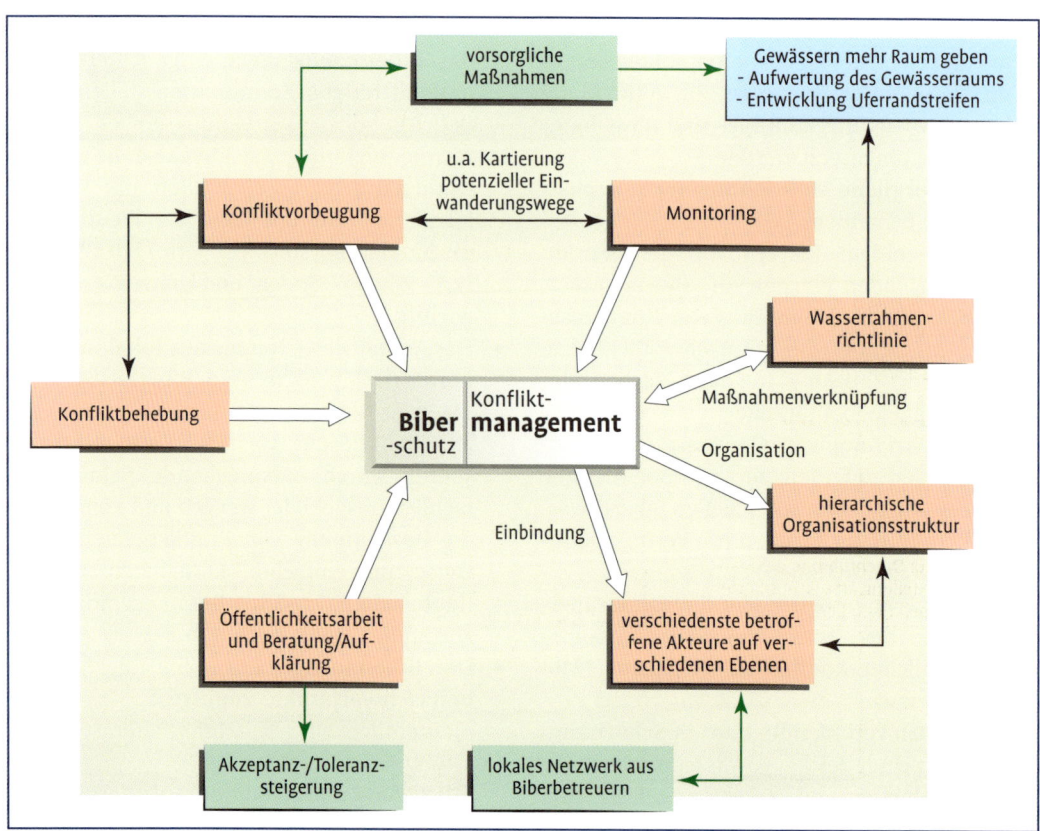

**Abb. 5-1** Wichtige Elemente des Bibermanagements.

- Die **Öffentlichkeitsarbeit** sollte insbesondere zur Steigerung der Akzeptanz und Toleranz der Bevölkerung gegenüber dem Biber eine entscheidende Rolle im Bibermanagement einnehmen. Sie kann folgende Aufgabenbereiche umfassen:
  - Ausstellungen, Informationsveranstaltungen, Vorträge, Tagungen
  - Presse-/Medienarbeit: Veröffentlichung von Zeitungsartikeln, Broschüren, Faltblättern, Büchern, Internetinformationen (Websites), Zusammenarbeit mit Rundfunk, Fernsehen
  - Führungen/Exkursionen zu Bibberrevieren
  - Einrichtung von Biberlehrpfaden, Aufstellung von Infotafeln in Biberrevieren
  - Einbindung des Bibers in den Schulunterricht

- **Entschädigungsleistungen** für Biberschäden können insbesondere für die Steigerung der Akzeptanz gegenüber der Art sinnvoll sein, müssen aber nicht dringend erbracht werden. Für Schäden, die von sonstigen Umweltrisiken oder anderen heimischen Wildtierarten ausgehen, werden schließlich auch keine Entschädigungszahlungen geleistet.

## 5.3 Fördermittel und Finanzierungen für den Biberschutz

### 5.3.1 Agrarumweltprogramme der Länder

Für Maßnahmen, die zum Schutz des Bibers sowie zur Vermeidung oder Behebung von biberbedingten Konflikten umgesetzt werden und durch die sich für Betroffene zusätzliche Kosten oder Mehraufwendungen ergeben, können teilweise Fördermittel in Anspruch genommen

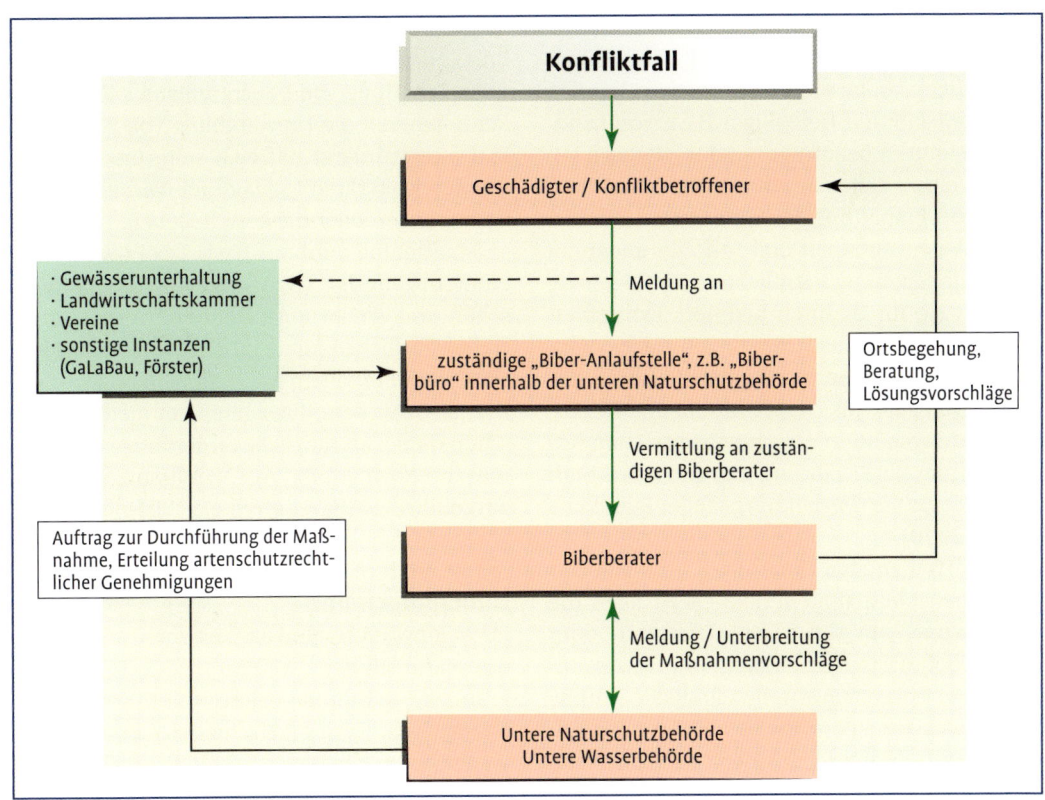

**Abb. 5-2** Schema zur üblichen Vorgehensweise bei Auftreten eines biberbedingten Konfliktes (verändert nach NABU Laatzen e. V. 2014).

werden. Im Hinblick auf die Entwicklung von Uferrandstreifen, wodurch sich ein Großteil der Konflikte zwischen Mensch und Biber entschärfen lässt und der Biber gefördert wird, stellen etwa Agrarumweltprogramme eine mögliche Förderoption dar (Bleckmann et al. 2010, NABU Laatzen e. V. 2014, Pier et al. 2017).

Diese umfassen Agrarumwelt- und Klimamaßnahmen (AUKM) und sind wesentlicher Bestandteil des Europäischen Landwirtschaftsfonds für die Entwicklung des ländlichen Raumes (ELER), der wiederum die zweite Säule der Gemeinsamen Agrarpolitik der EU (GAP) bildet und ein wichtiges Finanzierungsinstrument darstellt. Rechtliche Grundlage ist die EU-Verordnung (derzeit Nr. 1305/2013) über die Förderung der ländlichen Entwicklung.

**Verpflichtung meist für fünf Jahre**  In den Bundesländern wird das Förderangebot durch jeweils eigene Länderprogramme bzw. Förderrichtlinien konkretisiert, die pro Förderperiode und Jahr und je nach politischen Gesichtspunkten unterschiedliche Agrarumwelt- und Klimamaßnahmen umfassen können. Diese können einmal im Jahr auf freiwilliger Basis von Landbewirtschaftern beantragt werden, die sich somit für einen Zeitraum von in der Regel fünf Jahren zur Einhaltung der mit den Maßnahmen verbundenen Auflagen und Anforderungen an die Bewirtschaftung verpflichten. Im Gegenzug erhalten sie für dadurch bedingte Ertragsverzichte, Nutzungseinschränkungen oder Mehraufwendungen einen finanziellen Zuschuss, der sich vorwiegend aus Landesmitteln und EU-Kofinanzierungsmitteln zusammensetzt (Bundesministerium für Ernährung und Landwirtschaft 2019, Deutsche Vernetzungsstelle Ländliche Räume 2020).

**Uferrandstreifen sind förderfähig**  Zu den förderfähigen Maßnahmen zählt meist auch die Entwicklung von Gewässer-, Uferrand- oder Erosionsschutzstreifen entlang von Gewässern (Deutsche Vernetzungsstelle Ländliche Räume 2020), was vor allem für von Biberkonflikten betroffene Landwirte relevant sein kann. So können aus der Nutzung genommene oder nur extensiv als Grünland bewirtschaftete Uferrandstreifen nicht nur einen Beitrag zum Gewässer- und Umweltschutz leisten, sondern auch zur Entschärfung von Biberkonflikten (z. B. Überschwemmungen, Untergrabungen, Fraß von Feldfrüchten) beitragen.

Der Landwirt erhält für die Umsetzung dieser nachhaltigen Konfliktlösungsmaßnahme eine finanzielle Förderung (Meßlinger 2015, Orlamünder & Erhardt 2018, Schwab 2014b). Mindestbreite und -größe der Gewässerrandstreifen sowie Auflagen zur Bewirtschaftung/Nutzung und die Zuwendungshöhe werden durch die jeweiligen Länderprogramme festgesetzt.

Neben der Anlage von Uferrand-/Gewässerschutzstreifen können sich auch andere Maßnahmen aus dem ELER-Programm, die in den daraus abgeleiteten Förderprogrammen der Bundesländer unterschiedlich ausgestaltet und benannt sein können, zur Förderung des Bibers eignen. So werden beispielsweise in Brandenburg und Sachsen Maßnahmen zur Prävention von Biberschäden im Rahmen der ELER-Richtlinie „Natürliches Erbe" gefördert.

**Auch Schaffung von Dauergrünland**  Weiterhin kann generell die Umwandlung von Ackerland in Dauergrünland hilfreich sein, um biberbedingten Konflikten (etwa durch Vernässungen) vorzubeugen oder diese zu beheben. Auch diese Maßnahme wird auf Basis des ELER in den Ländern gefördert (Bundesanstalt für Landwirtschaft und Ernährung – Deutsche Vernetzungsstelle Ländliche Räume 2019). Sie ist daher beispielsweise in einem Maßnahmenkonzept zum Umgang mit dem Biber in einem niedersächsischen Gebiet als mögliche förderfähige Maßnahme zur Abwendung von Vernässungsschäden aufgeführt (NABU Laatzen e. V. 2014).

### 5.3.2 Weitere bundeslandspezifische Förderprogramme

In vielen Bundesländern bestehen im Bereich des Naturschutzes weitere eigene Förderprogramme/-richtlinien ohne ELER-Kofinanzierung. Sie umfassen verschiedene förderfähige Maßnahmen, die unter Umständen auch für den Biberschutz interessant sein können. Hier gilt es, sich umfassend über mögliche im Umgang mit dem Biber anwendbare Förderoptionen zu informieren (s. auch Kap. 5.3.5), zuerst auf den Homepages der Umweltministerien.

### 5.3.3 Kompensationsmaßnahmen, Ökokonto

Renaturierungsmaßnahmen oder sonstige gewässer- oder uferaufwertende Maßnahmen zur Förderung des Bibers können als Kompensationsmaßnahmen im Rahmen der naturschutzfachlichen Eingriffsregelung durchgeführt werden. Werden mehrere solche Maßnahmen, die dem Ausgleich von Eingriffen in Natur und Umwelt an anderer Stelle dienen, auf gewässernahe Flächen gebündelt, können somit größere Ufer- und Auenbereiche aufgewertet und naturnah umgestaltet werden.

**Vorsorglich und flächensparend handeln** Dabei können die Maßnahmen auch vorsorglich für den Ausgleich künftiger Eingriffe umgesetzt und in dem Fall als Ökopunkte auf einem Ökokonto verbucht werden (Ministerium für Umwelt, Landwirtschaft und Energie Sachsen-Anhalt 2018, Schulte 2005, Zahner et al. 2009). Die Zusammenlegung von Kompensationsflächen entlang von Fließgewässern kann parallel die Umsetzung von Maßnahmen des Gewässer- und Hochwasserschutzes begünstigen. Somit kann flächensparend gehandelt werden (Pier et al. 2017).

Gerade im Zuge von Flurbereinigungs- oder Bodenneuordnungsverfahren bieten sich Flächentausche oder -erwerbe zugunsten einer (von vornherein beabsichtigen) Konzentration von Ausgleichsflächen an Gewässern an (Schulte 2005). Diese können mit der Entwicklung von Ökokonto-Flächen verknüpft werden.

### 5.3.4 Bereitstellung von Materialien

In einigen Bundesländern erhalten Betroffene Materialien, die sie zur Umsetzung technischer Maßnahmen zur Vermeidung/Behebung von Konflikten zwischen Mensch und Biber benötigen, von den für das Bibermanagement zuständigen Einrichtungen/Behörden. Dazu zählen Elektrozäune, Drahtgeflechte/Drahtmanschetten, Verbissschutzmittel oder Drainagerohre.

Teilweise bekommen die Betroffenen statt Material auch Mittel zugewiesen (Ergebnisse der durchgeführten Umfrage zum Bibermanagement auf der Ebene der Bundesländer).

### 5.3.5 Besonderheiten und Förderbeispiele einzelner Bundesländer

In **Brandenburg** und **Sachsen-Anhalt** können Gewässerunterhaltungsverbände für biberbedinge Mehraufwendungen bei der Unterhaltung von Gewässern 2. Ordnung unter bestimmten Voraussetzungen eine Kostenbeteiligung vom Land erhalten (Ergebnisse der durchgeführten Umfrage zum Bibermanagement auf der Ebene der Bundesländer). Für das Bibermanagement in Sachsen-Anhalt wurde außerdem festgelegt, dass das Land die Finanzierung der personellen Ausstattung der Landesreferenzstelle für Biberschutz übernimmt (Ministerium für Umwelt, Landwirtschaft und Energie Sachsen-Anhalt 2018).

In **Brandenburg** wurde weiterhin speziell für die geschützten Arten Biber und Wolf eine Richtlinie zur Förderung von Präventionsmaßnahmen erlassen, die im Juni 2019 in Kraft trat. In Bezug auf den Biber werden dabei vor allem die Prävention von Schäden an der Infrastruktur sowie an Teichwirtschaften und erhaltenswerten Gehölzen angestrebt und entsprechende Zuwendungen bewilligt. Ein weiteres Ziel der Förderung ist die zunehmende Akzeptanz gegenüber dem Biber (Ministerium für Landwirtschaft, Umwelt und Klimaschutz des Landes Brandenburg 2019).

Das Staatsministerium für Umwelt und Landwirtschaft in **Sachsen** verweist bezüglich biberbedingter Konflikte auf das Sächsische Naturschutzgesetz und den darin verankerten Härtefallausgleich (§ 40 Abs. 5 SächsNatSchG), der bei wesentlichen Nutzungserschwernissen auf land-, forst- und fischereiwirtschaftlich genutzten Grundstücken eine finanzielle Unterstützung gewährt. Als Härtefall können dabei auch durch freilebende, nicht jagdbare Tiere verursachte Schäden gelten. Daher hat die Regelung auch für das Bibermanagement einige Relevanz. Die Zuständigkeiten, der Umfang des Ausgleichs etc. werden über die Sächsische Härtefallausgleichsverordnung (HärtefallausglVO) geregelt (Ergebnisse der durchgeführten Umfrage zum Bibermanagement auf der Ebene der Bundesländer, Sächsisches Staatsministerium für Umwelt und Landwirtschaft 2008).

In **Bayern** können der Einbau von Dammdrainagen und Räumungsarbeiten am Gewässer, die über den normalen Unterhalt hinausgehen, im Rahmen der Landschaftspflege- und Naturparkrichtlinie (LNPR) gefördert werden (Bayerisches Staatsministerium für Umwelt und Verbraucherschutz 2016). Die gewährten Zuwendungen sollen insgesamt zur Erhaltung, Verbesserung oder Neuschaffung von ökologisch wertvollen Lebensräumen heimischer Tier- und Pflanzenarten sowie zur nachhaltigen Sicherung von Naturhaushalt und Landschaftsbild beitragen. Neben kommunalen Körperschaften, Landschaftspflegeverbänden und Vereinen etc. können auch private Personen (Besitzer der von Maßnahmen betroffenen Grundstücke) Förderungen erhalten (Bayerisches Staatsministerium für Umwelt, Gesundheit und Verbraucherschutz 2009).

In **Thüringen** kann zur Förderung des Bibers das Programm „Naturschutz und Landschaftspflege" (NALAP) zum Tragen kommen. Das Programm unterstützt finanziell beispielsweise Maßnahmen wie die Wiedervernässung von zwecks landwirtschaftlicher Nutzung entwässerten Flächen, die Entwicklung von Feuchtbiotopen oder etwa Uferbepflanzungen. Ebenso kann der Erwerb von (landwirtschaftlich genutzten) Flächen zum Zwecke von Biotopgestaltungen gefördert werden.

Ziele des Programms sind die Schaffung, Wiederherstellung und Entwicklung von Biotopen und Habitaten wildlebender Tier- und Pflanzenarten in der Agrarlandschaft, die Förderung des Biotopverbunds und die Umsetzung von Hilfsmaßnahmen für gefährdete Tier- und Pflanzenarten (Orlamünder & Erhardt 2018, Thüringer Ministerium für Umwelt, Energie und Naturschutz 2017).

## 5.4 Weiterführende Überlegungen und Fragestellungen

**Länderübergreifender Ansatz** Nach dem Vergleich der bundeslandspezifischen Managementsysteme in Deutschland stellt sich die Frage, inwieweit auch zwischen verschiedenen Ländern der EU, insbesondere zwischen Deutschland und dessen Nachbarländern, Unterschiede oder Gemeinsamkeiten hinsichtlich des Bibermanagements bestehen. Interessant wäre eine umfassende Recherche, in welchen Staaten es überhaupt ein Bibermanagement oder ein vergleichbares System zum Umgang mit dem Biber und seiner Ausbreitung gibt und ob sich das Bibermanagement in Deutschland nach vergleichender Analyse als fortschrittlich oder weiterhin ausbaufähig bezeichnen ließe.

Ferner könnten sich hier auch Überlegungen zu einem länderübergreifenden Bibermanagement anschließen. Ein länderübergreifender Ansatz könnte Prognosen zu Ausbreitungsentwicklungen des Bibers verbessern und die frühzeitige Vorbereitung auf Zuwanderungen von Tieren aus angrenzenden Länder ermöglichen.

**Toleranz über gezielte Öffentlichkeitsarbeit erhöhen** Die Umfrage zum Bibermanagement auf der Ebene der Bundesländer ergab teilweise ein weniger hohes Maß der Akzeptanz/Toleranz gegenüber dem Biber im Bereich der Wasser- und Teichwirtschaft sowie im Bereich der Land- und Forstwirtschaft. Im Umfragebogen des Landes Thüringen wurde weiterhin angegeben, dass es in den Jahren 2017 und 2018 mehrere Fälle von illegalen Bibertötungen gab. Ein möglicher Lösungsansatz wäre, das Bibermanagement im Rahmen der Öffentlichkeitsarbeit noch weiter zu optimieren, um wirklich alle Akteure zu erreichen. Ziel wäre eine höhere Bereitschaft zur Findung von Kompromisslösungen sowie zur Duldung der schützenwerten Art.

Da außerdem viele Bundesländer angeben, dass es hinsichtlich der Akzeptanz-/Toleranzbereitschaft der Bevölkerung und verschiedener von der Biberausbreitung betroffener Akteure gegenüber dem Tier bisher keine Erhebungen

oder empirischen Grundlagen gibt, wäre eine entsprechende Studie sinnvoll. Diese könnte das unterschiedliche Toleranzausmaß zwischen verschiedenen Akteuren sowie zwischen verschiedenen Bundesländern/Landesteilen untersuchen. Möglicherweise ergeben sich daraus auch die Ursachen für die Unterschiede und Hinweise, wie die Öffentlichkeitsarbeit innerhalb des Bibermanagements gezielt optimiert werden könnte.
**Renaturierung durch den Biber vergleichbar machen** Um tatsächlich feststellen zu können, inwieweit der Biber die Renaturierung eines Gewässers „übernehmen" kann, wäre der direkte Vergleich zweier Renaturierungskonzepte interessant. So könnte im Rahmen einer mehrjährigen Studie die Entwicklung von zwei Gewässern mit vergleichbarer Ausgangssituation, von denen das eine durch den Biber und das andere durch den Menschen (bzw. Maschinen) renaturiert wird, beobachtet werden. Maßgeblich wäre dabei der Vergleich der jeweiligen Geschwindigkeit/Dauer bis zur Erreichung des naturnahen Gewässerzustandes, der jeweils erforderlichen Kosten und letztlich der jeweils erreichten Qualität, die durch bestimmte vorab definierte Parameter zu bewerten wäre.

### Fazit für die Praxis

- Eine große Herausforderung im Bibermanagement besteht darin, ein angemessenes Gleichgewicht zwischen den menschlichen Belangen und Nutzungsansprüchen einerseits und der Förderung des Tieres und seines Lebensumfeldes andererseits herzustellen. Orientiert sich das Management zu sehr an Interessen und Belangen des Menschen, ist es dem Biber kaum möglich, wertvolle Leistungen für Natur, Umwelt und Gewässerentwicklung zu erbringen.
- Maßnahmen des Managements sollten vorzugsweise frühzeitig bzw. vorsorglich erbracht werden.
- Da sich viele Maßnahmen des Bibermanagements mit Maßnahmen zur Erfüllung der Ziele und Forderungen der Wasserrahmenrichtlinie überschneiden, kommt diesen eine doppelte Bedeutung zu. Hierzu zählen solche Maßnahmen, die nicht nur der Konfliktbewältigung an sich dienen, sondern auch eine natürliche Gewässerentwicklung fördern.
- Für einige Maßnahmen, die im Rahmen des Bibermanagements zur Förderung des Bibers sowie zur Vermeidung/Behebung von Biberkonflikten umgesetzt werden, können Fördermittel in Anspruch genommen werden. Diese sind meist bundeslandspezifisch etwas unterschiedlich ausgestaltet. Biberberater, -manager oder sonstige zuständige Personen/Institutionen des Bibermanagements können hierzu beraten.

# 6 Fazit und Ausblick

Abschließend lässt sich festhalten, dass der Biber in vielerlei Hinsicht Leistungen für die Natur und Umwelt erbringt. Die Bezeichnung Ökosystemingenieur trifft die Funktion des Bibers im Naturhaushalt dabei sehr passend, da der Biber sowohl neue Biotopstrukturen und -typen (Lebensräume) schafft als auch für ihre Besiedlung durch neue Tier- und Pflanzenarten (Lebewesen) sorgt.

**Guter Ökosystemingenieur** Insgesamt ist der Biber somit in der Lage, neue Ökosysteme innerhalb seines Lebensraumes zu entwickeln. Dabei verdeutlicht insbesondere auch die hohe Anzahl der verschiedenen Tierarten und Biotoptypen/-strukturen, die durch das Wirken des Bibers gefördert werden, die Bedeutung der landschaftsgestalterischen Fähigkeit des Tieres. So profitieren sowohl Insekten, Amphibien und Reptilien, Vögel, Fische als auch Säugetiere von der Anwesenheit des Bibers. Zu den vom Biber geschaffenen Biotoptypen oder Biotopstrukturen zählen Biberseen, Biberwiesen, Totholzstrukturen und strukturreiche Auwälder.

Die Auswirkungen des Bibers beschränken sich aber nicht nur auf Tier- und Pflanzenarten bzw. Biotoptypen, sondern machen sich auch in der Gewässerentwicklung positiv bemerkbar. Mit seinen Stau-, Grab- und Fällaktivitäten, die in erster Linie der Gestaltung und Aufwertung des eigenen Lebensraumes dienen, sorgt der Biber zugleich für eine ökologische Aufwertung des von ihm besiedelten Gewässers.

**Gewässerrenaturierung leicht gemacht** Dabei setzt er Ziele, die zur Renaturierung von Gewässern verfolgt werden, ohne großen Aufwand um. Dazu gehören die Entwicklung vielfältiger Gewässerstrukturen, die Verbesserung der Wasserqualität und die Rückhaltung von Wasser in der Landschaft. Letzteres wirkt sich insbesondere auf den Grundwasserhaushalt und den Hochwasserschutz positiv aus.

Die Gewässerrenaturierung und die Ausbreitung des Bibers stehen also insoweit im Zusammenhang, als dass sie sich gegenseitig unterstützen. So kann die Ausbreitung des Bibers durch die Renaturierung von Gewässern gefördert werden, da sich die Lebensraumbedingungen für den Biber dadurch verbessern; umgekehrt kann der Biber aber auch aktiv zur Umsetzung von Zielen der Gewässerrenaturierung beitragen.

Da die Rückführung von Gewässern in einen naturnäheren Zustand zugleich ein Kernziel bzw. eine Hauptforderung der Wasserrahmenrichtlinie darstellt, lässt sich der Biber in dieser Hinsicht also ganz bewusst als unterstützendes und zur Umsetzung beisteuerndes „Element" einsetzen.

**Effektiver Naturschützer** Neben der Einbindung des Bibers in Gewässerrenaturierungen kann der Biber darüber hinaus auch zur Umsetzung weiterer Naturschutzziele aktiv hinzugezogen werden. So legt der Biber wertvolle Biotopgewässer an, fördert eine natürliche Ufervegetation, gestaltet und wertet am Gewässer gelegene Kompensationsflächen auf oder schafft durch den Anstau und die großflächige Ausweitung von Fließgewässern zusätzlichen Retentionsraum, der zur Eindämmung von Hochwasserspitzen beiträgt. Der Biber erbringt die genannten „Dienste" dabei stets mit deutlich geringerem Aufwand, als dies dem Menschen möglich ist, und die Ergebnisse sind von höherer Qualität.

Zu den vom Biber verursachten Konflikten und Schäden, die seine Leistungen für Natur um Umwelt oftmals überschatten, zählen in erster Linie Überschwemmungen oder Untergrabungen von menschlich genutzten Flächen, Fraßschäden an Feldfrüchten und Gehölzen, Baumfällungen und eine Vielzahl an weiteren Folgeschäden.

Zu betonen ist hierbei noch einmal, dass die Konflikte meist nicht ausschließlich auf den Biber zurückzuführen sind, sondern vielmehr der Mensch in einigen Fällen mit verantwortlich ist. So reicht die menschliche Flächennutzung häu-

## Fazit und Ausblick

Der Biber: ein guter Ökosystemingenieur und ein effektiver Naturschützer.

fig bis unmittelbar an das Gewässer und somit bis in den Biberlebensraum. Durch die unterschiedlichen „Nutzungsansprüche" von Mensch und Tier an den Gewässerraum kommt es dabei insbesondere in dem schmalen Bereich von etwa 10–20 m entlang des Gewässers vermehrt zu Konflikten.

**Gewässerrandstreifen vermeiden Konflikte** Als effektive Lösungsmöglichkeit ist daher in erster Linie die Entwicklung ungenutzter oder nutzungsreduzierter Gewässerrandstreifen zu benennen. Diese wirken sich auch in anderer Hinsicht positiv auf die Umwelt aus. So fungieren sie als Puffer und verhindern/reduzieren somit den Eintrag von Düngemitteln und Pestiziden aus angrenzenden landwirtschaftlich genutzten Flächen in das Gewässer.

Neben der Anlage von Gewässerrandstreifen werden im Rahmen des Bibermanagements aber noch weitere Maßnahmen zur Konfliktvermeidung und -behebung entwickelt und umgesetzt.

Grundsätzlich lässt sich zwischen vorsorglichen Vermeidungsmaßnahmen und Maßnahmen zur nachträglichen Konflikt-/Schadensbehebung unterscheiden.

Weitere wichtige Aufgabenbereiche des Bibermanagements stellen das Bibermonitoring, die Öffentlichkeitsarbeit und die Beratungstätigkeit dar. Insbesondere die letzteren beiden Aufgabenfelder dienen dazu, die Öffentlichkeit für die Schutzwürdigkeit des Bibers und seine Bedeutung im Natur- und Umweltschutz zu sensibilisieren. Dies ist wichtig, um neben der Konfliktvermeidung an sich auch eine Förderung der Art und der Ökosystemleistungen, die diese für die Menschen erbringt, zu ermöglichen.

**Die zentrale Rolle des Bibermanagements** Im Hinblick auf die weiter zunehmende Ausbreitung des Bibers in Deutschland wird auch das Bibermanagement künftig eine noch wichtigere Rolle einnehmen. Inwieweit in dieser Hinsicht noch weitere Optimierungen des Managements nötig werden bzw. möglich sind und ob der Schwerpunkt zukünftig auf der Prävention oder der Behebung/Entschärfung von bereits eingetretenen Konflikten oder Schäden liegt, bleibt abzuwarten. Unterschiedliche Faktoren, wie die Ausbreitungsgeschwindigkeit der Art, spielen hierbei eine Rolle.

Ein Aufgabenfeld der Zukunft wird sein, festgestellte Ausbreitungsbarrieren zu beseitigen. Dabei ist insbesondere in Bundesländern, die aktuell noch geringe Besiedlungsdichten aufweisen, auch mit bisher unvorhergesehenen, die Ausbreitungsentwicklung limitierenden Faktoren zu rechnen.

**Mehr Konflikt- oder mehr Naturschutzpotenzial?** Es bleibt offen, inwieweit die Akzeptanz- und Toleranzbereitschaft der Öffentlichkeit gegenüber dem Biber durch umfassende Öffentlichkeitsarbeit, die in vielen Bundesländern einen hohen Stellenwert innerhalb des Bibermanagements einnimmt, weiter gesteigert werden kann und ob künftig das „Konfliktpotenzial" oder das „Naturschutzpotenzial" des Tieres in den Vordergrund rückt.

Entscheidend ist in jedem Fall, dass zukünftig ein Umdenken hinsichtlich der menschlichen Flächen- und Gewässernutzung stattfindet. Dies ist nicht nur im Rahmen des Bibermanagements zur Vorbeugung von Konflikten zwischen Mensch und Biber, sondern auch aus Gründen der hohen Schutzwürdigkeit des Tieres und zur Umsetzung von Zielen der Wasserrahmenrichtlinie erforderlich.

# Literatur

Albrecht, J. (2016): Der Biber aus Sicht des Wasser- und Naturschutzrechts. Fokussiert auf die Wasserrahmenrichtlinie und die FFH-Richtlinie. Naturschutz und Landschaftsplanung 48, (11), 353–359.

Angst, C. (2014): Biber als Partner bei Gewässerrevitalisierungen – Anleitung für die Praxis, Bundesamt für Umwelt, Bern.

Arndt, E., Domdei, J. (2011): Influence of beaver ponds on the macroinvertebrate benthic community in lowland brooks. Polish Journal of Ecology 59, (4), 799–811.

Bauer, H., Loos, R., Rietz-Nause, C., Thomé, U., Langer, H. (1998): Entstehung und Verlauf des Biber-Wiedereinbürgerungsprojektes. In: Hessische Landesanstalt für Forsteinrichtung, Waldforschung und Waldökologie, Hrsg., 10 Jahre Biber im hessischen Spessart. Autorenkollektiv, Gießen, 33–52.

Bayerisches Landesamt für Umwelt (LFU) (2012): Bewirtschaftungsplanung für Flüsse, Seen und Grundwasser – Bewirtschaftungspläne und Managementprogramme für den Zeitraum 2010–2015, Augsburg.

Bayerisches Landesamt für Umwelt (LFU) (2015): Biber in Bayern – Biologie und Management, Augsburg.

Bayerisches Landesamt für Umwelt (LFU) (2017): Rote Liste und kommentierte Gesamtartenliste der Säugetiere (Mammalia) Bayerns, Augsburg.

Bayerisches Landesamt für Umwelt (LFU) (2018a): Internetangebot Bayerisches Landesamt für Umwelt: Steckbrief Castor fiber, Download unter https://www.lfu.bayern.de/natur/sap/arteninformationen/steckbrief/zeige?stbname=Castor+fiber. (06.09.2018).

Bayerisches Landesamt für Umwelt (LFU) (2018b): Umsetzung der Wasserrahmenrichtlinie – Die europäische Wasserrahmenrichtlinie (WRRL) und ihre Umsetzung in Bayern; Rechtliche Grundlagen, Download unter https://www.lfu.bayern.de/wasser/wrrl/index.htm. (22.09.2018).

Bayerisches Landesamt für Umwelt (LFU), Landesfischereiverband Bayern e. V. (2009): Totholz bringt Leben in Flüsse und Bäche, 58 S.

Bayerisches Landesamt für Umweltschutz, Hrsg. (1997): Der Biber in der Kulturlandschaft – Probleme mit dem Biber und Möglichkeiten der Problemlösung. Fachtagung am 10. April 1997.

Bayerisches Staatsministerium für Umwelt und Verbraucherschutz (2016): Anlage 1 zu den Richtlinien zum Bibermanagements – Beispiele für Präventive Maßnahmen und Fördermöglichkeiten, 8 S., Download unter https://www.stmuv.bayern.de/service/recht/naturschutz/doc/bibermanagement_2016/anlage1_abhilfemassnahmen_foerdermglkeit_2016.pdf. (12.01.2020).

Bayerisches Staatsministeriums für Umwelt, Gesundheit und Verbraucherschutz (2009): Richtlinien zur Förderung von Maßnahmen des Natur- und Artenschutzes, der Landschaftspflege sowie der naturverträglichen Erholung in Naturparken (Landschaftspflege- und Naturpark-Richtlinien – LNPR), 15 S., Download unter https://www.regierung.niederbayern.bayern.de/media/aufgabenbereiche/5u/naturschutz/lnpr_2009.pdf. (12.01.2020).

Biosphärenreservatsverwaltung Mittelelbe (o. J.): Der Elbebiber – so können wir gut mit ihm leben, Dessau-Roßlau.

Biosphärenreservatsverwaltung Mittelelbe (2018): Biosphärenreservat Mittelelbe – Referenzstelle für Biberschutz im Land Sachsen-Anhalt, Download unter https://www.mittelelbe.com/mittelelbe/biosphaerenreservat/referenzstelle-biber/referenzstelle-biber.html. (28.09.2019).

Bleckmann, F., Rudolph, B.-U., Schwab, G. (2010): Biber – Baumeister der Wildnis, Augsburg.

Borkenhagen, P., Drews, A. (2014): Die Säugetiere Schleswig-Holsteins – Rote Liste, Kiel.

Bräuer, I. (2002): Was kostet die Rückkehr des Bibers nach Hessen tatsächlich? Eine ökonomische Analyse des hessischen Programms zur Wiedereinbürgerung des Bibers. Jahrbuch Naturschutz in Hessen, (7), 76–84.

Braun, M. (2003): Rote Liste der gefährdeten Säugetiere in Baden-Württemberg.

BUND Landesverband Nordrhein-Westfalen e. V. (BUND NRW e. V.) (2018): Biber in NRW – Der Ökosystem-Manager kehrt zurück, Düsseldorf.

Bundesamt für Naturschutz (BfN) (2006): Biber – Castor fiber – Verbreitung des Bibers inklusive Hinweise auf Schwerpunktvorkommen, 2 S., Download unter https://ffh-anhang4.bfn.de/fileadmin/AN4/documents/mammalia/Castor_fiber_Verbr.pdf#page=2. (25.09.2018).

Bundesamt für Naturschutz (BfN) (2012): BfN: Anhang-IV-Arten: Scharlachkäfer (Cucujus cinnaberinus), Download unter https://ffh-anhang4.bfn.de/arten-anhang-iv-ffh-richtlinie/kaefer/scharlachkaefer-cucujus-cinnaberinus.html. (20.09.2018).

Bundesamt für Naturschutz (BfN) (2013): Kombinierte Vorkommens- und Verbreitungskarte der Pflanzen- und Tierarten der FFH-Richtlinie – Nationaler FFH-Bericht 2013, 18 S., Download unter https://www.bfn.de/fileadmin/MDB/documents/themen/natura2000/Nat_Bericht_2013/Arten/saeugetiere_ohne_fledermaeuse_neu.pdf. (18.09.2018).

Bundesanstalt für Landwirtschaft und Ernährung – Deutsche Vernetzungsstelle Ländliche Räume (DVS) (2019): ELER in Deutschland – Übersicht über die nationale Rahmenregelung und die Programme der Länder – Maßnahmensteckbriefe 2014-2020: Agrarumweltmaßnahmen, Tierschutzmaßnahmen, Ökolandbauförderung, überarbeitete Ausgabe 2019.

Bundesministerium für Ernährung und Landwirtschaft (2019): Agrarumwelt- und Klimamaßnahmen (AUKM) – Förderung und Agrarsozialpolitik, Download unter https://www.bmel.de/DE/Landwirtschaft/Foerderung-Agrarsozialpolitik/_Texte/AgrarumweltmassnahmeninDeutschland.html. (09.01.2020).

Ciechanowski, M., Kubic, W., Rynkiewicz, A., Zwolicki, A. (2011): Reintroduction of beavers Castor fiber may improve habitat quality for vespertilionid bats foraging in small river valleys. European Journal of Wildlife Research 57, (4), 737–747.

Colditz, G. (1994): Der Biber – Lebensweise, Schutzmaßnahmen, Wiederansiedlung, Naturbuch-Verl., Augsburg, 64 S.

Czerniawski, R., Slugocki, L., Kowalska-Góralska, M. (2017): Effects of beaver dams on the zooplankton assemblages in four temperate lowland streams (NW Poland). Biologia 72, (4), 417–430.

Dalbeck, L. (2011): Biberlichtungen als Lebensraum für Heuschrecken in Wäldern der Eifel. Articulata, (26), 97–108.

Dalbeck, L. (2012): Die Rückkehr der Biber – eine Erfolgsgeschichte des Artenschutzes. Zeitschrift des Kölner Zoos 55, (4), 167–180.

Dalbeck, L. (2016): Die Rolle des Bibers bei der Gewässerentwicklung. – Lebendige Gewässer – Sohle, Ufer, Aue. NUA Seminarbericht, (13), 37–42.

Deutsche Vereinigung für Wasserwirtschaft, Abwasser und Abfall e. V. (2017): DWA-Regelwerk – Merkblatt DWA-M 608-1 – Bisam, Biber, Nutria – Teil 1: Erkennungsmerkmale und Lebensweisen, Hennef.

Deutsche Vernetzungsstelle Ländliche Räume (DVS) (2020): DVS – Netzwerk Ländliche Räume: Was ist ELER? – Agrarumwelt- und Klimaschutzmaßnahmen, Download unter https://www.netzwerk-laendlicher-raum.de/eler/ sowie unter: https://www.netzwerk-laendlicher-raum.de/eler/natur-und-umwelt-im-eler/agrarumwelt-und-klimaschutz/. (09.01.2020).

Deutscher Verband für Wasserwirtschaft und Kulturbau e. V. (1997): Bisam, Biber, Nutria – Erkennungsmerkmale und Lebensweisen; Gestaltung und Sicherung gefährdeter Ufer,

Deiche und Dämme. Merkblätter zur Wasserwirtschaft 247.

Dolch, D., Heidecke, D., Teubner, J., Teubner, J. (2002): Der Biber im Land Brandenburg. Naturschutz und Landschaftspflege in Brandenburg 11, (4), 220–234.

Dudek, M. (2009): Neue Wildnis Deutschland – Wolf, Luchs und Biber kehren zurück, Jan Thorbecke Verlag der Schwabenverlag AG, Ostfildern, 159 S.

DWA-Landesverband Baden-Württemberg (2018): RÜB-BW – Optimierte Anlagen. Optimaler Nutzen!, Stuttgart, Download unter https://www.rueb-bw.de/fachinformation/grundlagen_regenbecken/. (30.10.2019).

Ellenberg, H. (1980): Für und Wider der Wiedereinbürgerung von Großtieren in Mitteleuropa. Jahrbuch des Vereins zum Schutz der Bergwelt 45, 43–76.

Freitag, H., Stubbe, M., Heidecke, D. (2001): Das Makrozoobenthos in der Zönosestruktur und die Saprobie unter Einfluss des Elbe-Bibers. Säugetierkundliche Informationen 5, (25), 35–56.

Fyodorov, F., Yakimova, A. (2012): Changes in Ecosystems of the Middle Taiga due to the impact of Beaver Activities, Karelia, Russia. Baltic Forestry 18, (2), 278–287.

Haase, P., Denk, M., Jung, J., Lohse, S., Hrsg. (2004): Gutachten zur gesamthessischen Situation des Bibers (*Castor fiber* L., 1758) – Zur Vorbereitung des Monitorings im Rahmen der Berichtspflichten zu FFH-Anhang-II-Arten. Natura 2000, Hessisches Ministerium für Umwelt, ländlichen Raum und Verbraucherschutz (HMULV), Wiesbaden.

Hägglund, A., Sjöberg, G. (1999): Effects of beaver dams on the fish fauna of forest streams. Forest Ecology and Management 115, 259–266.

Harthun, M. (1997): Strukturveränderungen von Mittelgebirgs-Bächen durch Biber-Aktivität im hessischen Spessart. Jahrbuch Naturschutz in Hessen 2, 99–106.

Harthun, M. (1998): Biber als Landschaftsgestalter – Einfluß des Bibers (*Castor fiber albicus* Matschie, 1907) auf die Lebensgemeinschaft von Mittelgebirgsbächen, Maecenata-Verl., München, 199 S.

Harthun, M. (1999): Der Einfluß des Bibers (*Castor fiber albicus*) auf die Fauna (Odonata, Mollusca, Trichoptera, Ephemeroptera, Diptera) von Mittelgebirgsbächen in Hessen (Deutschland). Limnologica 29, (4), 449–464.

Harthun, M. (2000): Einflüsse der Stauaktivität des Bibers (*Castor fiber albicus*) auf physikalische und chemische Parameter von Mittelgebirgs-Bächen (Hessen, Deutschland). Limnologica 30, 21–35.

Hartusch, H., Harth, H., Heinze, M. (2014): Die Naturschutzmacher – 20 Jahre Biber im Saarland und weitere NABU-Projekte, Lebach.

Heckenroth, H. (1993): Rote Liste der in Niedersachsen und Bremen gefährdeten Säugetierarten. Informationsdienst Naturschutz Niedersachsen 13, (6), 221–226.

Heidecke, D., Hofmann, T., Jentzsch, M., Ohlendorf, B., Wendt, W. (2004): Rote Liste der Säugetiere (Mammalia) des Landes Sachsen-Anhalt.

Heidecke, D., Langer, H. (1998): 10 Jahre Biber in Hessen – ein Ausblick in die Zukunft. In: Hessische Landesanstalt für Forsteinrichtung, Waldforschung und Waldökologie, Hrsg., 10 Jahre Biber im hessischen Spessart. Autorenkollektiv, Gießen, 199–207.

Herr, J., Schley, L., Gonner, C., Arendt, A., Biver, G., Bombardella, A., Dostert, M., Frantz, A., Goebel, B., Hermes, S., Mersch, Y., Negretti, N., Origer, C., Peters, M., Reis, P., Schortgen, C., Steffes, F., Welschbillig, N., Weydert, M. (2018): Aktions- und Managementplan für den Umgang mit Bibern in Luxemburg. Technischer Bericht der Naturverwaltung betreffend Wildtiermanagement und Jagd, (6, Spezialnummer), 1–40.

Hessische Gesellschaft für Ornithologie und Naturschutz e. V., Hrsg. (1999): Artenschutz in Hessen: Der Biber. Mitteilungen aus dem Auenzentrum Hessen 2/99, Echzell.

Hessisches Landesamt für Naturschutz, Umwelt und Geologie (2017): Artensteckbrief – Europäischer Biber (Castor fiber), Gießen.

Hessisches Ministerium des Innern und für Landwirtschaft, Forsten und Naturschutz (1996): Rote Liste der Säugetiere, Reptilien und Amphibien Hessens, Wiesbaden.

Hessisches Ministerium für Umwelt, Klimaschutz, Landwirtschaft und Verbraucherschutz (2014): Das Hessische Programm für Agrarumwelt- und Landschaftspflege-Maßnahmen HALM – Maßnahmen mit besonderer Bedeutung für den Gewässerschutz, Wiesbaden.

Hölling, D. (2010): Leben mit dem Biber – Ein Holzfäller und Landschaftsgestalter mit Konfliktpotenzial. Wald und Holz, (2/10), 35–38.

Holtmeier, F.-K. (2002): Tiere in der Landschaft – Einfluss und ökologische Bedeutung, Eugen Ulmer GmbH & Co, Stuttgart. 2. Aufl., 367 S.

Hood, G., Bayley, S. (2008): Beaver (Castor canadensis) mitigate the effects of climate on the area of open water in boreal wetlands in western Canada. Biological Conservation 141, (2), 556–567.

Janiszewski, P., Hanzal, V., Misiukiewicz, W. (2014): The Eurasian Beaver (Castor fiber) as a Keystone Species – a Literature Review. Baltic Forestry 20(2), 277–286.

Jones, C., Lawton, J., Shachak, M. (1994): Organisms as ecosystem engineers. Oikos 69, 373–386.

Kemp, P., Worthington, T., Langford, T., Tree, A., Gaywood, M. (2012): Qualitative and quantitative effects of reintroduced beavers on stream fish. Fish and Fisheries 13, (2), 158–181.

Klaus, S., Orlamünder, M. (2015): Der Biber Castor fiber Linnaeus 1758 kehrt nach Thüringen zurück. Landschaftspflege und Naturschutz in Thüringen 52, (4), 152–156.

Klawitter, J., Altenkamp, R., Kallasch, C., Köhler, D., Krauß, M., Rosenau, S., Teige, T. (2005): Rote Liste und Gesamtartenliste der Säugetiere (Mammalia) von Berlin, Berlin.

Klenner-Fringes, B., Ramme, S. (2014): Zur Wiederansiedlung des Bibers (Castor fiber albicus) im Emsland. Säugetierkundliche Informationen 9, (48 – Symposiumsband: Säugetierschutz), 265–274.

Klenner-Fringes, B., Ramme, S. (2017): Die Emslandbiber – Die Seite über die Biber im Emsland, Download unter https://www.emslandbiber.de/. (09.10.2018).

Knorre, D. von, Klaus, S. (2009): Rote Liste der Säugetiere (Mammalia pt.) Thüringens (ohne Fledermäuse).

Labes, R. (1991): Rote Liste der gefährdeten Säugetiere Mecklenburg-Vorpommerns, Schwerin.

Law, A., McLean, F., Willby, N. (2016): Habitat engineering by beaver benefits aquatic biodiversity and ecosystem processes in agricultural streams. Freshwater Biology 61, (4), 486–499.

Loos, R. (1998): Das Betreuernetz als Teil des Bibermanagements. In: Hessische Landesanstalt für Forsteinrichtung, Waldforschung und Waldökologie, Hrsg., 10 Jahre Biber im hessischen Spessart. Autorenkollektiv, Gießen, 53–68.

Manderbach, R. (2018): Deutschlands Natur. Der Naturführer für Deutschland. – FFH-Gebiete, FFH-Arten und Vogelschutzgebiete – Natura 2000, Download unter http://www.ffh-gebiete.de/natura2000/. (06.09.2018).

Meinig, H., Vierhaus, H., Trappmann, C., Hutterer, R. (2010): Rote Liste und Artenverzeichnis der Säugetiere-Mammalia in Nordrhein-Westfalen.

Meßlinger, U. (2013): Einfluss des Bibers auf die Gewässerfauna. Natur & Land 99, (3 Herbstausgabe).

Meßlinger, U. (2014): Monitoring von Biberrevieren in Westmittelfranken 2014 – (Landkreis Ansbach und Weißenburg-Gunzenhausen), Flachslanden.

Meßlinger, U. (2015): Artenvielfalt im Biberrevier – Wildnis in Bayern.

Millennium Ecosystem Assessment, Hrsg. (2005): Ecosystems and Human Wellbeing – Synthesis. The Millennium Ecosystem Assessment series, Island Press, Washington, DC.

Ministerium für Landwirtschaft, Umwelt und Klimaschutz des Landes Brandenburg (MLUK) (2019): Richtlinie zur Förderung von Präventionsmaßnahmen zum Schutz vor Schäden durch geschützte Tierarten (Wolf, Biber), 10 S., Download unter https://mluk.brandenburg.de/mluk/de/service/foerderung/natur/praevention-schaeden-wolf-biber/. (10.01.2020).

Ministerium für Umwelt, Landwirtschaft und Energie Sachsen-Anhalt (2018): Handlungsempfehlungen für den Umgang mit dem Biber in Sachsen-Anhalt.

Mitzka, A., Meißner, J., Kohlhase, G., Klausnitzer, R., unter Mitarbeit von NABU-Naturschutzinstitut Leipzig (2013): Kontaktstelle für das Bibermanagement im Naturpark Dübener Heide. In: Sächsisches Landesamt für Umwelt, Landwirtschaft und Geologie, Hrsg., Naturschutzarbeit in Sachsen, 32–43.

NABU Laatzen e. V. (2014): Integriertes Maßnahmenkonzept zum Umgang mit dem Biber (*Castor fiber*) in der Leineaue zwischen Hannover und Hildesheim, Laatzen.

Naturpark – Verein Dübener Heide e. V. (o. J.): NaturReich Dübener Heide – Der Heidebiber, Bad Düben.

Niebler, J., Vaas, D. (2019): Ökosystemleistung des Bibers an Fließgewässersystemen. Bachelorarbeit, Hochschule Weihenstephan-Triesdorf – University of Applied Sciences, Freising.

Niedersächsischer Landesbetrieb für Wasserwirtschaft, Küsten- und Naturschutz (NLWKN) (2011): Vollzugshinweise zum Schutz von Säugetierarten in Niedersachsen. – Säugetierarten des Anhangs II der FFH-Richtlinie mit Priorität für Erhaltungs- und Entwicklungsmaßnahmen. – Biber (*Castor fiber*). – Niedersächsische Strategie zum Arten- und Biotopschutz, Hannover.

Nitsche, K.-A. (2003): Biber. Schutz und Probleme. Möglichkeiten und Maßnahmen zur Konfliktminimierung. Castor Research Society. 52 S.

Nummi, P., Hahtola, A. (2008): The beaver as an ecosystem engineer facilitates teal breeding. Ecography 31, (4), 519–524.

Nummi, P., Holopainen, S. (2014): Whole-community facilitation by beaver: ecosystem engineer increases waterbird diversity. Aquatic Conservation: Marine and freshwater Ecosystems 24, (5), 623–633.

Orlamünder, M., Erhardt, J. (2018): Mit dem Biber leben – Handlungsleitfaden für die Praxis.

Parz-Gollner, R. (2008): Biber im Spannungsfeld zwischen Naturschutz und menschlichen Nutzungsansprüchen. Natur & Land 94, (3/4).

Peterson, R., Vucetich, J. (2001): Ecological Studies of Wolves on Isle Royale, School of Forestry and Wood Products. Michigan Technological University, Houghton.

Pier, E., Dalbeck, L., Verbücheln, G., Dieckmann, J., Bünning, I., Apel, J., Schloemer, S., Ramme, S., Klenner-Fringes, B., Kaphegyi, T., Münzinger, A. (2017): Der Biber kommt zurück. In: Landesamt für Natur, Umwelt und Verbraucherschutz Nordrhein-Westfalen (LANUV), Hrsg., Natur in NRW. Auenrenaturierung in den Niederlanden und am Niederrhein, Recklinghausen, 36–40.

Pliūraitė, V., Kesminas, V. (2012): Ecological impact of Eurasian beaver (*Castor fiber*) activity on macroinvertebrate communities in Lithuanian trout streams. Central European Journal of Biology 7, (1), 101–114.

Pönitz, L., Heinrich, U., Walz, U. (2017): Auenrenaturierung durch den Biber – Ermittlung von Vorranggebieten im Landkreis Mittelsachsen. In: Naturschutzbund Deutschland (NABU), Landesverband Sachsen e. V., Hrsg., Mitteilungen für sächsische Säugetierfreunde, Leipzig, 1–21.

Röter-Flechtner, C., Simon, L. (2015): Rote Listen von Rheinland-Pfalz – Gesamtverzeichnis, Mainz.

Russell, K., Moorman, C., Edwards, J., Metts, B., Guynn, D. (1999): Amphibian and Reptile Communities Associated with Beaver

(*Castor canadensis*) Ponds and Unimpounded Streams in the Piedmont of South Carolina. Journal of Freshwater Ecology 14(2), 149–158.

Sächsisches Staatsministerium für Umwelt und Landwirtschaft (2008): Härtefallausgleichsverordnung – Verordnung des Sächsischen Staatsministeriums für Umwelt und Landwirtschaft zum Vollzug des Härtefallausgleiches auf land-, forst- oder fischereiwirtschaftlich genutzten Flächen (Härtefallausgleichsverordnung – HärtefallausglVO) vom 25. August 1995 (Fassung vom 01.08.2008), Download unter https://www.revosax.sachsen.de/vorschrift/2557-Haertefallausgleichsverordnung#p1. (10.01.2020).

Sächsisches Staatsministerium für Umwelt und Landwirtschaft (SMUL) (2017): Biber, *Castor fiber* – Biologische Vielfalt in Sachsen, Dresden.

Samas, A. (2016): Impact of the keystone species, the eurasian beaver (*Castor fiber*), on habitat structures and its significance to mammals. Doctoral Dissertation, Vilnius University, Vilnius.

Schäfers, G., Ebersbach, H., Reimers, H., Körber, P., Janke, K., Borggräfe, K., Landwehr, F. (2016): Atlas der Säugetiere Hamburgs – Artenbestand, Verbreitung. Rote Liste, Gefährdung und Schutz, Hamburg.

Schloemer, S., Dalbeck, L. (2014): Der Einfluss des europäischen Bibers (*Castor fiber*) auf Mittelgebirgsbäche der Nordeifel (NRW) am Beispiel der Libellenfauna (Odonata) – Ergebnisse der Nationalen Bibertagung, Dessau-Roßlau.

Schulte, T. (2005): Der Biber in Baden-Württemberg. Handreichung zum Umgang mit dem Biber – Naturschutz-Praxis, Merkblatt 3, Karlsruhe.

Schumacher, A., Ibe, P., Jährling, K.-H. (2012): Information zu Biber- und Wildrettungshügeln in den rezenten Flussauen, Download unter https://www.mittelelbe.com/mittelelbe/upload/pdf/CDokumente_und_EinstellungenwingeraDesktoppdf/rettungshgel.pdf. (03.10.2019).

Schwab, G. (2003): Modellhaftes Bibermanagement in der Region Ingolstadt mit Landkreis Kelheim – Schlussbericht. Haus im Moos – Schriften aus dem Donaumoos 3, (Band 3).

Schwab, G. (2014a): Die Biberburg – Die Website rund um den Biber, Download unter http://www.biber.info/. (05.09.2018).

Schwab, G. (2014b): Handbuch für den Biberberater.

Sieber, J. (1995): Sie schwimmen wieder! – Biber (*Castor fiber*) in Österreich. Stapfia; Kataloge des Oberösterreichischen Landesmuseums 84 (1995), (37), 217–224.

Sommer, R., Ziarnetzky, V., Meßlinger, U., Zaher, V. (2018): Der Einfluss des Bibers auf die Artenvielfalt semiaquatischer Lebensräume – Sachstand und Metaanalyse für Europa und Nordamerika. Naturschutz und Landschaftsplanung 2019 – 51, (03), 108–115.

Streitberger, M., Fartmann, T. (2017): Bodenstörende Ökosystem-Ingenieure im mitteleuropäischen Grasland und ihre Bedeutung für die Biodiversität – Eine Analyse am Beispiel der Gelben Wiesenameise und des Europäischen Maulwurfs. Naturschutz und Landschaftsplanung 49, (8), 252–259.

Teubner, J., Teubner, J. (2008): Mit dem Biber leben – Umgang mit einer bedrohten Säugetierart im Land Brandenburg, Potsdam.

Thüringer Ministerium für Umwelt, Energie und Naturschutz (2017): Förderung von Maßnahmen des Naturschutzes und der Landschaftspflege in Thüringen (NALAP), Erfurt, 13 S., Download unter https://www.thueringen.de/mam/th8/tmlfun/naturschutz/foerderung/2017_nalap-anderung_endgultig_23.08.2017.pdf. (12.01.2020).

Törnblom, J., Angelstam, P., Hartman, G., Henrikson, L., Sjöberg, G. (2011): Toward a research agenda for water policy implementation: knowledge about beaver (*Castor fiber*) as a tool for water management with a catchmnent perspective. Baltic Forestry 17, (1), 154–161.

Venske, S., unter Mitarbeit von Stern, A. (2003): Biber in Rheinland-Pfalz, Mainz. 1. Aufl., 19 S.

Weinzierl, H. (2003): Biber: Baumeister der Wildnis, Bund Naturschutz Service GmbH, Lauf an der Pegnitz. 1. Aufl., 74 S.

Winter, C. (2001): Grundlagen für den koordinierten Biberschutz, Bern.

Wölfl, M., Förstl, B., Faas, M. (2009): Das Bayerische Bibermanagement – Konflikte vermeiden – Konflikte lösen, Augsburg.

Zahner, V. (1997a): Der Biber in Bayern – Eine Studie aus forstlicher Sicht.

Zahner, V. (1997b): Einfluss des Bibers auf gewässernahe Wälder – Ausbreitung der Population sowie Ansätze zur Integration des Bibers in die Forstplanung und Waldbewirtschaftung in Bayern. Zugl.: München, Univ., Diss., 1996, Herbert Utz Verlag Wissenschaft, München, 321 S.

Zahner, V., Schmidbauer, M., Schwab, G., Hrsg. (2009): Der Biber – Die Rückkehr der Burgherren, Buch- und Kunstverl. Oberpfalz, Amberg.

Zander, A., Meißner, J., Mitzka, A. (2018): Biberspuren lesen – Handreichung für Biberrevierbetreuer zwischen Elbe und Mulde, Bad Düben.

Zöphel, U., Trapp, H., Warnke-Grüttner, R. (2015): Rote Liste der Wirbeltiere Sachsens – Kurzfassung.

# Rechtsquellen und Richtlinien

BNatSchG – Bundesnaturschutzgesetz (2009): Gesetz über Naturschutz und Landschaftspflege vom 29. Juli 2009 (BGBl. I S. 2542), zuletzt geändert durch Artikel 1 des Gesetzes vom 15.09.2017 (BGBl. I S. 3434), Download unter https://www.gesetze-im-internet.de/bnatschg_2009/BNatSchG.pdf (17.10.2018).

FFH-RL/Richtlinie 92/43/EWG (1992): Richtlinie 92/43/EWG des Rates vom 21. Mai 1992 zur Erhaltung der natürlichen Lebensräume sowie der wildlebenden Tiere und Pflanzen (ABl. L 206 vom 22.7.1992), Download unter https://eur-lex.europa.eu/LexUriServ/LexUriServ.do?uri=-CONSLEG:1992L0043:20070101:DE:PDF (29.09.2018).

IUCN (1998): Richtlinien für Wiedereinbürgerungen verfasst von der IUCN/SSC Expertengruppe für Wiedereinbürgerungen. IUCN, Gland, Switzerland and Cambridge, UK. Download unter https://portals.iucn.org/library/sites/library/files/documents/PP-005-De.pdf (14.10.2018).

WRRL/Richtlinie 2000/60/EG (2000): Richtlinie 2000/60/EG des Europäischen Parlaments und des Rates vom 23. Oktober 2000 zur Schaffung eines Ordnungsrahmens für Maßnahmen der Gemeinschaft im Bereich der Wasserpolitik (ABl. L 327/1 vom 22. Dezember 2000), Download unter https://eur-lex.europa.eu/resource.html?uri=cellar:5c835afb-2ec6-4577-bdf8-756d3d694eeb.0003.02/DOC_1&format=PDF (02.10.2018).

# Register

**A**

Ablenkfütterung 90
Abschuss von Bibern 116
Akzeptanz 91, 92, 117, 123, 129, 131, 134, 137
Amphibien 44
- Bergmolch (*Ichthyosaura alpestris*) 45
- Erdkröte (*Bufo bufo*) 45
- Fadenmolch (*Lissotriton helveticus*) 45
- Feuersalamander (*Salamandra salamandra*) 44
- Geburtshelferkröte (*Alytes obstetricans*) 44, 45
- Gelbbauchunke (*Bombina variegata*) 44
- Grasfrosch (*Rana temporaria*) 44, 46
- Kammmolch (*Triturus cristatus*) 44
- Knoblauchkröte (*Pelobates fuscus*) 46
- Laubfrosch (*Hyla arborea*) 44, 46
- Moorfrosch (*Rana arvalis*) 44
- Rotbauchunke (*Bombina bombina*) 45
- Teichfrosch (*Pelophylax esculentus*) 45, 46
Anhaltisches Polizeistrafgesetz 119
Aufklärung und Beratung 91, 95, 120, 121
Aufstockungen/Anpflanzungen im Uferbereich 69, 89, 100
Ausbreitungsentwicklung 64, 125
- limitierende Faktoren 125, 126, 137
- Ziele 125, 126
Ausbreitungsgeschwindigkeit 75, 137

**B**

Baumfällungen 19, 25, 32, 33, 82, 83, 85, 89, 90, 109, 136
Baumschutz 89, 122
- Drahthosen 87, 94, 109, 110
- Umzäunung 109, 110
- Verbissschutzmittel 109, 110
Biber
- Aktivität 15
- Besonderheiten 24
- Ernährung 17
- Fell 11
- Gebiss 12
- Kelle 10, 11
- Körperbau 10
- Lebensraum 12
- Lebenszyklus 13
- Paarung und Jungenaufzucht 13
- Revier 13, 14, 37, 92, 113
Biberbau, Biberburg 15, 16, 17, 25, 93, 96
Biberbetreuernetz 70
Biberdamm 17, 24, 36, 45, 55, 57, 92, 101, 104, 113
- Barrierewirkung 62
- Damm erster Ordnung (Hauptdamm) 103
- Damm zweiter Ordnung (Nebendamm) 103
- Filterwirkung 58
Biberfonds 117, 122
Bibergeil 14, 25
Biberlandschaft 37, 49
Bibermanagement 9, 92, 105, 112, 119, 127, 128, 129, 134, 137
- Akteure 91, 95, 121, 123, 129
- Arbeitsschwerpunkte 121, 129
- Auslöser 120
- Einrichtungszeitpunkt 119, 128
- Entwicklungsstand 128
- erste Bausteine 120
- länderübergreifendes 134
- (lokale) Biberberater/-betreuer 121, 125, 128, 129
- nachträgliches 120
- Öffentlichkeitsarbeit 131
- Organisation 121, 129
- vorsorgliches 120, 129
Biberrettungshügel 100
Biberrutsche, Biberwechsel 35, 39, 80, 96, 106
Bibersasse 15, 18, 100

Biberschutz 131, 133
Bibertourismus 83
Biofakte 72
Biotope im Biberrevier 27, 56, 136
- Biberkanäle 36, 49, 62
- Biberlichtung 31, 42, 46
- Bibersee, -teich 28, 36, 44, 48, 51, 53, 57, 60, 96
- Biberwiese 30, 43, 46, 53
- kleinräumige Biotope 33
- strukturreiche Auwälder 31, 37
- Totholz 33, 42, 46, 47, 52, 59, 96
Biotopverbindung 35
Bundesnaturschutzgesetz (BNatSchG) 8, 102
- streng geschützte Art 8, 21, 97, 115
- Zugriffs-, Besitz- und Vermarktungsverbote 21, 115

## D

Dammdrainage 100, 113, 122
Dammerniedrigung, -beseitigung 100, 102, 107, 113
Deiche und Dämme 81, 82, 97, 98, 100
Diversität auf Landschaftsebene (Gamma-Diversität) 28, 38, 60, 62
Drahtkörbe 101, 103, 108, 113
Drainage-, Entwässerungssystem 81, 108
- bibertaugliches 108
Drainagerohre 101, 103, 105, 108, 113, 127
Durchgängigkeit von Fließgewässern 55, 56, 62

## E

Eingriffs-Ausgleichs-Regelung 87, 129, 133
Elbebiber (*Castor fiber albicus*) 21, 70, 72
Elektrozaun 102, 104, 105, 108, 109, 111
- Elektrogerät 106, 111
- Pfähle und Litze 106, 111
Entschädigungsleistungen 117, 122, 126, 131
Erosion 80, 81, 100
Europäischer Biber (*Castor fiber*) 10

## F

Fällrate 90
Falter 42
- Ampfer-Grünwidderchen (*Adscita statices*) 43
- Großer Schillerfalter (*Apatura iris*) 43
- Kleiner Eisvogel (*Limenitis camilla*) 43
- Kleiner Schillerfalter (*Apatura ilia*) 43
- Mädesüß-Perlmutterfalter (*Brenthis ino*) 43
- Storchschnabel-Bläuling (*Aricia eumedon*) 43
- Sumpfhornklee-Widderchen (*Zygaena trifolii*) 43
- Trauermantel (*Nymphalis antiopa*) 43
Fangen von Bibern 115
Fauna-Flora-Habitat-Richtlinie (FFH-RL) 8, 21
- Anhang II 8, 21
- Anhang IV 8, 21
Fische 51
- Äsche (*Thymallus thymallus*) 51
- Bachneunauge (*Lampetra planeri*) 60
- Elritze (*Phoxinus phoxinus*) 52, 62
- Forelle (*Salmo trutta*) 51, 52, 62
- Groppe (*Cottus gobio*) 62
- Huchen (*Hucho hucho*) 51
- Karausche (*Carassius carassius*) 51
- Lachse 62
- Schleie (*Tinca tinca*) 51
Fischteiche 81, 108, 114
Flächenankauf/Flächenerwerb 86, 87, 89, 94, 122, 127, 129, 133
Fluchtröhren (Biberröhren) 15, 52, 80, 81, 83, 85, 89, 94, 100
Fördermittel 123, 132
- Agrarumweltprogramme 87, 132
- bundeslandspezifische Förderprogramme 132, 133
  - Förderprogramm für Naturschutz und Landschaftspflege (NALAP), Thüringen 134
  - Härtefallausgleich, Sachsen 133
  - Landschaftspflege- und Naturparkrichtlinie (LNPR), Bayern 134

- Richtlinie zur Förderung von Präventionsmaßnahmen (Biber, Wolf), Brandenburg 133
- Europäischer Landwirtschaftsfonds für die Entwicklung des ländlichen Raumes (ELER) 132
- Materialbereitstellung 123, 133
- Ökokonto, Kompensationsmaßnahmen 87, 127, 133

Fraßschäden 80, 85, 92, 109, 120, 136

## G

Gefährdung des Bibers durch den Menschen 22

Gewässerlandschaft 36, 51, 55, 56

Gewässerrenaturierung 55, 56, 57, 86, 135, 136

Gewässerschutzstreifen Siehe Uferrandstreifen

Grabaktivitäten 25, 80, 81, 83, 85, 89, 97, 100

Grabhindernis 97
- Dichtwand 98
- Drahtgitter 98, 127, 129
- Kiessperre/Schottersperre 99
- Spundwand 98
- Steinschüttung 99

Grundwasseranhebung 57, 80, 82

## H

Hessisches Programm für Agrarumwelt- und Landschaftspflege-Maßnahmen (HALM) 88, 94

Heterogenität im Biberrevier 27, 29, 32, 37, 52, 56, 61

Heuschrecken 42
- Blauflügelige Ödlandschrecke (*Oedipoda caerulescens*) 44
- Brauner Grashüpfer (*Chorthippus brunneus*) 44
- Bunter Grashüpfer (*Omocestus viridulus*) 43
- Feldgrille (*Gryllus campestris*) 43
- Große Goldschrecke (*Chrysochraon dispar*) 43
- Säbel-Dornschrecke (*Tetrix subulata*) 44
- Sumpf-Grashüpfer (*Chorthippus montanus*) 43
- Sumpfschrecke (*Stethophyma grossum*) 43

Hinweis-/Warnschilder 114

Hochwasser 57, 81, 84, 85, 100, 114, 126, 136

## I

Illrenaturierung 86

innerartliche Selbstregulation 15, 126

## J

Jagd 22, 24, 116, 124

## K

Käfer 42
- Feuerkäfer 42
- Scharlachkäfer (*Cucujus cinnaberinus*) 42
- Schwimmkäfer 42

Kanadischer Biber (*Castor canadensis*) 10, 20, 67

Kläranlage 81, 112, 115

Koexistenz 38, 61

Kompensationsflächen 87, 94, 129, 133

Konfliktbehebung 102, 116, 130

Konflikte 60, 78, 92, 104, 112, 127, 131, 136
- Forstwirtschaft 82
- Gewässeranlieger 83
- Infrastruktur- und Siedlungswesen 82
- Landwirtschaft 80
- Wasser- und Teichwirtschaft 81

Konfliktvermeidung 84, 127, 130, 137

Konfliktvorbeugung 87, 91, 122, 123, 129, 130

## L

Lebendfalle 116

Libellen 39, 41
- Gebänderte Prachtlibelle (*Calopteryx splendens*) 41
- Große Moosjungfer (*Leucorrhinia pectoralis*) 41
- Große Pechlibelle (*Ischnura elegans*) 41

- Grüne Keiljungfer (*Ophiogomphus cecilia*) 39
- Kleine Pechlibelle (*Ischnura pumilio*) 39
- Kleiner Blaupfeil (*Orthetrum coerulescens*) 41
- Südlicher Blaupfeil (*Orthetrum brunneum*) 39
- Torf-Mosaikjungfer (*Aeshna juncea*) 41

## M

Maßnahmen
- biotopverbessernde 69
- einfach umzusetzende 130
- forstliche 89
- Kompensation 87, 127, 133
- technische Einzelmaßnahmen 97, 127, 133

Monitoring 72, 76, 120, 122, 129
Mühlengraben 104

## N

Nahrungsfloß 19, 33, 52
Nahrungsgewässer 104

## O

Öffentlichkeitsarbeit 70, 91, 121, 123, 129, 131, 134, 137
Ökosystemingenieur 8, 27, 136
- allogener 27
- autogener 27

Ökosystemleistungen 9, 137

## P

Prävention *Siehe* Konfliktvorbeugung

## Q

Querungshilfen 114

## R

Reliktareal an der mittleren Elbe 8, 20, 21, 64, 68
Reptilien 44, 46
- Blindschleiche (*Anguis fragilis*) 46
- Kreuzotter (*Vipera berus*) 46
- Ringelnatter (*Natrix natrix*) 46
- Sumpfschildkröte (*Emys orbicularis*) 46
- Waldeidechse (*Zootoca vivipara*) 46
- Würfelnatter (*Natrix tessellata*) 46

Reviersystem, territoriales 15, 26
Rote-Liste-Status 22

## S

Säugetiere 52
- Fischotter (*Lutra lutra*) 52
- Fledermäuse 52
- Hirsche und Elche 53
- Kleinsäugetiere 53

Schlüsselart 27, 38, 54
Sedimentrückhalt 51, 58
Straßenverkehr 22, 83, 114

## T

technische Einzelmaßnahmen 97, 127, 133

## U

Überschwemmungen 28, 29, 80, 81, 82, 92, 100, 112, 120, 136
Ufergestaltung 88, 114
Uferrandstreifen 8, 58, 84, 86, 94, 97, 118, 127, 129, 132, 137
Umgehungsgerinne 93, 122
Umsiedlung *Siehe* Wiederansiedlung | Aussetzung durch den Menschen
Untergrabung 80, 81, 82, 97, 98, 120, 136

## V

Verbissschäden 82, 83, 89, 109
Verbreitung des Bibers
- Bundesländer 64, 125
- Deutschland 21, 64
- weltweit 20

Verfolgung und Ausrottung 8, 20, 64
Verkehrssicherungspflicht 114
Verstopfung 79, 80, 81, 108, 112
- Drahtgitter als Schutz 103, 108, 130

Vögel  47
- Baumfalke (*Falco subbuteo*)  48
- Eisvogel (*Alcedo atthis*)  47, 50
- Enten  49, 50, 51
- Fischadler (*Pandion haliaetus*  49
- Grauschnäpper (*Muscicapa striata*)  47
- Halsbandschnäpper (*Ficedula albicollis*)  47
- Kormoran (*Phalacrocorax carbo*)  47
- Reiher  47, 50
- Röhrichtbrüter  48
- Schwarzstorch (*Ciconia nigra*)  48
- Seeadler (*Haliaeetus albicilla*)  49
- Spechte  47, 49
- Star (*Sturnus vulgaris*)  47
- Sumpfvögel  48
- Watvögel  48
- Weidenmeise (*Poecile montanus*)  47
- Weißstorch (*Ciconia ciconia*)  49
- Zwergtaucher (*Tachybaptus ruficollis*)  49, 50

**W**

Wanderhindernisse  23, 62, 75, 126

Wasserhaushaltsgesetz  55

Wasserqualität  13, 58, 59, 85, 136

Wasserrahmenrichtlinie (WRRL)  8, 54, 57, 62, 129, 136
- guter Zustand der Gewässer  8, 54, 58

Wasserrückhaltung/-retention  57, 89, 136

Weichholzgürtel  89

Weichtiere  53

Wiederansiedlung  64, 69, 75, 87, 112, 129
- Aussetzung durch den Menschen  76, 116
- Einbürgerung, Wiedereinbürgerung  76, 125
- im Emsland in Niedersachsen  72
- im hessischen Spessart  69
- natürliche Zuwanderung  75, 125
- Voraussetzungen und Vorbereitungen  75, 76, 77

Wildkamera  106

Wohngewässer  104

**Z**

Zerschneidung  23, 126

Zooplankton  33, 53

# Die Autorin

Elena Simon studiert derzeit Landschaftsarchitektur mit der Vertiefung Kulturlandschaftsentwicklung im Master an der Hochschule Geisenheim University, an der sie auch bereits ihr Bachelor-Studium der Landschaftsarchitektur absolviert hat. Das Buch ist aus ihrer Bachelorarbeit über den Biber als Ökosystemingenieur entstanden. Ihre Faszination für wild lebende Tiere und ihre Verflechtungen und Funktionen im Ökosystem hat sich bereits in ihrer Kindheit entwickelt. Dass sich daraus in Verbindung mit ihrer Vorliebe für das Schreiben von Texten so schnell die Veröffentlichung eines eigenen Buches ergibt, hatte sie allerdings nicht erwartet. Neben ihrem aktuellen Wohnort Geisenheim verbringt Elena Simon gerne Zeit in ihrer Heimat an der Mosel. Hier ist sie im elterlichen Weingut aufgewachsen und mit der Gegend fühlt sie sich noch immer sehr verbunden.

# Dank

Elena Simon dankt ihrer Familie und Freunden herzlich für das stete Interesse, die Bestärkung und Unterstützung. Ein besonderer Dank gilt außerdem Jürgen Siek, Stefanie Venske, Johannes Heckel und Rasmund Denné, die ihr interessante und informationsreiche Führungen durch Biberreviere und somit einen tieferen Einblick in die Praxis des Bibermanagements gegeben haben. Weiterhin bedankt sie sich bei allen vertretenden Personen, Behörden oder Einrichtungen der Bundesländer, die an der Umfrage zum Bibermanagement teilgenommen und ihr dadurch eine umfassende Auswertung zum landesweiten Umgang mit dem Biber und seiner Ausbreitung ermöglicht haben. Gerhard Schwab dankt sie hierbei auch für die hilfreichen Informationen über die Umfrage hinaus. Ebenso bedankt sie sich bei allen Bildautor*innen, die Abbildungen für das Buch zur Verfügung gestellt und sie auf diese Weise gerne unterstützt haben. Wolfram Otto dankt sie herzlich für die Bereitstellung der großartigen Fotoaufnahmen, für seine Begeisterung und das große Engagement für den Biber. Nicht zuletzt gilt ihr Dank Ulf Müller und Alessandra Kreibaum vom Ulmer Verlag sowie ihrem Professor Eckhard Jedicke, der die Entstehung des Buchs überhaupt erst ermöglicht hat und stets zuversichtlich war.

# Bildquellen

**Umschlagfotos**
Vorderseite: Nagender Biber © Wolfram Otto
Rückseite: Biberdamm, Biberpaar © Wolfram Otto

**Fotos**
Wolfram Otto: S. 9, 10, 11, 12, 14, 17, 18, 19, 20, 25, 29, 30, 31, 34 o., 35, 36, 37, 40, 43, 44, 45, 46, 47, 48, 49, 51, 52, 53, 56, 59 o., 75, 76, 80, 82, 88, 89, 90, 102, 104, 109, 115, 117, 128/152, 137

Elena Simon: S. 13, 24, 32, 33, 34 u., 38, 39, 59 u., 63, 79, 81, 83, 85, 86, 91, 93, 94, 95, 96, 103, 105, 106, 107, 110, 112, 113, 114, 154

**Zeichnungen**
Helmut Flubacher, Stuttgart, mit Ausnahme von:
S. 65, 66 Bundesamt für Naturschutz; S. 73, 74 Stefan Ramme & Brigitte Klenner-Fringes, NLWKN;
S. 108 © Ursina Liembd ILF 2014, aus Angst (2014)

---

Die in diesem Buch enthaltenen Empfehlungen und Angaben sind vom Autor mit größter Sorgfalt zusammengestellt und geprüft worden. Eine Garantie für die Richtigkeit der Angaben kann aber nicht gegeben werden. Autor und Verlag übernehmen keine Haftung für Schäden und Unfälle. Bitte setzen Sie bei der Anwendung der in diesem Buch enthaltenen Empfehlungen Ihr persönliches Urteilsvermögen ein. Der Verlag Eugen Ulmer ist nicht verantwortlich für die Inhalte der im Buch genannten Websites.

---

**Bibliografische Information der Deutschen Nationalbibliothek**
Die Deutsche Nationalbibliothek verzeichnet diese Publikation in der Deutschen Nationalbibliografie; detaillierte bibliografische Daten sind im Internet über http://dnb.d-nb.de abrufbar.

Das Werk einschließlich aller seiner Teile ist urheberrechtlich geschützt. Jede Verwertung außerhalb der engen Grenzen des Urheberrechtsgesetzes ist ohne Zustimmung des Verlages unzulässig und strafbar. Das gilt insbesondere für Vervielfältigungen, Übersetzungen, Mikroverfilmungen und die Einspeicherung und Verarbeitung in elektronischen Systemen.

© 2020 Eugen Ulmer KG
Wollgrasweg 41, 70599 Stuttgart (Hohenheim)
E-Mail: info@ulmer.de
Internet: www.ulmer.de

Projektleitung: Ulf Müller, Wuppertal
Lektorat: Alessandra Kreibaum, Bad Münder
Herstellung: Birgit Heyny
Umschlaggestaltung: Verlag Eugen Ulmer
Satz: Fotosatz Buck, Kumhausen
Reproduktion: timeRay Visualisierungen, Jettingen
Druck und Bindung: Livonia Print, Riga, Lettland
Printed in Latvia

**ISBN 978-3-8186-1150-7**

# HIER KÖNNEN SIE WEITERLESEN

**Artenschutz.**
Rechtliche Pflichten, fachliche Konzepte, Umsetzung in der Praxis. Jürgen Trautner. 2020. 320 Seiten, 152 Farbfotos, 39 farbige Zeichnungen, 15 Tabellen, geb.
ISBN 978-3-8186-0715-9.

Zunächst geht es um die Grundlagen: Was ist Artenschutz? Was sind seine Rahmenbedingungen und Ziele, auf welchen Richtlinien und Gesetzen baut er auf? Das Buch erläutert die gängigen Konzepte und beschreibt alle wichtigen juristischen und fachlichen Begriffe sowie deren Auslegung durch Behörden und Gerichte. Im Zentrum steht die Frage: Wie ist Artenschutz zu konzipieren, um in der Planungs- und Naturschutzpraxis nachhaltige Erfolge für die Artenvielfalt zu erzielen. In rund 20 ausführlichen Praxisbeispielen zeigen dazu ausgewiesene Experten, wie wirkungsvoller Artenschutz gelingt.

# ÜBER DIE KOEXISTENZ VON MENSCHEN UND GROSSRAUBTIEREN

**Wolf, Luchs und Bär in der Kulturlandschaft.**
Konflikte, Chancen, Lösungen im Umgang mit großen Beutegreifern.
Marco Heurich (Hrsg.). 2019.
287 Seiten, 167 Farbfotos und -zeichnungen, 11 Tabellen, geb.
ISBN 978-3-8186-0505-6.

Die Rückkehr von Wolf, Luchs und Bär in unsere Kulturlandschaft birgt Konfliktstoff. Heute gibt es in Deutschland, Österreich und der Schweiz Populationen von Wölfen und Luchsen, und Bären wandern immer wieder aus Italien und Slowenien zu. Wie sollen wir mit den großen Beutegreifern umgehen? In dem Buch setzten sich 9 Experten fundiert mit Biologie, Ökologie und Management der Tiere auseinander. Die Konfliktfelder Jagd und Landwirtschaft werden dargestellt, Lösungen aufgezeigt. Was sind Möglichkeiten, was die Grenzen des Managements? Ziel sind die Versachlichung der Diskussion und echte Handlungskompetenz für alle mit dem Thema Befassten.